烟草主要病害
防治技术创新与实践

刘天波　伍绍龙　唐前君　主编

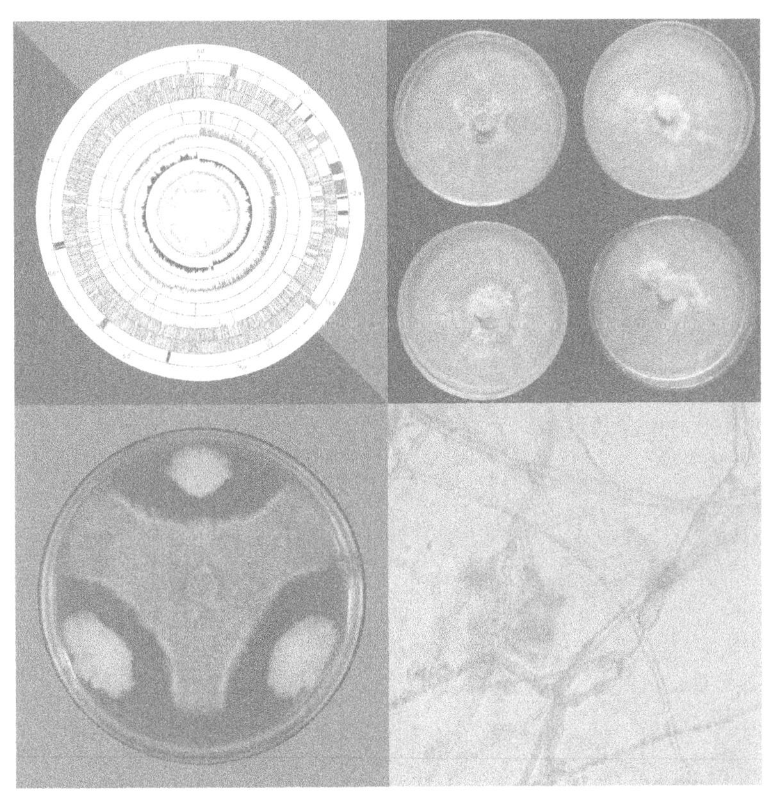

·长沙·

图书在版编目(CIP)数据

烟草主要病害防治技术创新与实践 / 刘天波, 伍绍龙, 唐前君主编. —长沙: 中南大学出版社, 2025.6

ISBN 978-7-5487-5697-2

Ⅰ. ①烟… Ⅱ. ①刘… ②伍… ③唐… Ⅲ. ①烟草—病害—防治 Ⅳ. ①S435.72

中国国家版本馆 CIP 数据核字(2024)第 018314 号

烟草主要病害防治技术创新与实践

YANCAO ZHUYAO BINGHAI FANGZHI JISHU CHUANGXIN YU SHIJIAN

刘天波　伍绍龙　唐前君　主编

□出 版 人　林绵优
□责任编辑　韩　雪
□责任印制　唐　曦
□出版发行　中南大学出版社
　　　　　　社址: 长沙市麓山南路　　邮编: 410083
　　　　　　发行科电话: 0731-88876770　　传真: 0731-88710482
□印　　装　广东虎彩云印刷有限公司

□开　　本　787 mm×1092 mm 1/16　□印张 14.75　□字数 373 千字
□版　　次　2025 年 6 月第 1 版　□印次 2025 年 6 月第 1 次印刷
□书　　号　ISBN 978-7-5487-5697-2
□定　　价　68.00 元

编 委 会

前 言

烟草是重要的经济作物，烟草病害是制约烟叶生产的重要影响因素之一。开展烟草病害防治技术创新与实践，既是发展现代烟草农业的现实需要，也是推进生态文明建设的有力抓手，对保障烟区农产品质量和生态环境安全，推进烟草高质量发展具有重要意义。

2017 年，国家烟草专卖局启动了烟草病虫害绿色防控重大专项，湖南烟草开展了烟草主要病害防治技术创新，明确了湖南烟草病害发生规律，构建了以生物药剂替代化学药剂防治病害的绿色防控技术体系，集成了绿色防控技术模式，大幅降低了烟区化学农药使用，产生了显著的经济、社会和生态效益。

本书总结了前期项目研究成果，介绍了近年湖南烟草病害绿色防控技术所取得的新成果、新技术、新进展，可为烟草病害防治提供重要支撑，亦可为广大烟叶科研人员和烟叶生产技术人员提供参考，对提高烟草病害防治水平有重要意义。本书的撰写得到了中国烟草总公司湖南省公司、湖南农业大学、中国农业科学院烟草研究所等单位领导和专家的支持和帮助。在撰写过程中引用了大量的资料，除书本注明引用出处外，还引用了其他文献资料，未能一一列出，谨此表示衷心感谢。

鉴于烟草病害绿色防控技术研究工作还在不断探索中，加之时间仓促和作者水平有限，书中难免有疏漏和不当之处，敬请同行专家和广大读者批评指正。

编 者

2025 年 3 月

目 录

第一章　湖南烟草病害种类及发生动态

第一节　湖南烟区烤烟生产概况

一、湖南烤烟产业概况

湖南烟草种植历史可追溯到明朝万历年间，由福建、广东等地传入湖南南部，随后逐渐扩展至全省多地。在湖南烟叶种植历史中，衡阳的“衡烟”、郴州的“郴州烟”、湘潭的“霞湾烟”、邵阳的“宝庆叶子”、湘西的“拐子烟”“凤凰晒红烟”等各具特色、颇负盛名，其中“凤凰晒红烟”和“郴州烟”先后被列为朝廷贡烟。

20 世纪 20 年代，湖南全省烟叶种植面积已达到 107. 6 万亩，总产量为 222. 32 万担。20 世纪 50 年代初，湖南大规模引进和推广烤烟，大力发展烤烟种植和工业加工，产业规模不断扩大，发展至今已成为我国重要的烤烟产区之一。湖南烟草经历了不同阶段的发展和变革，目前，湖南烟叶年产量位居全国第三，烟叶销往全国各地，成为卷烟骨干品牌的主配方原料，不仅带动了地方经济、就业、农业现代化的发展，也成了国家烟草行业的重要组成部分。

二、湖南烟草病害概况

随着烟草耕作制度和栽培方式的变化，烟草病害种类不断增多，每年因病害造成的产量损失约为 10%，严重时在 30%以上，这已成为制约烟草生产的主要问题。我国烟区常年发生的病害有病毒病(烟草花叶病毒病、黄瓜花叶病毒病、马铃薯 Y 病毒病)、黑胫病、青枯病、赤星病、野火病、白粉病、角斑病和线虫病等。20 世纪 90 年代，廖新光等进行了第一次湖南省烟草病害调查，发现烟草侵染性病害有 22 种，其中真菌病害 13 种、细菌病害 2 种、病毒病害 6 种、线虫病害 1 种。近年来，由于气候、耕作制度、种植品种、烟叶产区调整等变化，个别病害发生呈上升趋势，对烟叶产量和质量造成较大威胁。目前距第一次病害调查已有 20 余年，前人也多集中在对湖南某一地区或某一种病害进行研究，而对湖南烟区病害种类和发生动态研究鲜见报道。因此，很有必要进行新的病害种类调查，并针对本地烟草发生情况及其特点，掌握病害的发生动态，制定有效防治病害措施，有效控制烟草病害。

第二节　湖南烟区病害种类及分布

2013年3—8月，选择湖南省10个烟叶种植区（郴州、永州、衡阳、长沙、株洲、常德、邵阳、湘西、张家界、怀化）进行了病害种类普查。2014—2016年选取湖南烟区代表性产区湘南烟区、湘西烟区，分别在湘南烟区桂阳县、湘西烟区凤凰县设置病害监测点，进行病害系统调查。病害调查采用5点取样法，每块烟田取5个点，每点调查100株，统计发病率。病害主要依据其典型的症状进行鉴定和确认，疑似症状进行病原分离和接种确认。

湖南烟区有烟草侵染性病害20种和非侵染性病害1种。侵染性病害有真菌病害10种，分别为黑胫病、赤星病、蛙眼病、炭疽病、猝倒病、立枯病、白粉病、黑斑病、根腐病、白绢病；细菌病害4种，分别为青枯病、野火病、空茎病、角斑病；病毒病害5种，分别为烟草花叶病毒（Tobacco mosaic virus，TMV）病、黄瓜花叶病毒（Cucumber mosaic virus，CMV）病、马铃薯Y病毒（Potato virus Y，PVY）病、烟草蚀纹病毒（Tobacco etch virus，TEV）病、烟草环斑病毒（Tobacco ring spot virus，TRSV）病；线虫病害1种，为根结线虫病；非侵染性病害为气候性斑点病。

湖南烟区主要烟草病害为TMV、CMV、PVY、黑胫病、青枯病和赤星病，发病程度中等。湖南烟区病害发生分布情况及严重程度见表1-1。湖南烟区主要病害分布有差异，5个主要烟叶产区（长沙、衡阳、郴州、永州、湘西）主要病害不同，长沙主要病害为TMV、PVY、CMV、黑胫病；衡阳主要病害为TMV、PVY、青枯病、赤星病；郴州主要病害为TMV、PVY、黑胫病、野火病、赤星病；永州主要病害为TMV、PVY、CMV、青枯病、黑胫病、赤星病；湘西主要病害为TMV、PVY、CMV、青枯病、黑胫病、赤星病。

表1-1　湖南烟区病害发生分布情况及严重程度

病害种类	病原物	分布烟区	发生严重程度
黑胫病	*Phytophthora parasitica var. nicotianae*	全省烟区	中等，局部地区偏严重
赤星病	*Alternaria alternata*	全省烟区	中等，局部地区严重发生
蛙眼病	*Cercospora nicotianae*	全省烟区	零星发生
炭疽病	*Colletotrichum nicotianae*	张家界、湘西、郴州、长沙	零星发生
猝倒病	*Pythium aphanidermatum*	张家界、湘西、郴州、长沙	零星发生
立枯病	*Rhizoctonia solani*	张家界、湘西、郴州	零星发生
白粉病	*Erysiphe cichoracearum*	永州、常德、湘西	零星发生
黑斑病	*Alternaria tabacina*	衡阳	零星发生
根腐病	*Fusarium solani*	湘西、长沙、张家界、怀化	零星发生
白绢病	*Sclerotium rolfsii*	湘西	零星发生

续表1-1

病害种类	病原物	分布烟区	发生严重程度
青枯病	*Ralstonia solanacearum*	全省烟区	中等，局部地区严重
野火病	*Pseudomonas syringae pv. tabaci*	永州、郴州、邵阳、湘西、张家界	轻
空茎病	*Erwinia carotovora subsp. carotovora*	全省烟区	轻
角斑病	*Pseudomonas syringae pv. tabaci*	张家界	轻
TMV	Tobacco mosaic virus	全省烟区	中等
CMV	Cucumber mosaic virus	全省烟区	中等
PVY	Potato virus Y	湘西、郴州、衡阳、长沙、永州、邵阳、张家界	中等，局部地区严重
TEV	Tobacco etch virus	湘西、衡阳、郴州	极轻
TRSV	Tobacco ring spot virus	衡阳、长沙	极轻
根结线虫病	*Meloidogyne spp.*	湘西	轻
气候性斑点病	—	湘西、张家界、永州、郴州、长沙、衡阳、邵阳	轻

注：发病率<5%为轻；发病率 5%~10%为中等，发病率>10%为严重。

第三节　湖南烟区主要病害发生动态

一、烟草花叶病毒病

2014—2016 年 TMV 发病率总体上高低顺序为 2016 年>2014 年>2015 年，发病程度为中等到严重，年度最高发病率达到 11.08%(图 1-1)。桂阳县 4 月 5 日左右为病害始发期，5 月下旬至 6 月上旬达到发病高峰，宁乡和凤凰发病时间分别比桂阳晚 10 d 和 40 d 左右。比较不同烟区发病高峰时的发病率，发病严重情况依次为长沙>衡阳>永州>湘西>郴州，湘西和湘南烟区发病较湘中烟区轻(图 1-2)。

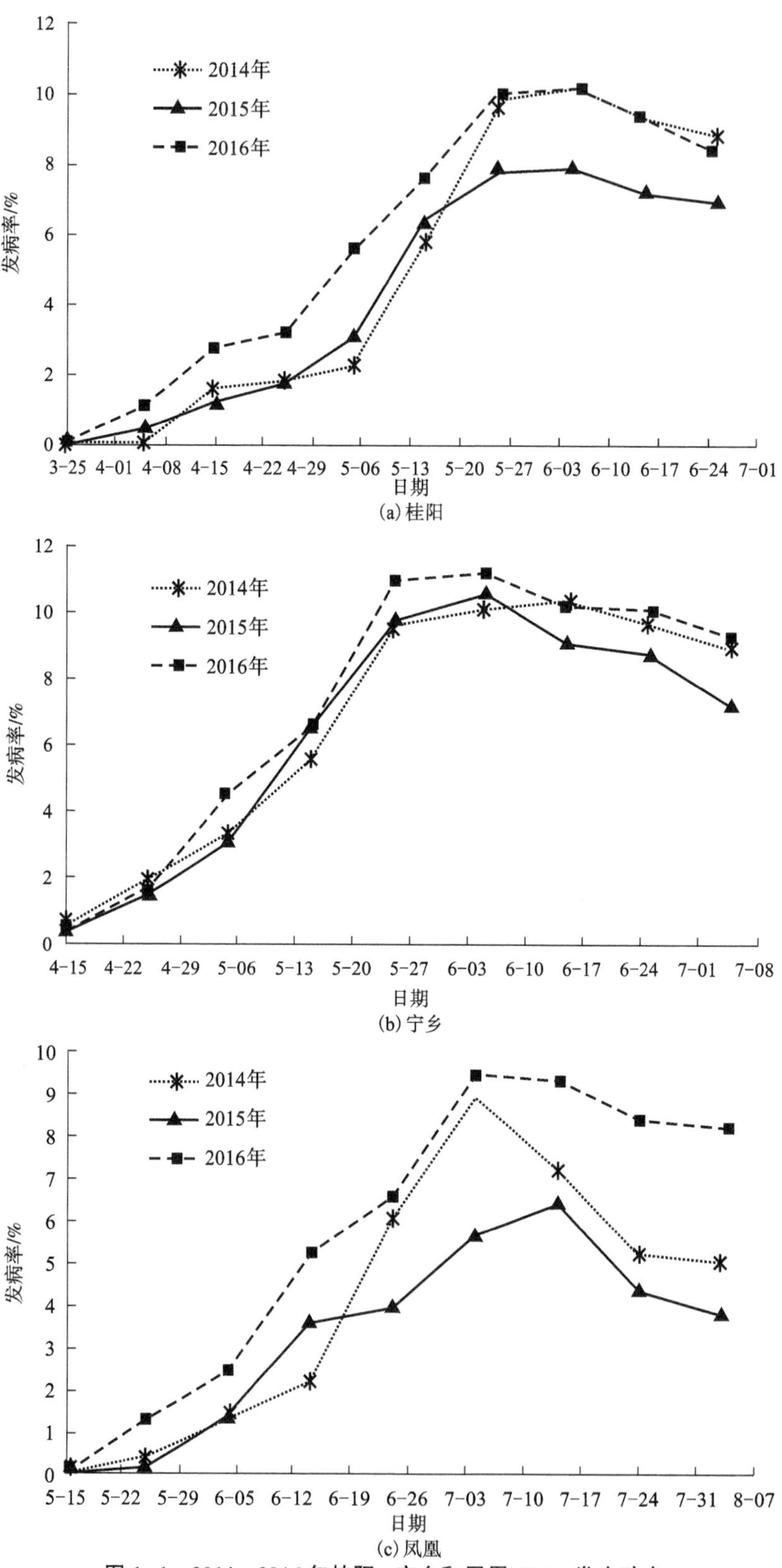

图 1-1　2014—2016 年桂阳、宁乡和凤凰 TMV 发生动态

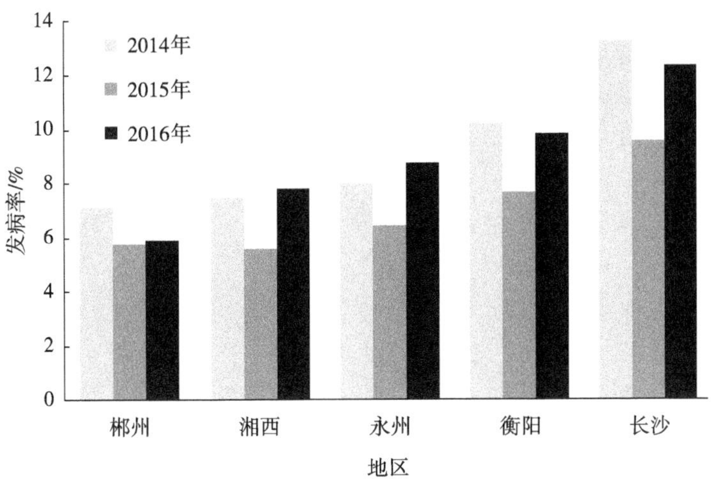

图 1-2　2014—2016 年各烟区 TMV 发生情况

二、黄瓜花叶病毒病

2014—2016 年 CMV 零星至轻度发生，最高发病率为 2%，年份发病率高低总体上依次为 2016 年>2014 年>2015 年，总体上比 TMV 低(图 1-3)。桂阳 4 月 5 日左右为病害始发期，5 月中旬至 6 月上旬为发病高峰期，宁乡和凤凰发病时间分别比桂阳晚 10 d 和 50 d 左右，总体上 3 个地区发病率表现为宁乡>凤凰>桂阳。比较不同烟区发病高峰时的发病率，发病严重情况依次为长沙>湘西>郴州>永州>衡阳(图 1-4)。

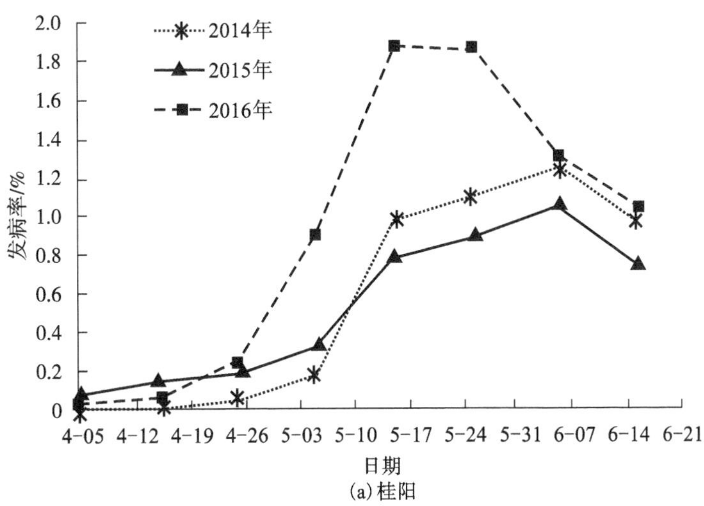

(a) 桂阳

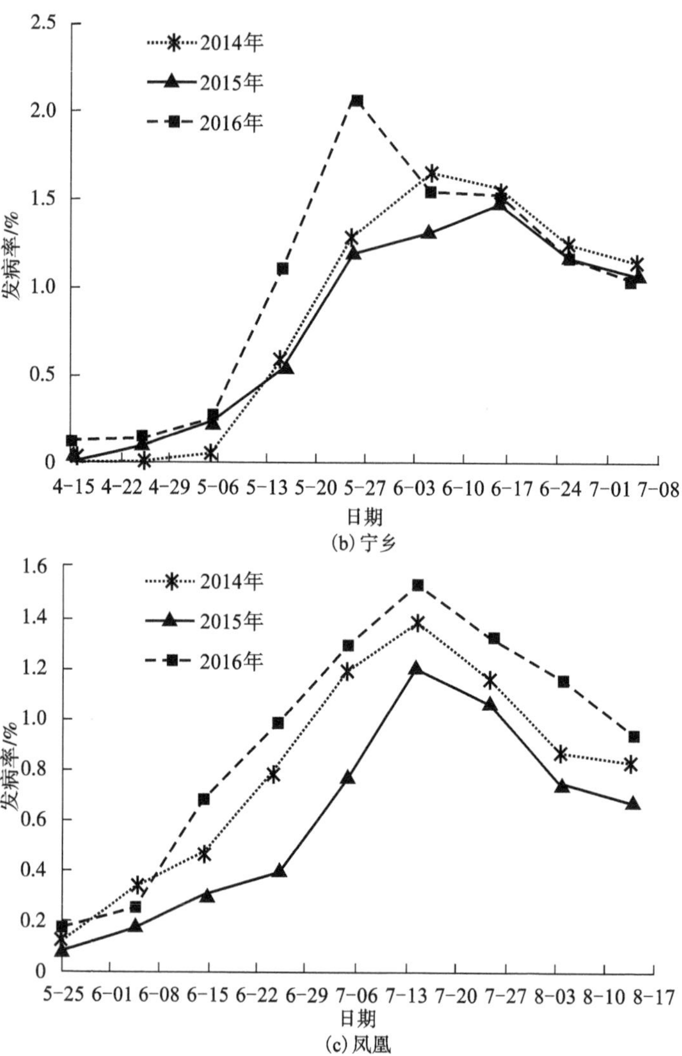

图 1-3　2014—2016 年桂阳、宁乡和凤凰 CMV 发生动态

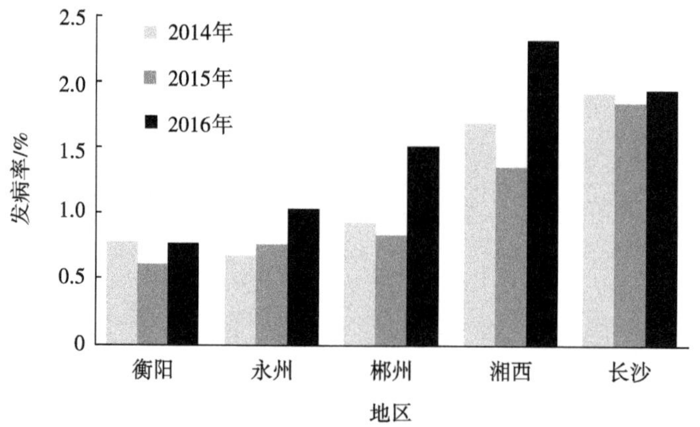

图 1-4　2014—2016 年各烟区 CMV 发生情况

三、马铃薯 Y 病毒病

2014—2016 年 PVY 发病率逐年提高，年度间变化较大，2016 年发病率最高达到 4.02%，是 2015 年的 2 倍左右（图 1-5）。桂阳 4 月 15 日左右田间开始出现病株，5 月下旬至 6 月上旬达到发病高峰，宁乡发病较桂阳晚 20 d 左右，凤凰晚 30 d 左右。比较不同烟区发病高峰时的发病率，发病严重情况依次为长沙>永州>衡阳>湘西>郴州（图 1-6）。

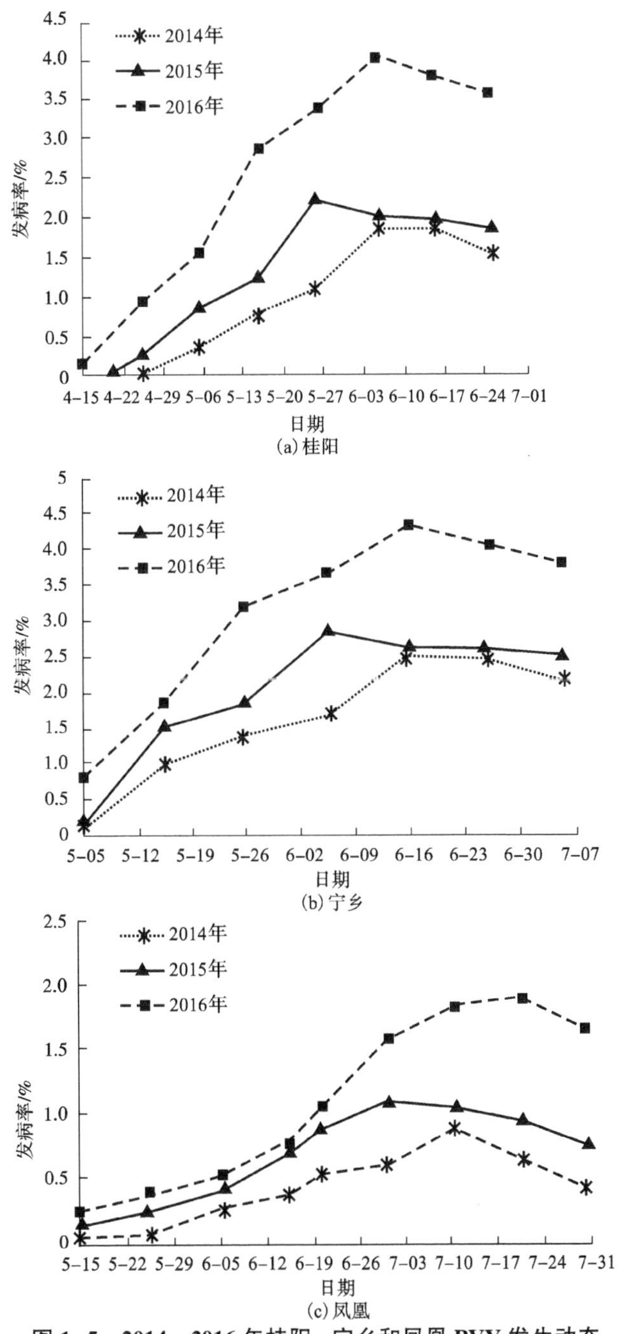

图 1-5 2014—2016 年桂阳、宁乡和凤凰 PVY 发生动态

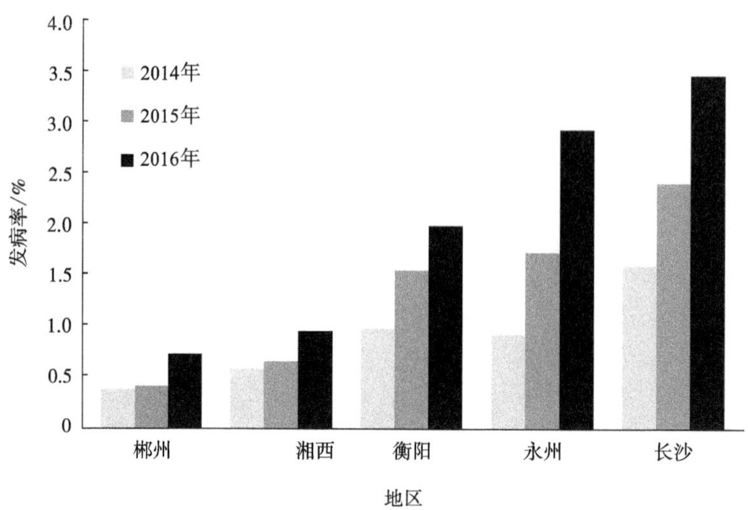

图 1-6　2014—2016 年各烟区 PVY 发生情况

四、黑胫病

2014—2016 年黑胫病轻度发生，发病率最高为 3.5%，年度间最高发病率变化基本上在 1%以内(图 1-7)。桂阳 4 月 30 日开始发病，60 d 左右达到高峰，宁乡和凤凰发病时间分别比桂阳晚 15 d 和 35 d 左右。比较不同烟区发病高峰时的发病率，发病严重情况依次为湘西>永州>郴州>衡阳>长沙，湘西烟区发病较重，湘中烟区发病较轻(图 1-8)。

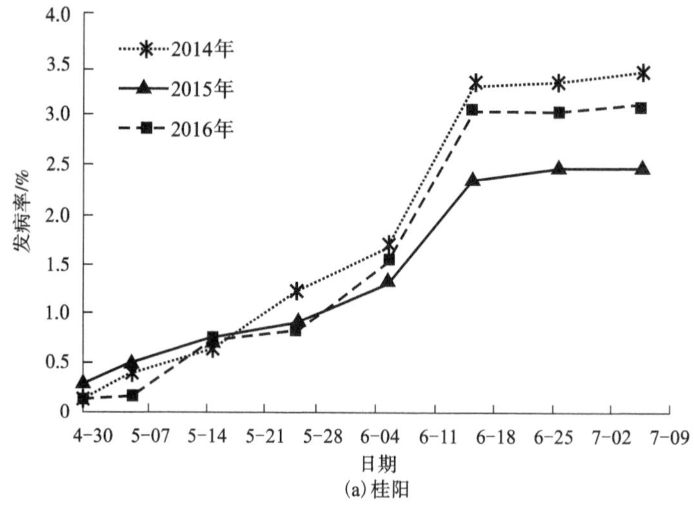

(a) 桂阳

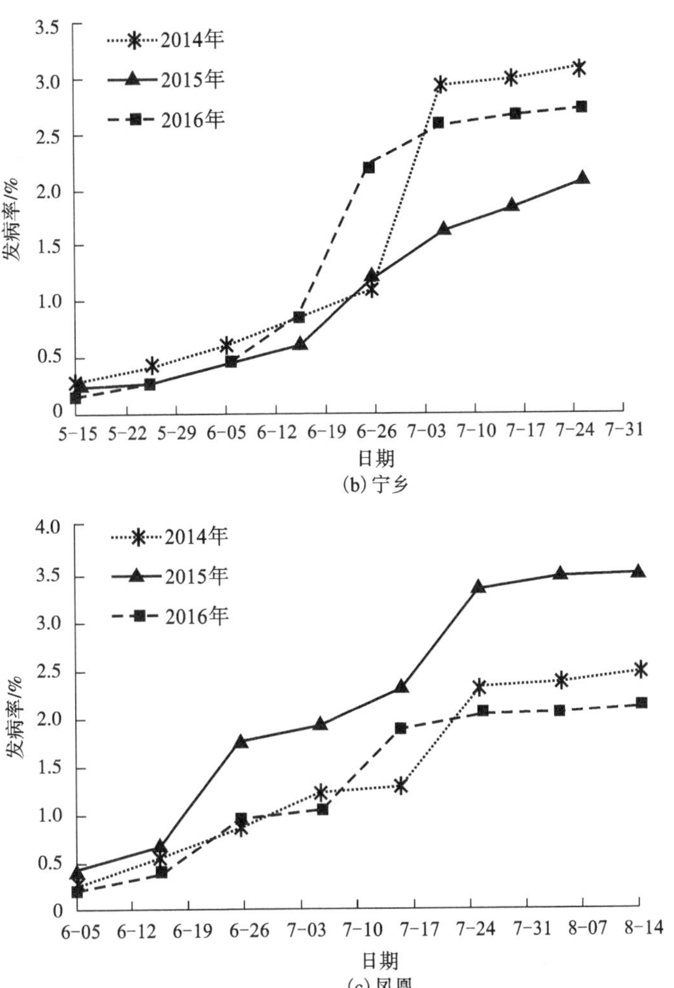

(b) 宁乡

(c) 凤凰

图 1-7 2014—2016 年桂阳、宁乡和凤凰黑胫病发生动态

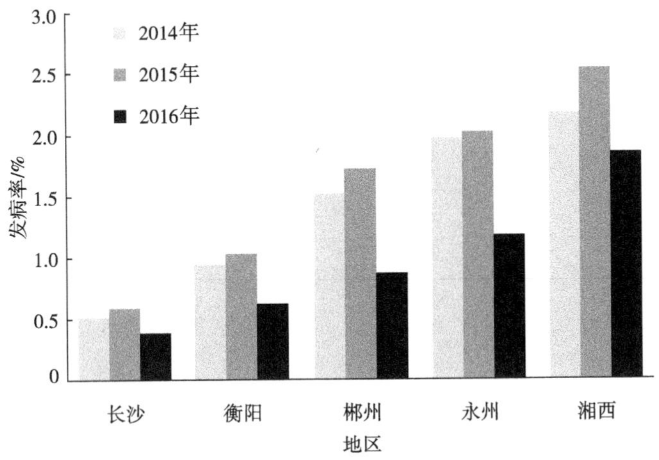

图 1-8 2014—2016 年各烟区黑胫病发生情况

五、青枯病

2014—2016年青枯病发生程度为零星到中等，年度间青枯病发病严重情况总体上为2016年>2014年>2015年，最高发病率达到6.27%（图1-9）。桂阳5月25日开始发病［图1-9(a)］，宁乡6月10日始见病株［图1-9(b)］，凤凰6月30日开始发病，40~50 d达到高峰［图1-9(c)］，病害发生动态与黑胫病类似，总体上3个地区发病率表现为凤凰>桂阳>宁乡。比较不同烟区发病高峰时的发病率，发病严重情况依次为湘西>永州>郴州>衡阳>长沙，湘西烟区发病较重，湘中烟区发病较轻（图1-10）。

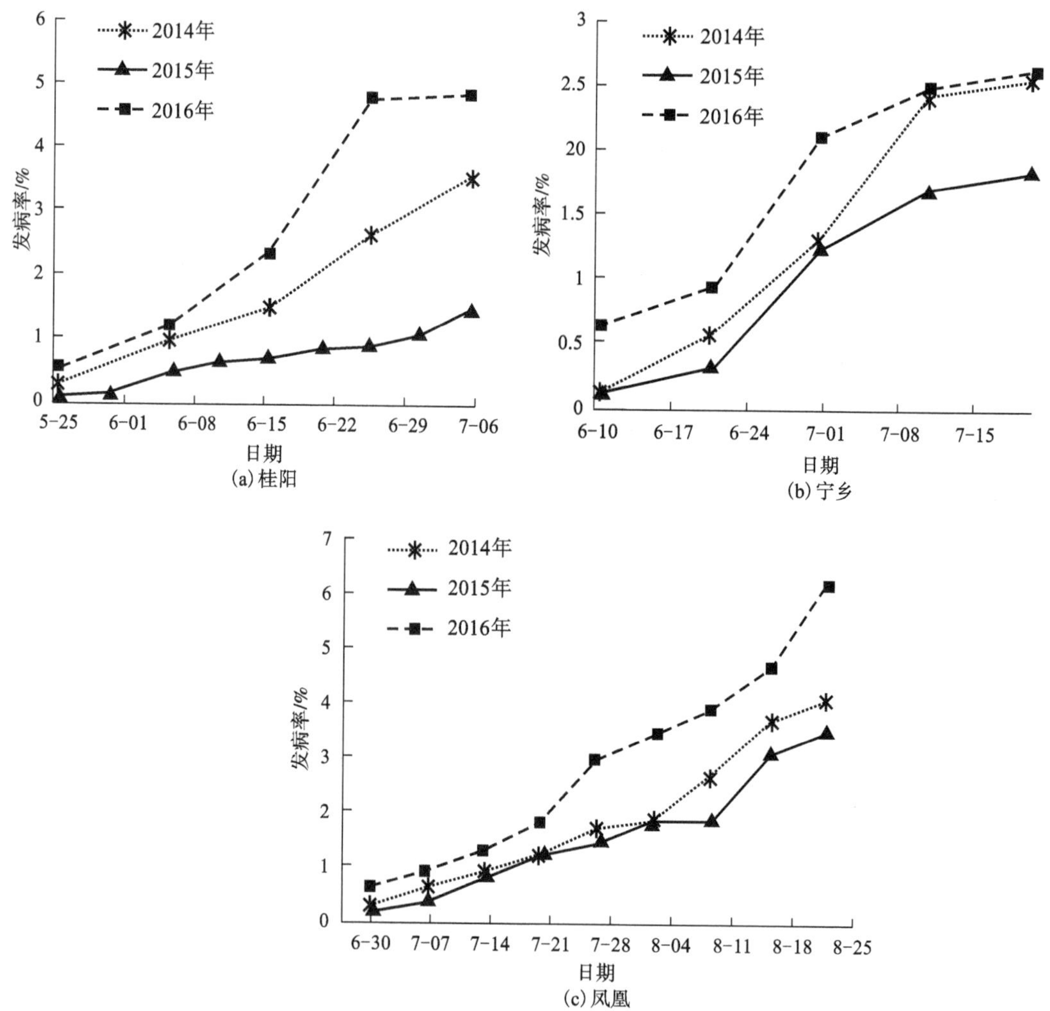

图1-9　2014—2016年桂阳、宁乡和凤凰青枯病发生动态

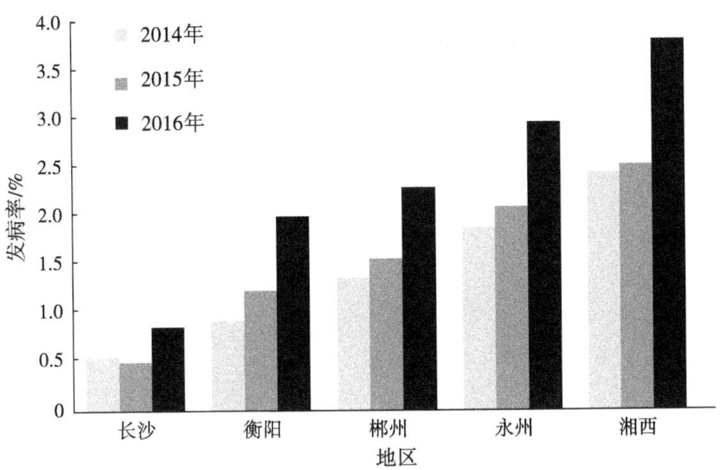

图 1-10 2014—2016 年各烟区青枯病发生情况

六、赤星病

2014—2016 年赤星病发病严重情况依次为 2015 年>2014 年>2016 年，年度间变化较大，总体上发病率为 5%~45%(图 1-11)。桂阳 5 月 15 日田间开始出现病斑，而后病害逐渐加重，直到田间烟叶采收完成，宁乡、凤凰发病动态与桂阳相似，时间比桂阳分别晚 20 d 和 35 d 左右。比较不同烟区发病高峰时的发病率，总体上发病严重情况依次为郴州>永州>衡阳>长沙>湘西，湘南烟区发病最重，湘西烟区发病相对较轻(图 1-12)。

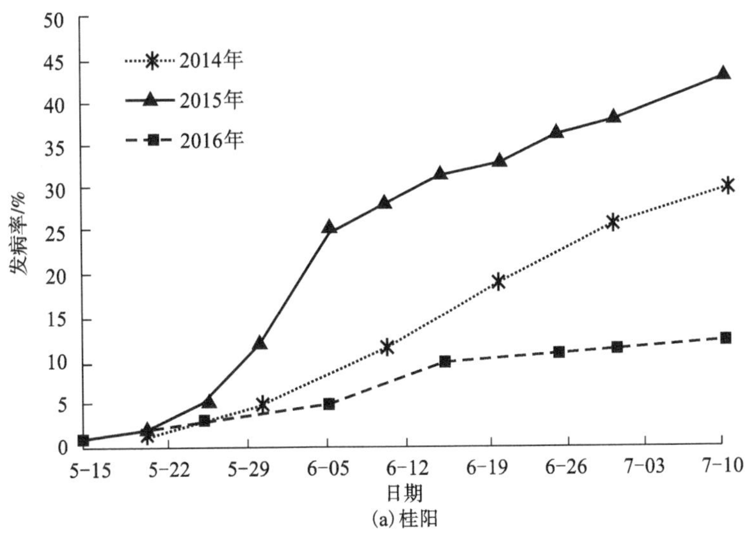

(a) 桂阳

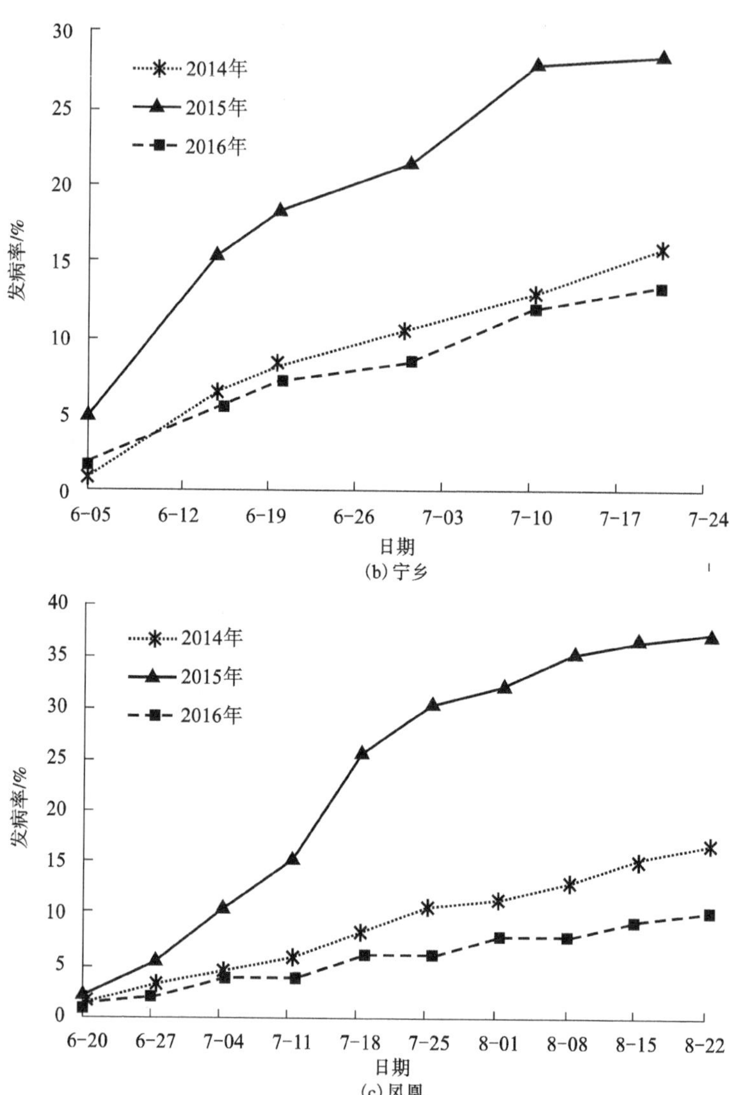

图 1-11 2014—2016 年桂阳、宁乡和凤凰赤星病发生动态

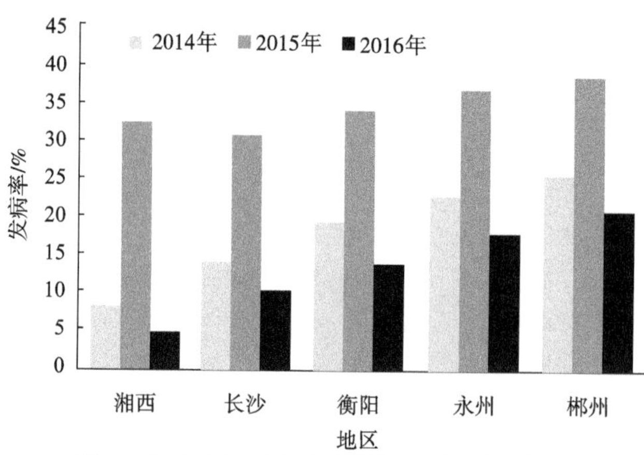

图 1-12 2014—2016 年各烟区赤星病发生情况

根据2014—2016年湖南烟区烟草病害种类和分布情况调查，湖南烟区侵染性病害共有20种，与廖新光等20世纪90年代进行的湖南省烟草病害调查相比，侵染性病害种类总数由22种减少至20种，减少灰霉病、褐斑病、灰星病、白星病、茎腐病、曲叶病毒病等6种病害，新增黑斑病、根腐病、野火病和角斑病等4种病害。从全国范围看，湖南烟区病害种类与湖北烟区类似。湖南烟区6种主要病害分布范围广，危害程度较大，严重影响烟叶的产量和品质，经济损失重大。从田间调查看，湖南烟区烟草病害危害逐年加重，病毒病TMV、CMV复合侵染较多，根茎类病害黑胫病、青枯病混合侵染较多。病害危害程度加重、防治较难，是烟叶产量、质量降低的主要威胁之一。

近年来PVY病发生率升高得较快，从零星发生到普遍发生，其危害程度已超过CMV，成为仅次于TMV的第二大病毒类病害，因此，防治烟草PVY已成为当前烟草病害防治的重要工作。在气温高、降水多、日照少的气候环境条件下容易导致PVY病，当前湖南烟区PVY病严重程度逐年加重，可能与无较好抗性的品种、提前烟叶大田生长期雨水较多有关。PVY病严重程度与烟田第1个蚜量迁入高峰关系密切，在常年发病区内，蚜传病毒病于第1个蚜量迁入高峰过后的10 d左右开始发病，气候变暖导致蚜虫迁入提前也是病害加重的可能原因之一。因此，PVY病防治应提前，大田防治关键期在移栽前期和初期，以控制有翅蚜为主，应保持田间排水通畅，提高烟株抵抗力。

烟草的青枯病和黑胫病病株的茎基部都为黑色坏死，都为土传病害，通常会发生复合侵染，相互之间会加重症状。青枯病的发生与气候条件、土壤、栽培品种等有着密切关系。湖南烟区六七月份高温、高湿、多雨，而此时正值烟草成熟期，极易造成青枯病，湘西烟区发病地多为连作烟田，种植品种为云烟87，而云烟87易感青枯病，这些都为青枯病的发生提供了有利条件。另外，湘西烟区发病较湘南烟区重，这可能也与湘西烟区的山地地貌，长年连作、土壤偏酸、土壤病原菌丰度高有关。黑胫病的危害程度与年均降雨量呈正相关，与温度变化呈非线性相关，6月中旬发病率达到高峰后，随着温度升高，病情呈现递减的趋势，这可能与烟株茎部木质化程度增加、病原菌侵染概率降低有关。因此，在生产中应提早预防，做好田间排灌，控制病害蔓延。做好烟草与其他作物的轮作，缓解连作障碍，调整土壤酸碱度，也是防控病害的有效手段之一。此外，通过调查检测病原菌的丰度，监测土壤病原菌数量动态变化对病害预测预报和防治具有一定的指导作用。

赤星病发病率年度间变化较大，个别年份容易暴发流行，特别是湘南烟区7月易出现强对流天气。赤星病2015年突然暴发，发病较为严重。赤星病随空气相对湿度的增加，发病速度加快，具有间歇性和暴发性的特点。因此，防治赤星病应关注天气变化，做好病害预测预报，及时采取有效防治措施，减少病害产生的损失。

第二章 烟草病毒病防控技术

烟草病毒病俗称烟草花叶病毒病，是目前烟草生产上分布最广、发生最为普遍的一大类病害。目前中国已鉴定的烟草病毒有近25种，主要有烟草花叶病毒（Tobacco mosaic virus，TMV）、黄瓜花叶病毒（Cucumber mosaic virus，CMV）、马铃薯Y病毒（Potato virus Y，PVY）、烟草蚀纹病毒（Tobacco etch virus，TEV）、烟草脉带花叶病毒（Tobacco vein banding mosaic virus，TVBMV）。大部分地区的病毒病是黄瓜花叶病毒病、烟草花叶病毒病等几种病毒病混合发生，重复感染。烟草病毒病田间病株率一般为20%～40%，发病严重的为40%～80%（局部地块高达100%）。烟草感染病毒后，叶绿素受破坏，光合作用减弱，叶片生长被抑制，叶小、畸形，减产幅度可为20%～80%。病毒病发生后，还严重影响烟叶的品质。目前烟草病毒病的防控主要贯彻预防为主的方针，综合利用农业防治、生物防治、化学防治等多种措施才能取得理想防治效果。

第一节 湖南烟草病毒病种类检测与系统进化分析

烟草病毒病是烟草上普遍发生的一类病害，分布广泛，危害严重，直接影响烟叶的产量和品质，给烟叶生产带来较大的损失。近年来，我国烟草病毒病危害呈现出日趋严重且复杂多变的趋势，同一烟区不同年份引起烟草病毒病流行的优势病毒不断变化，多种病毒复合感染现象日益严重，一些新病毒侵染烟草的现象越来越多。湖南是我国烟草主产区，病毒病严重影响湖南烟叶产量和质量。肖启明等在20世纪90年代提出了湖南烟区病毒主要有CMV、TMV、PVY和TRSV等，CMV为优势病毒。巢进等于2006年经检测发现湖南烟区的病毒病主要是TMV和CMV，优势病毒已由CMV转变为TMV。滕跃辉、齐益、刘春如等分别对湖南长沙、永州和衡阳的烟草病毒进行了检测，发现主要病毒为TMV、CMV和PVY，三者复合感染现象普遍。随着气候、耕作制度、种植品种、产区调整等发生变化，湖南烟草病毒病种类是否发生变化尚不清楚。因此，重新调查湖南烟草病毒病种类，厘清病毒病优势种类，明确侵染情况，对指导烟草病毒病防控具有重要意义。本节从湖南烟区取样，利用干扰小RNA（small interfering RNA，siRNA）测序和RT-PCR检测，分析湖南烟草TMV、CMV和PVY的分布、侵染类型和分类，旨在明确目前湖南烟草病毒病的种类和分布情况，为病毒病的防治提供依据。

一、材料与方法

(一)试验材料

2017—2018 年从湖南郴州、永州、长沙、衡阳、湘西等 5 个烟区采集表型为花叶、畸形、闪电纹、脉坏死、蚀刻、环斑、皱缩等烟草样品 303 份，样品经液氮速冻后于-80℃环境下保存备用。

(二)烟草总 RNA 的提取

取 1 g 烟草叶片样品，使用 TransGen Biotech 公司的 EasyPure® Plant RNA Kit 试剂盒提取总 RNA，具体方法参照试剂使用说明。将提取的 RNA 保存于-80℃环境下。

(三)siRNA 测序

siRNA 文库构建及测序均由测序公司完成。siRNA 测序文库制备采用 TruSeq™ Small RNA Sample Prep Kits (Illumina, San Diego, USA) 试剂盒，测序平台为 Illumina Hiseq 2000/2500。

(四)样品 siRNA 测序病毒分析

参照王浩军等的方法去除低质量、未插入 3′接头和 5′接头的 reads，选取不小于 18 nt 的 reads。所得的序列去除 3′接头，处理后的序列用序列组装软件 Velvet Version 1.1.06 进行短序列组装，从组装的重叠群中寻找高度同源序列(同源性大于 90%)和部分同源序列(同源性小于 90%)，以便筛选出与已知病毒序列具有同源性的重叠群。

(五)病毒 RT-PCR 检测

以 siRNA 测序分析获得的病毒重叠群为参考序列，根据文献报道合成不同病毒的特异检测引物(表 2-1)，采用 RT-PCR 方法验证测序结果，进一步确定样品中病毒种类。

表 2-1　用于 RT-PCR 扩增的引物

引物名称	引物序列(5′-3′)	扩增产物长度/bp
TMVF	CGGTCAGTGCCGAACAAGAA	693
TMVR	ATTTAAGTGGASGGAAAAVCACT	
CMVF	CGGATGCTAACTTTAGAGTCTTGT	549
CMVR	GAATGCGTTGGTGCTCGAT	
PVYF	GGCATACGGACATAGGAGAAACT	465
PVYR	CTCTTTGTGTTCTCCTCTGTGT	
ReMVF	GTCGCSGAWTCKGATTCGTWTTA	750
ReMVR	TGGGCCSCWACCGGSGGTWMC	

续表2-1

引物名称	引物序列(5′-3′)	扩增产物长度/bp
PMMVF	CAAATCCTCAAAAAGAGGTCCG	500
PMMVR	CAAACTTTATATTTCAGCACCTATGCA	
ToMMVF	CTGGAGAAGACTGGGTCTAG	1171
ToMMVR	TTCGGTAAGTTCAATGGGACCT	
ToMVF	CCGGATCCATGTCTTACTCAATCAC	700
ToMVR	GTTAACTGGGCCCCAACCGGGGGT	
BPeMVF	GTATCTCTCGTCCGCTTGGG	380
BPeMVR	TCCCTGTTCCACGCACTAAC	

(六)TMV、CMV 和 PVY 的检测

参照杨金广等报道的 TMV、CMV 和 PVY 检测引物和体系，进行 PCR 扩增，PCR 产物送测序公司测序，计算检出率。

(七)TMV、CMV 和 PVY 系统进化分析

以检测获得的湖南烟区部分 TMV、CMV 和 PVY 的分离物 CP 基因序列为对象，结合从 NCBI 上下载的不同国家或地区侵染烟草的 TMV、CMV 和 PVY 的 CP 基因序列，分别选取近缘物种番茄花叶病毒(Tomato mosaic virus，TMV)、花生矮化病毒(Peanut stunt virus，PSV)和马铃薯 X 病毒(Potato virus X，PVX)的分离物作为外群。病毒分离物的样品编号或登记号和来源地区或报道国家见表 2-2。采用 MEGA 5.0 中的 Clustral W 软件进行序列比对，利用最大似然法(maximum likelihood method，ML)构建系统进化树，明确 TMV，PVY 和 CMV 的分类地位。

表 2-2　研究中涉及的病毒分离物

样品编号或登录号	来源地区或报道国家	样品编号或登录号	来源地区或报道国家	样品编号或登录号	来源地区或报道国家	样品编号或登录号	来源地区或报道国家
CSLY-China	中国长沙浏阳	XXFH-China	中国湘西凤凰	Fny-USA-IA	美国		
CSNX-China	中国长沙宁乡	Shanxi-China	中国陕西	TrK7-Hungary-Ⅱ	匈牙利	M95491	匈牙利
HYH-China	中国衡阳	Yunnan-China	中国云南	Ly-Australia-Ⅱ	澳大利亚	JF928460	巴西
HYHN-China	中国衡阳衡南	tNK-Russian	俄罗斯	KJ634024	中国陕西	EF026075	美国
HYLY-China	中国衡阳耒阳	pet-Korea	韩国	GQ200836	中国湖南	AJ889866	波兰
HYCN-China	中国衡阳常宁	vulgare-Germany	德国	AY745491	加拿大	AJ890342	波兰
CZGY-China	中国郴州桂阳	a-Spain	西班牙	AY745492	加拿大	AJ890343	波兰
CZYX-China	中国郴州永兴	petRF-USA	美国	EF026076	美国	JF928458	巴西
CZYZ-China	中国郴州宜章	Rakkyo-Japan	日本	AJ890350	德国	JF928459	巴西
CZJH-China	中国郴州嘉禾	TO32-Iran	伊朗	HQ912863	美国	AJ585197	英国

续表2-2

样品编号或登录号	来源地区或报道国家	样品编号或登录号	来源地区或报道国家	样品编号或登录号	来源地区或报道国家	样品编号或登录号	来源地区或报道国家
YZNY-China	中国永州宁远	Mx-Mexico	墨西哥	AB461451	日本	AY884983	美国
YZJH-China	中国永州江华	SD-China-IB	中国山东	AB461452	日本	X97895	瑞士
YZJY-China	中国永州江永	Tfn-Italy-IB	意大利	U09509	加拿大	AJ585198	英国
YZXT-China	中国永州新田	NT9-Tai-Wan-IB	中国台湾	AJ585195	英国	AY166866	加拿大
XXHY-China	中国湘西花垣	Y-Japan-IA	日本	DQ309028	美国	AY884984	美国
XXLS-China	中国湘西龙山	legume-Japan-IA	日本	AF237963	意大利		
XXYS-China	中国湘西永顺	Mf-South-Korea-IA	韩国	AJ890348	德国		

二、结果与分析

(一)用 siRNA 测序检测病毒种类

1. siRNA 测序结果

siRNA 测序得到 21047020 个 reads(共组装成 4083 个重叠群)，对获得的序列进行短序列组装，从组装的重叠群中寻找高度同源序列和部分同源序列，以便筛选出与病毒同源的重叠群。从比对结果看，4083 个重叠群中有 4057 个高度重叠群，与 TMV、PVY、CMV、番茄斑驳花叶病毒(Tomato mottle mosaic virus，ToMMV)、地黄花叶病毒(Rehmannia mosaic virus，ReMV)、辣椒轻斑驳病毒(Pepper mild mottle virus，PMMOV)和甜椒斑点病毒(Bell pepper mottle virus，BPeMV)等 7 种病毒高度同源，TMV、PVY、CMV 的同源重叠群数居前三位(图 2-1)。

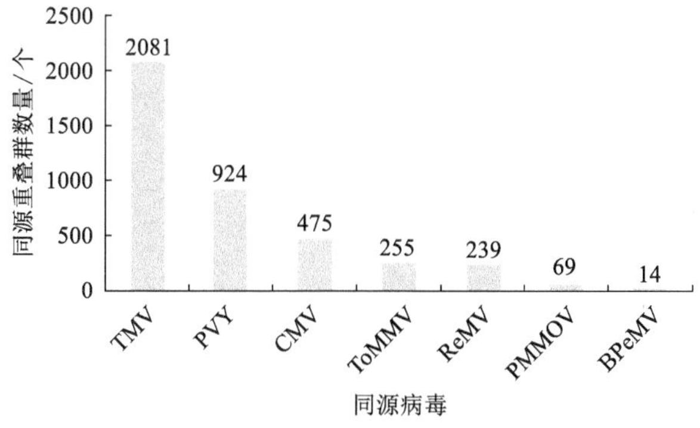

图 2-1　高度重叠群同源病毒

从不同烟区的测序结果可知(表 2-3)，长沙、衡阳和永州等 3 个烟区 TMV 和 PVY 同源重叠群数居前两位，郴州和湘西烟区 TMV 和 CMV 居前两位，说明 TMV、PVY 是湖南烟区主要病毒。在永州、郴州样本中还检测到了 TMV(20 个重叠群)和 BPeMV(6 个重叠群)部分同源的病毒。

表 2-3　烟草病毒 siRNA 测序结果

类型	烟区	同源重叠群数量/个	同源病毒
高度同源病毒	长沙	461	TMV
		324	PVY
		62	ToMMV
		40	ReMV
		37	CMV
		15	PMMOV
		4	BPeMV
	衡阳	458	TMV
		221	PVY
		35	ToMMV
		33	ReMV
		19	PMMOV
		13	CMV
		2	BPeMV
	郴州	354	TMV
		267	CMV
		49	ToMMV
		44	ReMV
		27	PVY
		5	BPeMV
	永州	497	TMV
		325	PVY
		67	ToMMV
		58	ReMV
		54	CMV
		3	BPeMV
	湘西	311	TMV
		104	CMV
		64	ReMV
		42	ToMMV
		35	PMMOV
		27	PVY

续表2-3

类型	烟区	同源重叠群数量/个	同源病毒
部分同源病毒	永州	11 4	TMV BPeMV
	郴州	9 2	TMV BPeMV

2. siRNA 测序结果验证

采用 RT-PCR 方法对 siRNA 测序得到的 8 种病毒进行验证，结果显示，能够检测到 TMV、CMV、PVY、ReMV、PMMOV、ToMMV 等 6 种病毒的条带(图 2-2)，没有检测到 TMV 和 BPeMV，RT-PCR 产物测序的结果与目的片段序列一致，确证烟草样品中存在这 6 种病毒，而 TMV 和 BPeMV 可能不存在。

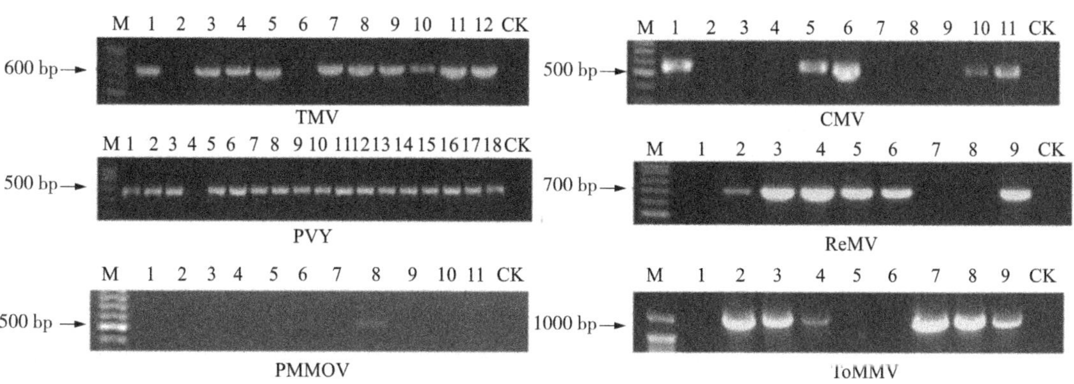

图中：M 为 marker DL1000；数字表示检测病毒样品；CK 为空白对照。

图 2-2 TMV、CMV、PVY、ReMV、PMMOV 和 ToMMV 的 RT-PCR 检测结果

(二) TMV、CMV 和 PVY 检出率及侵染情况

1. TMV、CMV 和 PVY 检出率

利用 RT-PCR 方法检测 TMV、CMV、PVY 3 种主要病毒(表 2-4)，结果发现 TMV 检出率最高平均为 82.93%，其次为 CMV(62.83%)和 PVY(44.88%)。衡阳、郴州、永州、湘西烟区检出率趋势一致，表现为 TMV>CMV>PVY，长沙烟区为 TMV> PVY > CMV。5 个烟区 TMV 检出率均在 80%以上，最高为衡阳(84.85%)，CMV 检出率最高为湘西(67.19%)，PVY 检出率最高为长沙(70.00%)。

表 2-4 湖南烟区 TMV、CMV 和 PVY 检出率

地区	病毒检出率/%		
	TMV	CMV	PVY
长沙	80.00	60.00	70.00
衡阳	84.85	57.58	50.00
郴州	82.61	63.77	43.48
永州	82.81	65.63	48.44
湘西	84.38	67.19	12.50
平均	82.93	62.83	44.88

2. TMV、CMV 和 PVY 侵染情况分析

从侵染类型看(表 2-5)，单一侵染率为 28.71%(15.3%+5.57%+7.98%)，复合侵染率为 71.28%(34.24%+13.88%+3.53%+19.50%)。单一平均侵染率最高为 TMV(15.31%)，其次为 PVY(7.98%)；复合平均侵染率最高为 TMV+CMV(34.24%)，其次为 TMV+CMV+PVT(19.50%)。从地区分布来看，5 个烟区单一侵染率最高均为 TMV，最低有所不同，长沙、衡阳、郴州、永州单一侵染率最低为 CMV，湘西最低为 PVY。复合侵染率衡阳、郴州、永州最高为 TMV+CMV，最低为 CMV+PVY；长沙最高为 TMV+CMV+PVY，最低为 CMV+PVY；湘西最高为 TMV+CMV，最低为 TMV+CMV+PVY。

表 2-5 湖南烟区 TMV、CMV、PVY 侵染情况

地区	单一侵染率/%			复合侵染率/%			
	TMV	CMV	PVY	TMV+CMV	TMV+PVY	CMV+PVY	TMV+CMV+PVY
长沙	12.50	5.00	12.50	12.50	15.00	2.50	40.00
衡阳	13.64	4.55	6.06	31.82	22.73	4.55	16.67
郴州	14.49	5.80	7.25	36.23	14.49	4.35	17.39
永州	14.06	3.13	9.38	34.38	10.94	4.69	23.44
湘西	21.88	9.38	4.69	56.25	6.25	1.56	0.00
平均	15.31	5.57	7.98	34.24	13.88	3.53	19.50

(三) TMV、CMV 和 PVY 系统进化分析

1. TMV 系统进化分析

由图 2-3 可以看出，不同烟区 TMV 分离物属于不同组系，亲缘关系相对较远，其中 XXHY-China 分离物与 Shanxi-China 分离物属同一个分支，HYCN-China、HYHY-China 和 YZNY-China 分离物与 XXHY-China 亲缘关系较近；CZJH-China 和 XXYS-China 分离物与

Yunnan-China 分离物亲缘关系较近，YZJY-China、YZJH-China 和 YZXT-China 分离物，HYHN-China 和 HYLY-China 分离物与 tNK-Russian 和 pet-Korea 分离物属同一个分支，CSLY-China、CZYX-China 和 XXLS-China 分离物与 YZJY-China、YZJH-China、YZXT-China 的亲缘关系较近；CZGY-China 分离物与 vulgare-Germany 和 a-Spain 分离物属同一个分支，CSLY-China、XXFH-China 分离物与 CZGY-China 的亲缘关系相对较近。这说明湖南烟草的 TMV 分离物存在比较广泛的遗传多样性。

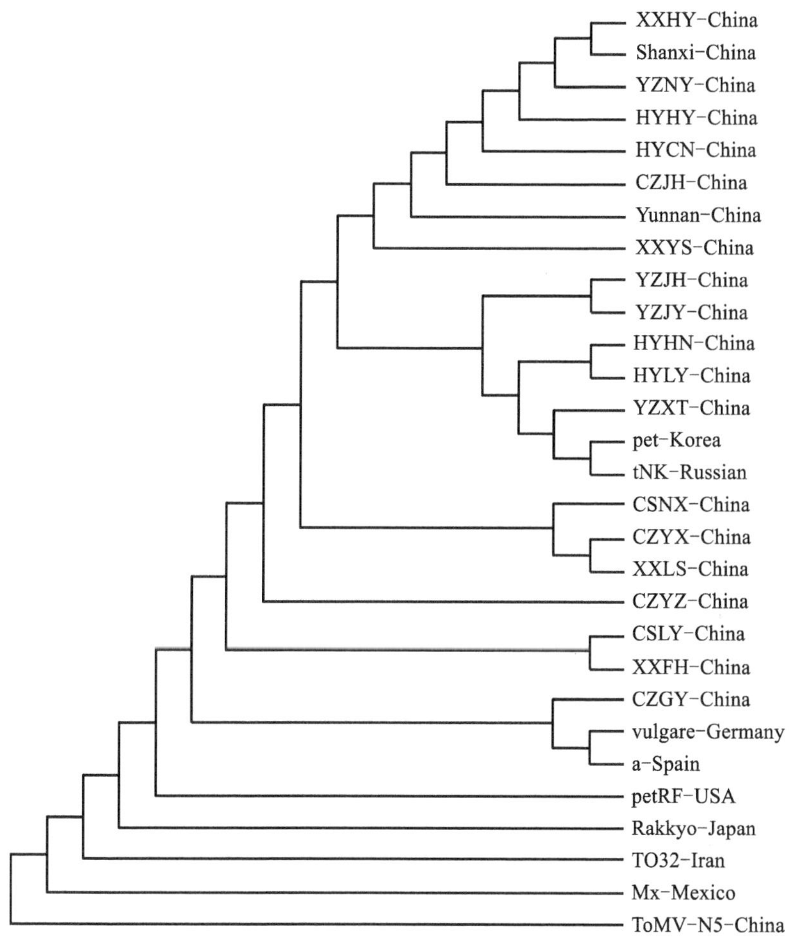

图 2-3　TMV 系统进化树

2. CMV 系统进化分析

由图 2-4 可以看出，CMV 分离物均处在同一分支，属组系Ⅰ中的亚组ⅠB，可见湖南烟草上 CMV 分离物变异程度低、遗传多样性低。CSNX-China 分离物与 Tfn-Italy-ⅠB 株系和 NT9-Tai-Wan-ⅠB 株系亲缘关系最近，其他烟区分离物与 SD-China-ⅠB 株系亲缘关系近。

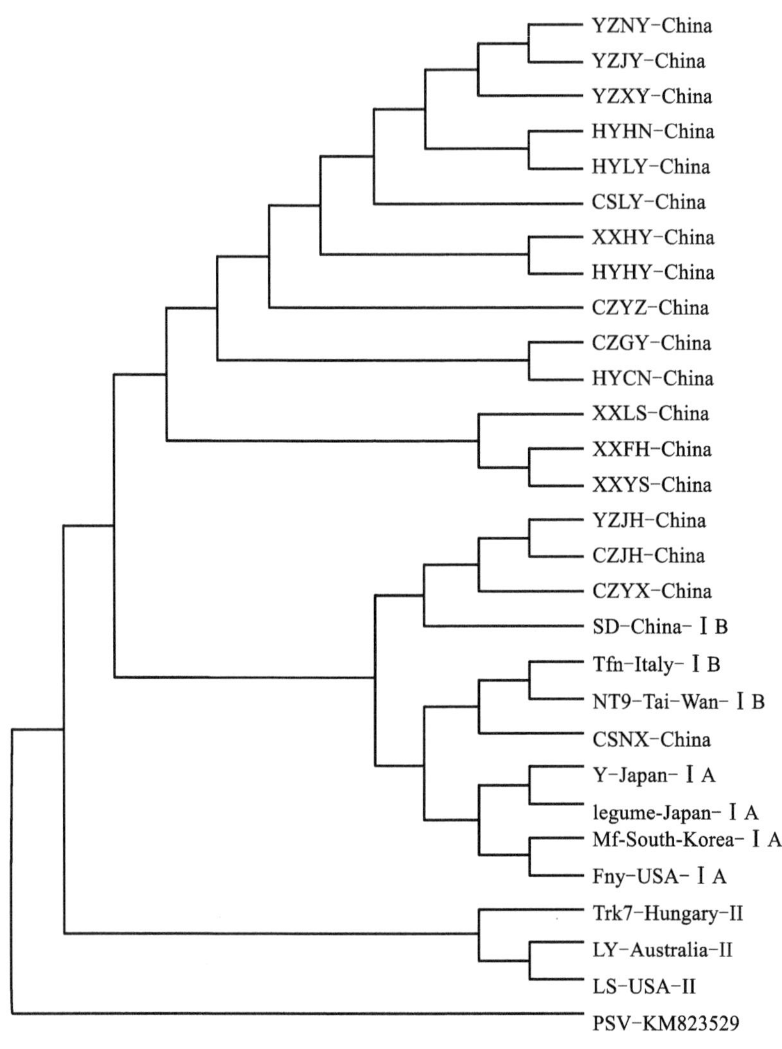

图 2-4　CMV 系统进化树

(四) PVY 系统进化分析

由图 2-5 可以看出，不同烟区 PVY 分离物处于不同分支，分属不同株系类型，CSLY-China 和 CSNX-China 分离物，XXFH-China 和 XXHY-China 分离物，CZJH-China、CZYX-China 和 CZYZ-China 分离物，YZNY-China 和 XXLS-China 分离物遗传距离较近，属于 PVY^{SYR-I} 株系；XXYS-China 分离物属于 PVY^{NTN-a} 株系；CZGY-China 和 HYHY-China 分离物属于 PVY^{E} 株系；YZJH-China、YZJY-China 和 YZXT-China 分离物，HYHN-China、HYCN-China 和 HYLY-China 分离物分别形成独立分支，可能为新株系类型。这表明湖南烟草上 PVY 分离物存在较大的遗传差异，可能存在新株系类型。

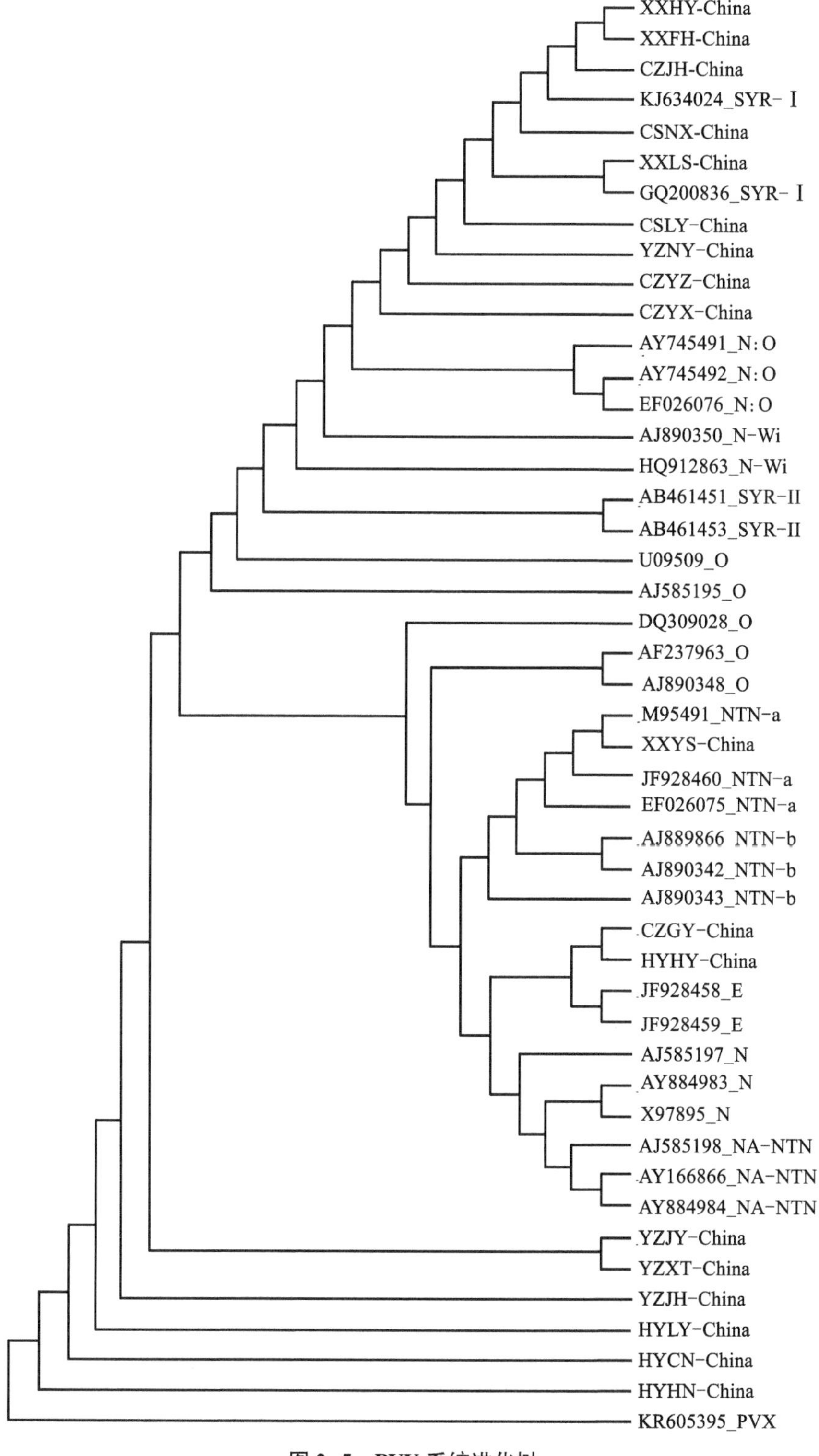

图 2-5　PVY 系统进化树

三、讨论

病毒病是烟叶生产上的一类重要病害，分布广泛、类型多样。利用 siRNA 测序检测发现湖南烟区有 TMV、CMV、PVY、ReMV、ToMMV 和 PMMOV 等 6 种病毒，首次检测到 ToMMV、ReMV、PMMOV，但未检测出 PVX、TEV 和 TRSV，可能与烟草品种差异、采样覆盖面窄有关。因此，为了全面反映湖南烟草病毒的现状，仍需要增加待测病毒取样范围和样品类型。

随着全球气候的变化、耕作制度变革和农业产业结构调整，烟草主要病毒病不断变化。20 世纪 60 年代前 TMV 危害最严重，60 年代 CMV 危害日趋严重，70 年代以 TMV、TMV+CMV 复合侵染为主；20 世纪 90 年代 PVY 由次要病害上升为主要病害，20 世纪末至 21 世纪初 PVX 危害逐渐加重；2009—2012 年，全国烟草病毒已由 PVY 转为 TMV 和 CMV。就湖南烟区而言，肖启明等和巢进等分别在 1993 年和 2008 年进行检测时发现湖南烟草优势病毒分别为 TMV 和 CMV。本节发现湖南烟草 TMV 检出率最高，其次为 PVY 和 CMV，TMV 为优势病毒。可见，湖南烟草优势病毒已由 CMV 转为 TMV，结果与刘勇、罗朝鹏等的研究结果一致。

田间常发生病毒复合侵染，复合侵染已成为病毒危害的主要方式。青玲等通过研究发现我国 7 个主要烟区 5 种病毒存在 9 种复合侵染，复合侵染率为 62.26%。罗朝鹏等发现湖北、云南、贵州等省不同年份主要病毒种类和复合侵染类型不同。刘勇和巢进等在 2006 年和 2008 年检测发现湖南烟草病毒复合侵染率分别为 28.38%和 5.96%。本节发现湖南烟草病毒复合侵染率为 71.28%，单一侵染率仅为 28.71%。可见，湖南烟区病毒复合侵染已成为主要侵染类型且日益严重。推测可能是随着植烟时间延长，特别是长期的连作，病毒在田间积累日益增多；生产上缺少高抗品种且品种比较单一，加重了病毒病的发生，从而加重了病毒的复合侵染。

我国烟草上 TMV 的种群遗传结构相对比较保守；CMV 种群内遗传分化现象明显，具有丰富的遗传多样性；PVY 株系分化现象也比较明显，具有多个株系。宋丽云对我国 17 个植烟区的 TMV 分离物进行分析后发现 51 个分离物同属一个种群，来自不同地区的分离物之间其基因序列表现出一定的差异性。刘勇等检测发现湖南烟区 CMV 株系主要为亚组Ⅰ，占比 94.1%。赵雪君等发现四川烟区 PVY 有着明显的株系分化现象，$PVY^{N:O}$、PVY^{O}、PVY^{N} 均有发生。谢思等发现湖南烟区 PVY 优势株系为 PVY^{N}，PVY^{E} 株系少量存在，且首次在湖南检测到 PVY^{NTN} 株系。本节发现湖南烟区 TMV 分离物形成 3 个相对独立的种群，不同烟区的 TMV 分离物亲缘关系相对较远，种群间具有一定的地理特异性；CMV 分离物处于同一分支，属组系Ⅰ中的亚组ⅠB；PVY 分离物属不同株系类型，大多数属 PVY^{SYR-I} 株系，也有 XXYS-China 分离物属 PVY^{NTN-a} 株系，CZGY-China 和 HYHY-China 分离物属 PVY^{E} 株系，永州和衡阳分离物可能为重组新株系。TMV、CMV 株系情况与宋丽云、刘勇等的研究结果一致，PVY 株系情况与赵雪君等的研究结果稍有不同，与谢思等的结果差异很大。在研究系统进化上，最大似然法是较为常用的一种方法；然而，仅仅基于 CP 基因进行系统分析，也可能导致误判，还需要基于不同功能基因进一步分析。下一步将综合应用系统发育、重组和遗传进化分析等方法，研究湖南烟草主要病毒变异进化规律，为病毒病防治提供理论支撑。

四、结论

从湖南烟区采集了303个烟草病毒病样品，共检出TMV、CMV、PVY、ToMMV、ReMV、PMMOV等6种病毒，其中TMV为优势病毒，且以病毒复合侵染为主，TMV+CMV平均复合侵染率最高。TMV分离物形成3个相对独立的组系，所有CMV分离物属于群组Ⅰ的亚组ⅠB，PVY分离物分属PVY^{E}、PVY^{NTN-a}和PVY^{SYR-I}株系。本节厘清了湖南烟区病毒种类、分布及复合侵染情况，为病毒病的防治提供了理论依据。

第二节 基于全基因组编码区序列的烟草花叶病毒分子进化分析

烟草花叶病毒(TMV)是烟草花叶病毒属的代表成员，是危害极为严重的病毒之一。TMV寄主范围广，可侵染30个科、310多种植物，地理分布广泛，分布于中国、韩国、西班牙和美国等多个国家。TMV具有较多株系，目前没有统一的划分标准，主要株系有TMV-OM、TMV-U1、TMV-Vulgare、TMVRS、TMVC、TMVN、TMVY。TMV是一种正单链RNA病毒，基因组全长为6395个核苷酸(nucleotide，nt)，共编码4个开放阅读框(open reading frame，ORF)。ORF1编码126 kDa蛋白质，其终止密码子(UAG)是渗漏性(leaky)的，产生了一个较大的183 kDa的通读蛋白ORF2，ORF2末端的5个密码子与编码30 kDa蛋白质的ORF3重叠，ORF3终止于ORF4的起始密码子前两个核苷酸的位置，ORF4编码17. 6 kDa的外壳蛋白。

目前，源于不同国家或地区、不同寄主病毒分离物的基因序列不断被报道，通过生物信息学技术和方法对这些序列加以分析和研究，明确病毒不同分离物的起源、亲缘关系、遗传变异和分子进化，了解全球范围内或地域内病毒的发展动态和趋势，对监测和防控病毒病具有重要意义。但是，这类分析是建立在一定数量的病毒株系(或分离物)序列基础上，部分病毒由于报道的全序列或编码区序列数量有限，目前还无法全面分析其变异进化规律和株系间亲缘关系特征，另外基于一个或多个基因进行分析，其结果往往带有一定的片面性。贾琳等对猪瘟病毒(classical swine fever virus，CSFV)全基因组编码区进行了选择压力及重组分析，发现重组改变了重组株所在的进化树分支，影响了CSFV的遗传多样性，针对宿主免疫系统的选择压力而产生的突变和重组推动了病毒编码区基因的进化。张新珩等对鸡贫血病毒(chicken anemia virus，CAV)全基因组编码区进行了变异点和分子进化分析，监测了广东省CAV序列变异情况及流行特点。基于全基因组编码区的分子进化分析结果更具参考价值。

TMV全基因组序列的报道不断增加，研究多集中在单一序列的结构分析上，如复制酶、迁移蛋白质(movement protein，MP)、外壳蛋白(coat protein，CP)序列结构分析等；但对于来自不同国家或地区、不同寄主上的TMV株系或分离物，关于其起源、变异或重组、种群结构、进化机制等方面的研究却鲜有报道。本节将以目前已报道的TMV全基因组编码区序列为研究对象，进行重组分析、系统发育分析、遗传差异及基因交流和种群结构分析，以揭示TMV分子变异进化特征，为TMV的抗病育种和防治提供理论指导。

一、材料与方法

(一)材料

从 NCBI 上下载目前已报道的所有的 TMV 分离物全基因组序列(截至 2016 年 10 月 31 日),共获得 72 条 TMV 分离物全基因序列,并选取 2 株近缘物种番茄花叶病毒(TMV)分离物作为外群。

(二)方法

1. 序列数据处理

用 BioEdit 对所有的数据进行修正处理,去掉序列中存在的瑕疵并删除终止密码子。将整理后的序列用 Clustral X2 进行比对,这种比对产生的结果可能存在部分 gap 不是 3 的倍数,因此需要将核苷酸序列数据对应的氨基酸序列再用 TransAlign 软件进行比对,以保证经过序列比对后所得到的核苷酸序列能够正确地编码出氨基酸序列。TMV 的分离物 ORF3 和 ORF4 之间一般存在基因间隔区,经过上述一系列的序列处理后,去掉基因间隔区,然后将所有的 ORF 组装在一起进行后续的分析。

2. 重组分析

利用 RDP 4.0 软件包中的 RDP、GENECONV、BootScan、MaxChi、CHIMAERA、3SEQ 和 SIScan 检测可能存在的重组位点,利用 Simplot 软件检测验证重组位点存在的可能性。检测结果都是 $P<1.0\times10^{-6}$ 时,则该分离物有可能存在重组,否则没有重组或不存在潜在重组。使用软件时采用系统默认值,置信水平设定为 0.01。

3. 系统发育分析

采用 MEGA 5.0 中的 Clustral W 软件进行序列比对,利用最大似然(maximum likelihood,ML)法构建系统进化树,重复 1000 次。在用 ML 法分析时,数据最适的核苷酸替代模型用 JModelTest 0.1.1 软件进行计算,结果显示 TRG+I+G 为最合适的核苷酸替代模型;在用 ML 法分析时采用自举法,进行 1000 倍模拟复制计算支长。

4. 遗传差异及基因交流

种群之间的遗传差异用 DnaSP 5.0 软件计算,统计 K_S、Z 和 S_{nn} 三个参数的衡量。若 K_S 和 Z 统计值很小,$P<0.05$,则认为存在遗传差异。基因交流用 F_{st} 和 N_m 值来衡量,F_{st} 的绝对值小于 0.33,说明两个种群之间存在基因交流;反之,交流不频繁。若 $N_m<1$,则说明在种群间很容易发生遗传漂变,这是群体产生遗传差异的主要原因;若 $N_m>1$ 则说明种群间存在可以发生基因交流的渠道或者地缘关系较近。

5. 选择压力分析

将分离物按寄主和地理来源分为不同的组,应用 MEGA 5.0 软件中的 Pamilo-Bianchi-Li 法分别计算非同义突变和同义突变之间的比值(d_N/d_S)。若 $d_N/d_S=1$,则说明该组分离物存在中性选择;若 $d_N/d_S<1$,则说明该组分离物存在负选择或净化选择;若 $d_N/d_S>1$,则说明该组分离物存在正选择或达尔文选择。

6. 突变位点和保守区域分析

利用 DnaSP 5.0 软件,对 TMV 编码区基因序列 5937 个位点进行突变位点和保守区域分析。

7. 种群结构分析

不同种群分离物的核苷酸多样性与单体型多样性采用 DnaSP 5. 0 软件计算。基于 Tajima's *D* 值检验以及 Fu & Li's *D* 值与 *F* 值检验进行中性检验分析，用这两种方法计算的 *D* 值和 *F* 值均为负，说明该种群多样性较低，种群呈扩张趋势；相反，种群多样性较高，种群呈缩小趋势。

二、结果与分析

（一）重组分析

对处理后得到的 72 个分离物全基因组编码区序列进行重组分析，结果发现分离物的 *P* 值皆大于 1.0×10^{-6}，没有发现明显的重组位点。为了进一步确认这一结果，运用 Simplot 软件再次检测依然没有发现明显的重组位点。因此，可以确认 TMV 分离物没有明显的重组体。

（二）系统发育分析

对已报道的 72 条 TMV 全基因组编码区序列进行分析，如图 2-6 所示，TMV 不同分离物形成 3 个种群，分别为 China Ⅰ、China Ⅱ和 Europe。China Ⅰ聚集了除云南外的中国各地区的分离物，China Ⅱ以云南分离物为主体，Europe 除了少部分中国分离物以外绝大部分来源于西班牙和美国，不同组间的分离物地理特征明显。

（三）遗传差异及基因交流

利用 K_S、Z 和 S_{nn} 三个统计量对 TMV 全基因组编码区序列的 Europe 和 China（China Ⅰ、China Ⅱ）不同种群间的遗传差异进行了分析，结果表明 K_S 和 Z 统计值很小，$P<0.001$（表 2-6），TMV 在不同群组间有较明显的遗传差异，同时中国不同地区间形成的种群遗传差异也十分明显。在基因交流分析中，TMV 不同组间和中国不同地区种群间的 F_{st} 的绝对值小于 0.33，表明 TMV 在不同种群间基因交流的频率较高。TMV Europe 和 China Ⅰ种群的 $N_m<1$，表明种群可能受到遗传漂变影响；Europe 和 China Ⅱ、China Ⅰ和 China Ⅱ之间的 $N_m>1$，表明种群间存在可以发生基因交流的渠道。

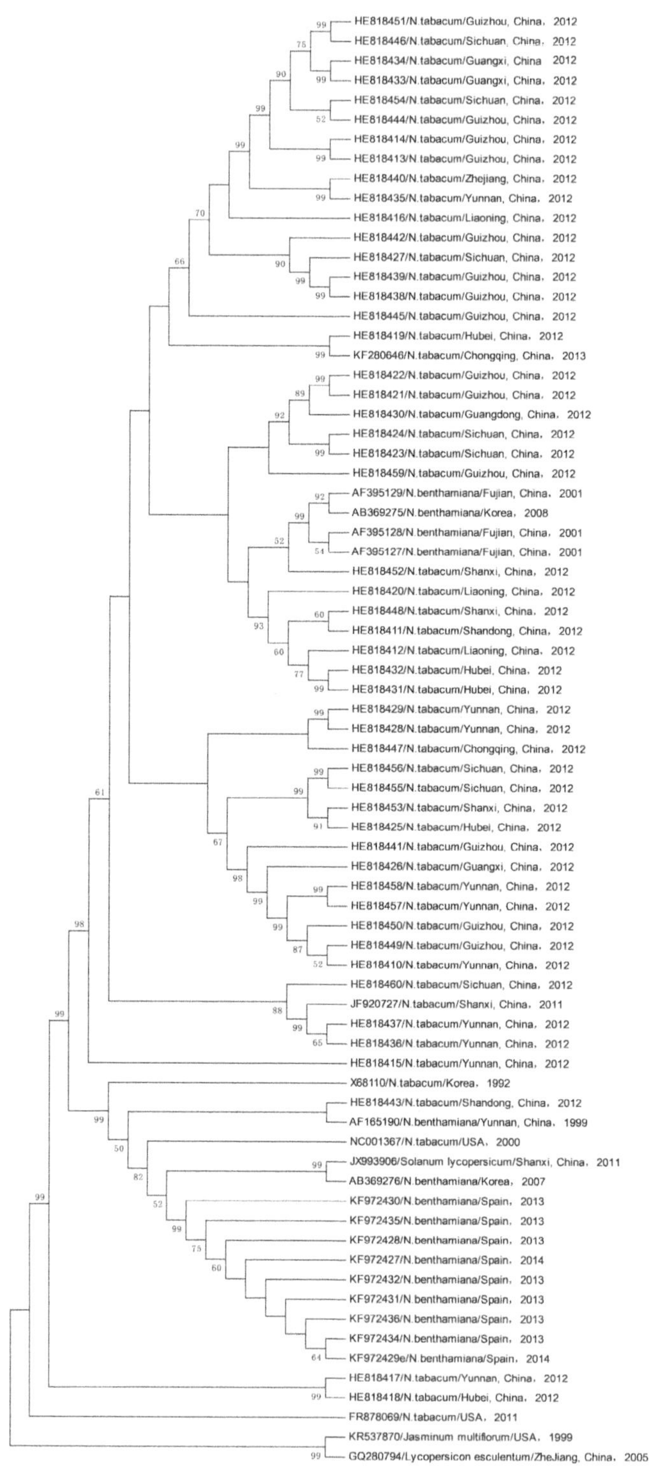

图中数字为遗传距离，后同；水平分支的长度参照 0.05 的标尺按比例绘制；以番茄花叶病毒分离物（登录号：KR537870、GQ280794）作为外群。

图 2-6　基于 TMV 全基因组编码区序列采用 ML 法构建系统进化树

表 2-6　TMV 的基因交流和遗传差异

谱系及序列数	参数				
	K_s(*P*-valve)	*Z*(*P*-valve)	S_{nn}(*P*-valve)	F_{st}	N_m
Europe(*n*=18) VS China Ⅰ(*n*=35)	4.09543 (0.0000***)	370.34408 (0.0000***)	0.97917 (0.0000***)	0.24185	0.78
Europe(*n*=18) VS China Ⅱ(*n*=19)	4.11881 (0.0000***)	272.17317 (0.0000***)	0.94054 (0.0000***)	0.16536	2.52
China Ⅰ(*n*=35) VS China Ⅱ(*n*=19)	4.38052 (0.0000***)	711.91951 (0.0000***)	0.93220 (0.0000***)	0.12904	3.39

注：***表示 $P<0.001$。

(四) 选择压力分析

TMV 所有分离物的 d_N/d_S 的比值均远小于 1(表 2-7)，突变为非同义突变，这表明 TMV 不同种群都处于较强的负选择压力下，受到自然界的净化选择作用。

表 2-7　TMV 选择压力分析

谱系	序列数/条	核苷酸序列多样性		
		d_N	d_S	d_N/d_S
Europe	18	0.02038±0.00104	0.12667 ±0.00575	0.16089
China Ⅰ	35	0.00369±0.00038	0.03845±0.00258	0.09597
China Ⅱ	19	0.00397±0.00051	0.04066±0.00271	0.09764
总体	72	0.00902±0.00051	0.07273±0.00273	0.12402

注：表中数据为 d_N±标准差、d_S±标准差，下同。

(五) 种群结构分析

TMV 分离物种群间的核苷酸序列差异介于 0.01345±0.00074 和 0.04349±0.00135 之间，欧洲分离物核苷酸序列多样性值比中国的大；单体型差异介于 0.980±0.028 和 0.997±0.008 之间，China Ⅰ种群单体型差异较大(表 2-8)。

表 2-8　TMV 的核苷酸和单体型差异比较

谱系	序列数/条	差异值	
		核苷酸序列多样性	单体型多样性
Europe	18	0.04349±0.00135	0.980±0.028
China Ⅰ	35	0.01345±0.00074	0.997±0.008

续表2-8

谱系	序列数/条	差异值	
		核苷酸序列多样性	单体型多样性
China Ⅱ	19	0.01457±0.00075	0.994±0.019
总体	72	0.02560±0.00089	0.998±0.003

(六)突变位点和保守区域分析

突变位点分析发现有可变位点1423个，单突变位点604个，其中两个变异型569个、三个变异型位点35个；简约信息位点819个，其中两个变异型位点643个、三个变异型位点168个、四个变异型位点8个。

保守区域分析发现TMV整个编码区的保守值高达0.75，基因编码的氨基酸保守值高于0.85的保守区域共有6个(表2-9)。由此可见，TMV基因编码区突变率很低，比较保守。

表2-9 TMV基因编码区的保守区域

保守区域	起始位点	保守值	一致性	*P*值
1	814~926	0.876	0.988	0.0015
2	2068~2189	0.869	0.989	0.0020
3	3569~3638	0.871	0.991	0.0157
4	3583~3652	0.886	0.994	0.0066
5	4609~4740	0.879	0.994	0.0004
6	4744~4854	0.874	0.993	0.0020

(七)中性检验与分析

TMV不同组间的中性检验分析统计值均为负数，说明TMV种群多态性较低，处于扩张趋势(表2-10)。总体而言，在独特的地理分组中进行的三个中性平衡模型偏差分析，连同其高单体型多样性及低核苷酸多样性，说明了TMV种群在扩张。

表2-10 TMV的中性检验与分析

谱系	序列数/条	Tajima's *D*值	Fu & Li's *D*值	Fu & Li's *F*值
Europe	18	−1.95277	−2.22788	−2.46792
China Ⅰ	35	−1.92283	−1.59870	−2.03697
China Ⅱ	19	−1.23199	−1.16993	−1.39933
总体	72	−2.40321	−4.59602	−4.42311

三、结论与讨论

对 TMV 基因组的研究多集中在 TMV 分离物复制酶、MP、CP 序列结构或比较分析方面，而有关 TMV 分子变异进化的报道很少。对 TMV 全基因组编码区序列进行了重组分析、系统发育分析、遗传差异及基因交流和种群结构分析，结果表明 TMV 分离物没有明显的重组体，可以将所有的分离物分为 China Ⅰ、China Ⅱ 和 Europe 3 个种群，种群间具有比较明显的地理相关性。不同群组间有很明显的遗传差异，基因交流的频率较高，Europe 和 China Ⅰ 种群可能受到遗传漂变影响，Europe 和 China Ⅱ、China Ⅰ 和 China Ⅱ 之间存在可以发生基因交流的渠道。TMV 欧洲分离物核苷酸序列多样性值比中国的大，China Ⅰ 种群单体型差异较大。地缘关系较近的不同种群都处于较强的负选择压力下且处于扩张趋势时，负选择和突变是潜在的驱动 TMV 分子进化的动力，自然选择是 TMV 进化过程中的有效推动力。

在植物 RNA 病毒中，重组是遗传多样性的重要来源，也是进化的主要动力之一，如 PVY 重组发生得特别频繁，对塑造 PVY 种群遗传结构产生了很重要的影响。重组不仅能帮助病毒适应新寄主或扩大寄主范围，也可使病毒的致病力发生改变从而更加适应当地的环境；但不同 RNA 病毒间重组率差异很大，对 TMV 全基因组的编码区进行重组分析时，并没有发现重组现象。由于受到分离物数量及来源地比较单一等方面的限制，某些重组体可能未被发现，但是相对于 PVY 重组在驱动 TMV 进化方面，不能起到与其类似的作用。中国 TMV 的发生率一直相对比较稳定，可能与 TMV 不存在重组株系有一定的关系。

系统发育分析中，TMV 分离物形成 3 个相对独立的种群，种群间具有一定的地理特异性。China Ⅰ 聚集了除云南外的中国各地区的分离物，China Ⅱ 以云南分离物为主体。TMV 中国分离物在不同省份形成两个独立的分支，有明显遗传差异，不同种群可独立进化。Europe 种群绝大部分来源于西班牙和美国，但也有个别中国分离物，表明 TMV 种群在中国与欧洲之间交流较频繁。TMV 3 个种群起源于何处？又是怎样传播的？什么因素导致云南分离物与中国其他地区分离物种群间有明显遗传差异？推测中国种群起源有可能与烟草传入中国有关，中国种群来源最先由美洲(美国)迁入欧洲(西班牙)，再从欧洲进入中国，在中国又分为南北两条途径，可能是地理阻隔等原因导致各自独立进化，形成了云南和其他地区种群，不同地区间烟草种苗交流传播使得两个种群间既有遗传差异，也有基因交流。对于这个推测，尚需要有实验来验证。

病毒在寄主体内以“突变云”或“准种”形式存在，突变是驱动 TMV 进化的主要作用力之一。利用 d_N/d_S 的值，计算选择压力，大部分植物病毒处于强的负选择压力下。当 TMV 的 d_N/d_S 远小于 1 时，表明 TMV 进化受到强的负选择压力的驱动，自然选择是其进化的主要驱动力。变异分析发现 TMV 的种群遗传结构相对比较稳定，基因组序列变异较少，比较保守，这与宋丽云的研究结果相一致；而谢扬军解释各分离物之间的差异，是 TMV 主要以点突变的方式来适应不同的生态环境带来的选择压力而造成的。

大量的研究表明，培育抗病毒品种是防治植物病毒病害经济有效的方法之一。但植物病毒一般寄主范围广泛、具有较强的地域适应性，在与寄主植物相互作用过程中，易发生株系分化和变异，造成抗病品种抗性的减弱和丧失，使抗病毒育种工作难度加大。要减轻或者消除 TMV 对烟草等作物生长所带来的不利影响，培育抗病毒品种，必须弄清病毒的遗传变异机制，开展种群遗传研究，追踪病毒的起源、进化及流行途径，才能为抗病育种提供指导。在深入分析了TMV的重组、系统发育、遗传变异、种群结构等分子进化机制后，发现TMV种群间不存在重组现象，种群结构相对稳定，基因组序列变异少，因此培育抗病毒品种可能是防治TMV的有效方法之一。本节开展的TMV全基因组编码区序列分子进化分析，揭示了TMV分子变异进化的特征，对培育抗病毒品种和防治病害具有重要意义。

第三节 基于外壳蛋白基因的湖南烟草黄瓜花叶病毒遗传多样性分析

黄瓜花叶病毒(Cucumber mosaic virus，CMV)是严重危害植物的病毒之一，其侵染烟草引发的病毒病在烟草中普遍发生，严重威胁我国烟叶生产。培育抗病毒品种被认为是极有效的方法之一，但因CMV受寄主和地域影响而变异较频繁，抗病毒品种抗性易减弱或丧失，使抗病育种难度加大。通过生物信息学技术和方法分析CMV不同分离物的遗传变异和分子进化，对抗CMV的品种选育和病害精准防控有重要意义。

CMV株系众多，寄主范围广泛，存在较显著的遗传多样性。CMV基因组有3条正义单链的RNA分子，编码复制酶1a、2a、2b，迁移蛋白质(movement protein，MP)，外壳蛋白(coat protein，CP)共5个蛋白。CMV CP基因序列保守性较高，常被应用于病毒遗传多样性研究。根据CMV寄主范围、致病性、血清学特性、CP基因核酸序列分析等，将其株系或分离物大致分为CMV亚组Ⅰ和亚组Ⅱ，其中亚组Ⅰ又可分为亚组ⅠA和亚组ⅠB。宋丽云、刘勇等鉴定分析了我国云南、湖南和福建等地的CMV分离物，发现云南和湖南烟草CMV以亚组Ⅰ为主，存在较明显的遗传多样性。赵雪君等报道的四川CMV分离物属亚组ⅠB。随着产区调整、种植品种和耕作制度等变化，湖南烟草CMV种群变化和分子变异情况是否发生变化尚不清楚。因此，利用CMV CP基因序列开展种群遗传多样性和分子进化分析，探明CMV的遗传变异机制很有必要。本节通过对湖南烟草中的CMV分离物CP基因进行RT-PCR扩增和测序，分析湖南烟草上发生的CMV分离物的遗传多样性和分子进化特征，以期为研究CMV株系鉴定和进化机制提供参考，为CMV的抗病育种和防治提供理论依据。

一、材料与方法

(一)试验材料

样品采集：2017—2018年从湖南郴州、永州、长沙等5个烟区采集表型为花叶、皱缩、畸形及脉坏死等症状的烟草叶片样品303份，样品经液氮速冻后于-80℃环境下保存备用。

主要试剂：RNA提取试剂盒(EasyPure® Plant RNA Kit)，购自TransGen Biotech公司；cDNA合成试剂盒、Taq DNA聚合酶、dNTPs购自北京全式金生物技术有限公司；其他常规试剂为国产分析纯，购自中国医药集团有限公司。

(二)烟草总RNA的提取及检测

取烟草叶片样品1 g，使用RNA提取试剂盒提取总RNA，具体方法参照试剂盒说明书。以提取的总RNA为模板，反转录合成cDNA。用于RT-qPCR扩增的引物为文献报道的引物，序列为 CMVF 5′-CGGATGCTAACTTTAGAGTCTTGT-3′和 CMVR 5′-GAATGCGTTGGTGCTCGAT-3′，由生工生物工程(上海)股份有限公司合成，扩增 CP 基因(目标片段长度约 650 bp)。PCR 反应参照 Liu 等的方法，反应体系(25 μL)：10×Buffer 2.5 μL，rTaq DNA 聚合酶 0.3 μL，10 mmol/L dNTPs 0.5 μL，10 μmol/L 引物各 0.5 μL，1 μmol/L 模板 DNA 0.5 μL，灭菌 ddH_2O 补足至 25 μL。扩增条件：95℃变性 30 s，56℃退火 50 s，72℃延伸 110 s，30 个循环；72℃延伸 10 min。PCR 扩增产物送生工生物工程(上海)股份有限公司测序，计算检出率。

(三)重组分析

整理获得的湖南烟草 CMV 分离物 CP 基因序列，先利用 RDP 4.0 软件包中的 Maxchi、RDP、Chimaera 等软件检测 CMV 分离物可能存在的重组位点，然后利用 Simplot 软件验证这些重组位点存在的可能性。如检测结果 $P<1.0\times10^{-6}$，则表明 CMV 分离物存在重组的可能；如 $P>1.0\times10^{-6}$，则表明 CMV 分离物不存在重组的可能。

(四)系统发育分析

将测序获得的阳性样品序列采用 DNAMAN 进行同源性比对。参照比对结果从中选取采自湖南不同地区、同源性差异相对较大的 11 个样品，同时从 NCBI 上下载 32 个来源不同国家或地区的 CMV 分离物 CP 基因序列进行系统发育分析，采用 MEGA 5.0 中的 Clustal W 软件进行序列比对，样品编号或登记号和来源地区或报道国家见表 2-11。采用 ML 法构建系统进化树(自举法 1000 倍模拟复制计算支长)，以与 CMV 同属的花生矮化病毒(Peanut stunt virus，PSV)作为外群。依据 Kimura two-parameter 和 Dayhoff PAM 250 matrix 计算分析核苷酸和氨基酸相似性。

表 2-11　研究中涉及的 CMV 分离物

样品编号或登录号	来源地区或报道国家	样品编号或登录号	来源地区或报道国家	样品编号或登录号	来源地区或报道国家
CS-NX	中国长沙浏阳	EF159146	中国	DQ412732	中国
CS-LY	中国长沙宁乡	AJ276481	韩国	AB042294	印度尼西亚
CZ-GY	中国郴州桂阳	AM183119	西班牙	U20219	菲律宾
CZ-YX	中国郴州永兴	AJ517802	匈牙利	EF213025	中国
CZ-JH	中国郴州嘉禾	D10538	美国	M21464	澳大利亚
YZ-NY	中国永州宁远	AJ511990	匈牙利	AF127976	美国
YZ-JH	中国永州嘉禾	AB004781	日本	AF198103	澳大利亚
XX-HY	中国湘西花垣	AB008777	中国	EF202597	中国
XX-LS	中国湘西龙山	EU414784	中国	L15336	匈牙利
HY-LY	中国衡阳耒阳	EU414786	中国	AF063610	南非
HY-HY	中国衡阳	AY429432	中国	AB176847	日本

续表2-11

样品编号或登录号	来源地区或报道国家	样品编号或登录号	来源地区或报道国家	样品编号或登录号	来源地区或报道国家
AJ296154	韩国	Y16926	意大利	EF216867	中国
AF103991	日本	D28780	中国	AY429437	中国
D12499	日本	AM183116	西班牙		
D16405	日本				

(五)遗传差异及基因交流

利用 DnaSP 5.0 软件计算种群间遗传差异与基因交流频率。统计 K_S、Z 和 S_{nn}3 个参数，S_{nn} 为近邻统计(nearest-neighbor statistic)，计算两个或两个以上的地区样品近邻序列在相同地域的地理学空间上出现的频率；K_S 和 Z 为以序列为基础的数据统计分析，K_s 由平均不同的序列数量所决定，Z 为秩统计量(rank statistic)。若 K_S和 Z 统计值很小，$P<0.05$(两个亚群之间没有遗传分化)，则拒绝无遗传差异的假设。利用 DnaSP 5.0 软件计算 F_{ST} 和 N_m，依据 F_{ST} 和 N_m 大小评估基因交流情况，F_{ST} 为种群间遗传差异的构成，表示种群间等位基因频率的标准差异；N_m 为成为有效大小的单个种群数量及它们之间的迁移率。若 F_{ST} 的绝对值大于 0.33，说明基因交流不频繁，反之，则交流频繁；若 N_m 大于 1，则说明遗传漂变在种群间很容易发生；若 N_m 小于 1，则说明群体发生遗传差异的主要原因是基因交流。

(六)选择压力分析

选择压力评价采用 MEGA 5.0 中的 Pamilo-Bianchi-Li 法，分别计算非同义突变(d_N)和同义突变(d_S)的值，利用 d_N/d_S 值预测各个基因所承受的选择压力。若 $d_N/d_S=1$，则说明该组分离物存在中性选择；若 $d_N/d_S<1$，则说明该组分离物存在负选择；若 $d_N/d_S>1$，则说明该组分离物存在正选择。

(七)突变位点和保守区域分析

利用 DnaSP 5.0 软件分析 CMV CP 基因突变位点和保守区域。

(八)种群结构分析

种群结构利用核苷酸多样性与单体型多样性进行评价，采用 DnaSP 5.0 计算核苷酸多样性与单体型多样性的差异值。核苷酸多样性差异值以 0.005 为临界值，单体型多样性差异值以 0.5 为临界值，二者的值越大，表示群体的多样性程度越高。

(九)中性检验分析

中性检验与分析基于 Fu & Li's D 值、Fu & Li's F 值和 Tajima's D 值评价，若 Fu & Li's D 值、Fu & Li's F 值和 Tajima's D 值 3 个参数均小于零，说明该种群多样性较低，种群存在选择压力或呈扩张趋势；若 Fu & Li's D 值、Fu & Li's F 值和 Tajima's D 值这 3 个参数值均大于零，

说明种群数量趋于减少，种群处于收缩态势。

二、结果与分析

(一)湖南烟区 CMV 检测

对采集有花叶、皱缩、叶缘上卷等症状的 303 份烟草样品进行 PCR 扩增，可得到大小为 657 bp 的片段(图 2-7)，条带大小符合预期，有 192 份样品检出目标条带，检出阳性率为 63.37%(表 2-12)。对 PCR 产物(CP 基因)进行测序，并与 NCBI 上登记的 CMV 分离物 CP 基因序列进行比对，结果显示湖南烟区 CMV 分离物与 NCBI 上登记的 CMV 分离物(登记号 KU976486、EF424776、HQ844075 等)的一致性为 86.34%~98.42%。

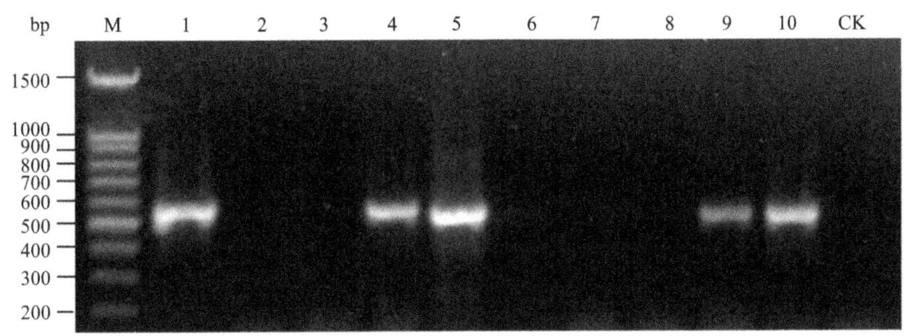

图中：M 为 marker DL1000；1~10 为样品；CK 为空白对照。

图 2-7　CMV 外壳蛋白基因 RT-PCR 扩增结果

表 2-12　湖南烟区 CMV 检出率

地区	样品数/份	阳性样品数/份	检出率/%
长沙	66	40	60.61
衡阳	40	23	57.50
郴州	69	44	63.77
永州	64	42	65.63
湘西	64	43	67.19
合计或平均	303	192	63.37

(二)重组分析

对得到的 CMV 分离物 CP 基因序列进行重组分析，结果表明，$P>1.0\times10^{-6}$，CMV 分离物 CP 基因无重组现象或重组不明显。利用 Simplot 进一步确认，结果显示不存在明显重组事件。

(三)系统发育分析

同源性比对显示，192 份阳性样品序列一致性为 93.35%。选取 11 个湖南不同地区 CMV 分离物与 32 个已报道的不同国家或地区的 CMV 分离物 CP 基因序列构建系统发育树(图 2-8)，结果发现 CMV 不同分离物形成了ⅠA、ⅠB 和Ⅱ共 3 个群组，ⅠA 组以亚洲(中国、日

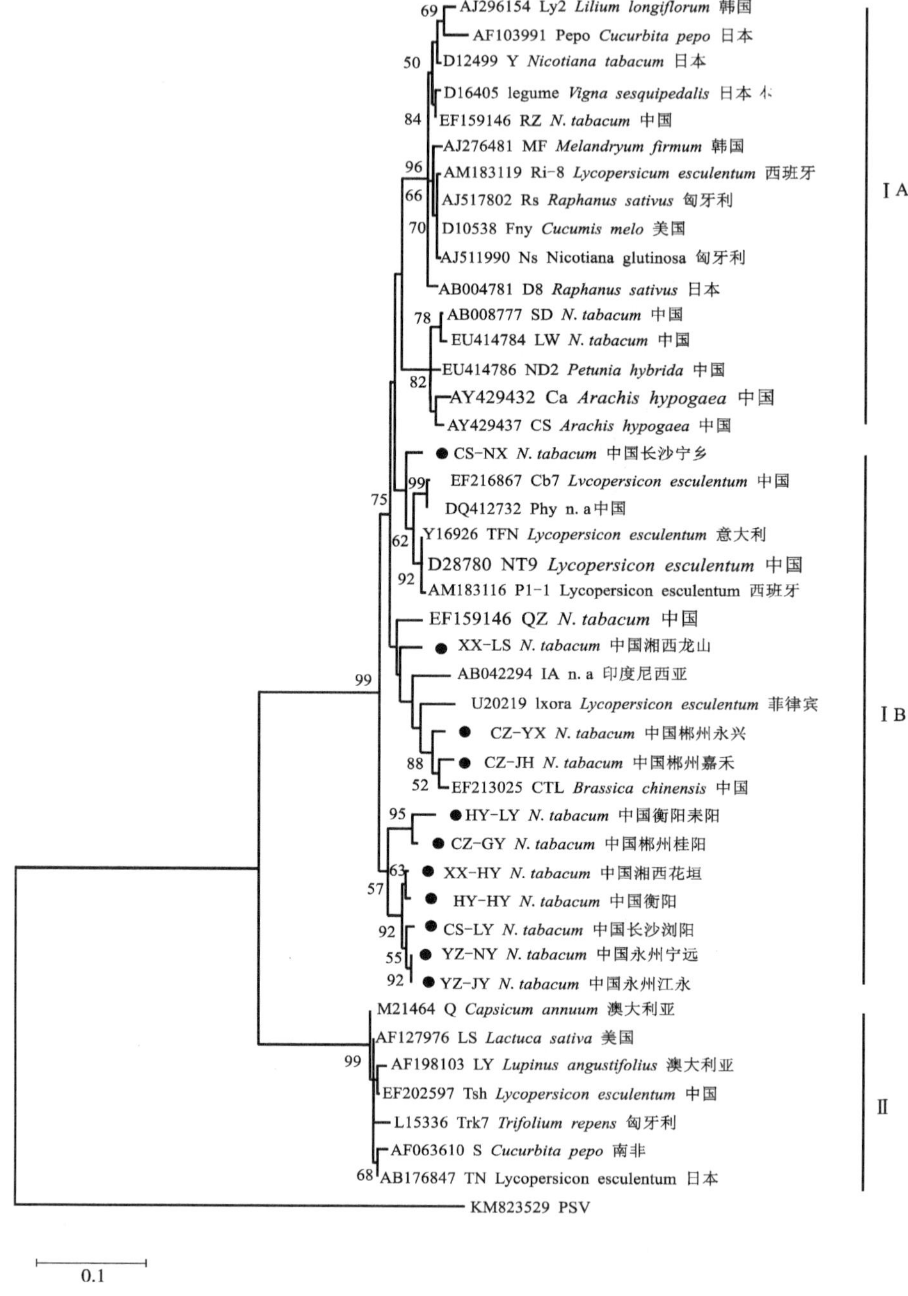

n. a 表示暂缺；圆点标注的为分离自湖南不同地区的 11 个 CMV 分离物。

图 2-8 基于 43 个 CMV CP 基因序列的系统发育树

本、韩国）分离物为主，其他为美国、匈牙利和西班牙分离物，ⅠB 组以中国（湖南）分离物为主，其他为意大利、西班牙、印度尼西亚和菲律宾分离物，Ⅱ组主要为日本、南非、澳大利亚和美国分离物，不同组间的分离物地理特征不明显。湖南 CMV 分离物属于亚组 ⅠB，不同地区的分离物在系统发育树上聚集分布，来自长沙宁乡（CS-NX）、湘西龙山（XX-LS）、郴州永兴（CZ-YX）的 3 个分离物稍微分散，其他地区分离物地理特征不明显，遗传距离较近，一致性较高，核苷酸序列的一致性为 93.8%～96.6%，氨基酸的一致性为 95.9%～96.9%。

（四）遗传差异及基因交流

系统发育分析将 43 个 CMV 分离物分成 ⅠA、ⅠB 和Ⅱ3 个种群，对这 3 个种群进行遗传差异分析，结果显示不同种群间的 K_S 和 Z 值较小，P 值也较小，接近于 0 且远小于 0.001，表明 CMV 在不同种群间的遗传差异比较明显（表 2-13）。基因交流分析结果显示，CMV 不同组间的 F_{st} 值均大于 0.33，表明 CMV 在不同种群间的基因交流频率不高。CMV 不同种群间的 N_m 均小于 1，表明种群可能受到遗传漂变的影响。

表 2-13　43 个 CMV 分离物的遗传差异及基因交流

群组及序列数	参数				
	K_s（P-valve）	Z（P-valve）	S_{nn}（P-valve）	F_{st}	N_m
ⅠA（n=11） VS ⅠB（n=25）	20.79255 （0.0000***）	220.09167 （0.0000***）	1.00000 （0.0000***）	0.38597	0.40
ⅠA（n=11） VS Ⅱ（n=7）	8.62963 （0.0000***）	36.10921 （0.0000***）	0.94054 （0.0000***）	0.91170	0.02
ⅠB（n=25） VS Ⅱ（n=7）	21.38943 （0.0000***）	132.31988 （0.0000***）	1.00000 （0.0000***）	0.82445	0.05

注：*** 表示 P<0.001。

（五）选择压力分析

利用 d_N 和 d_S 预测不同群组分离物的非同义突变率和同义突变率，分别计算 d_N 和 d_S 值，来估计 CP 基因序列的选择压力程度（表 2-14）。结果显示 d_N 值小于 d_S 值，d_N/d_S 均小于 1，表明 CMV 不同种群负选择压力较强，负选择可能是 CMV 进化的主要驱动力。

表 2-14　43 个 CMV 分离物的选择压力分析

群组	序列数/条	核苷酸多样性		
		d_N	d_S	d_N/d_S
ⅠA	11	0.005±0.002	0.055 ±0.011	0.091
ⅠB	25	0.009±0.004	0.186±0.025	0.048

续表2-14

群组	序列数/条	核苷酸多样性		
		d_N	d_S	d_N/d_S
Ⅱ	7	0.009±0.003	0.023±0.007	0.391
总体	43	0.031±0.006	0.384±0.052	0.081

注：表中数据为 d_N±标准差、d_S±标准差。

(六)突变位点和保守区域分析

突变位点分析发现，CMV CP 基因有可变位点 260 个，单突变位点 128 个，其中两个变异型位点 119 个、三个变异型位点 9 个。保守区域分析发现(表 2-15)，CMV CP 基因保守区域共有 3 个，保守值为 0.54，表明 CMV CP 基因突变率很低，比较保守。

表 2-15　CMV CP 基因的保守区域

保守区域	起始位点	保守值	一致性	*P* 值
1	178~263	0.535	0.935	0.0324
2	182~267	0.535	0.928	0.0324
3	184~272	0.539	0.919	0.0237

(七)种群结构分析

种群结构分析结果表明(表 2-16)，ⅠA、ⅠB 和Ⅱ 3 个种群的核苷酸多样性差异值分别为 0.02155、0.05547 和 0.01396，差异值均大于 0.005，其中 ⅠA 和 ⅠB 的核苷酸多样性差异值均大于群组Ⅱ，表明 ⅠA 和 ⅠB 群组遗传多样性相较于群组Ⅱ更丰富。3 个群组的单体型多样性差异值接近，均大于 0.5 且接近 1，表现出较高的单体型多样性。总体来看，核苷酸多样性总体差异值为 0.11032(大于 0.005)，单体型多样性差异值为 0.998(大于 0.5)，说明 3 个种群总体具有较高的核苷酸多样性和单体型多样性。

表 2-16　43 个 CMV 分离物的核苷酸和单体型差异比较

群组	序列数/条	差异值	
		核苷酸多样性	单体型多样性
ⅠA	11	0.02155±0.00012	0.982±0.00215
ⅠB	25	0.05547±0.00032	0.996±0.00018
Ⅱ	7	0.01396±0.00007	1.000±0.00583
总体	43	0.11032±0.00137	0.998±0.00003

（八）中性检验与分析

中性检验结果显示，3 个种群 CP 基因序列的 Fu & Li's *D* 值、Fu & Li's *F* 值和 Tajima's *D* 值 3 个参数的检验值均小于 0（表 2-17），总体值也均为负值，表明 CMV 种群处于扩张趋势，种群在不断扩张。

表 2-17　43 个 CMV 分离物中性检验与分析

群组	序列数/条	Fu & Li's *D* 值	Fu & Li's *F* 值	Tajima's *D* 值
ⅠA	11	-1. 12863	-1. 20545	-0. 87056
ⅠB	25	-0. 45561	-0. 54057	-0. 46984
Ⅱ	7	-1. 30268	-1. 45452	-1. 37554
总体	43	-2. 57021	-2. 48143	-1. 23525

三、讨论

CMV 寄主范围广、地域适应性强，在与寄主植物互作过程中，相互协同进化，易发生变异。开展 CMV 种群遗传多样性研究，探明 CMV 的分子进化特征，对科学精准防控 CMV 意义重大。根据症状、寄主范围、致病性、抗原性、蚜传特性及核苷酸序列同源性的差异，CMV 株系被分为亚组Ⅰ和Ⅱ，在亚组Ⅰ内根据 CMV RNA 的 5' 和非编码区序列的比对结果，亚组Ⅰ进一步分为ⅠA 和ⅠB。据报道我国 CMV 分离物多为亚组Ⅰ（ⅠA、ⅠB），亚组Ⅱ较少见。本节对湖南烟草上 CMV 分离物的 CP 基因进行了序列分析并构建了系统进化树，结果表明湖南烟草的 CMV 分离物均属于亚组ⅠB，与刘勇、宋丽云等的研究结果一致。刘勇等在云南和贵州烟草中发现了少量的病毒样品属亚组Ⅱ，但本节未发现湖南烟草上有亚组Ⅱ种群，这可能与烟草品种差异、采样点不全面有关。CMV 的发生、进化和变异与不同寄主、地理位置、生长环境等因素有关，而且不同 CMV 亚组可能与其致病性强弱有关，样品阳性检出率是否能够反映 CMV 实际发生率，这些相关性和问题还有待进一步探究。另外，本节仅基于 CP 基因进行了系统分析，也有可能存在误判，还需要基于不同功能基因进一步分析。鉴于我国烟草上主要以 CMV 亚组ⅠB 株系为主，故烟草 CMV 的抗病育种与防治应以亚组ⅠB 株系为主要靶标，这个研究结果为烟草 CMV 的抗病品种选育提供了理论依据和支撑。

病毒存在丰富的遗传多样性，主要有基因重组、突变、基因交流、遗传漂变和自然选择等因素长期互相作用。推动病毒不断进化的主要动力是基因重组，它可增强病毒适应新寄主和新环境的能力，进而扩大病毒的寄主范围。重组分析发现湖南烟草 CMV CP 基因无重组现象或重组不明显，推测可能因为 CMV 不存在重组，以致烟草上的 CMV 一直比较稳定。遗传漂变对病毒种群突变的频率有重要作用，CMV 存在ⅠA 和ⅠB 两个相对独立的种群，遗传变异显著，ⅠA 和ⅠB 两个种群之间的基因交流频率较低。中国烟草 CMV ⅠA 种群主要与东亚的日本、韩国分离物亲缘关系较近，相互交流频率高；而ⅠB 种群主要与东南亚的菲律宾、印度尼西亚交流较频繁，与属于种群Ⅱ的欧洲、美洲分离物之间的交流较少。推测中国烟草 CMV 种群起源有可能与烟草传入中国的路径相似，烟草携带 CMV 由日本和菲律宾南北两条路径传入中国沿海地区，再传入中国内陆地区，在现代烟草种植过程中，中国内陆不同地区间携带 CMV 的烟草种子交流频繁，导致 CMV 种群间同时存在遗传差异和基因交流。

突变是驱动 CMV 进化的主要作用力之一。选择压力和突变分析表明负选择是 CMV 进化的主要驱动力，CMV CP 基因序列变异较少，种群遗传结构相对比较稳定，这与赵雪君等的研究结果是一致的。遗传多样性参数(核苷酸多样性和单体型多样性)分析结果表明 CMV 群体遗传多样性较高，群体 IA 和 IB 遗传多样性高于Ⅱ，表明两个群体相对稳定且长期演化，但群体之间呈现一定程度的分化，种群整体处于扩张趋势。种群内这种高遗传多样性的形成是一个长期过程，推测可能是中国烟草种植区之间的种苗调运频率较高，且 CMV 为重要的蚜传病毒，经蚜虫传播导致不同地区和寄主间的 CMV 交流频繁，易发生突变和自然选择，从而造成不同群体的遗传多样性较高。

四、结论

对来自湖南烟草 CMV 的 CP 基因进行了 RT-PCR 和测序，分析了湖南烟草 CMV 遗传多样性及分子进化机制，结果表明湖南烟草 CMV 属亚组 IB，种群间地理相关性不明显，无明显重组现象，遗传变异明显，基因交流频率低，遗传多样性较高，突变是 CMV 的主要作用力之一，种群处于扩张趋势。本节开展了 CMV 系统进化和遗传多样性分析，揭示了 CMV 分子变异进化特征，为 CMV 的抗病品种选育和病害精准防治提供了理论依据和科学指导。

第四节　烟草花叶病毒生防菌 BZ3 的生防效果及其全基因组初步分析

目前防治 TMV 的方法主要是化学防治，但生产中有效的抗植物病毒制剂较少，防治效果不佳，田间防效大多在 50%以下。化学农药的过度使用带来的抗药性加剧、农药残留和环境污染等一系列问题受到人们普遍关注，生物防治越来越受重视。利用微生物来防治 TMV 病的研究越来越多，主要集中在生防细菌，如假单胞菌、芽孢杆菌及黏质沙雷菌等。TMV 能够在土壤中存活较长时间，土壤中的 TMV 是重要侵染源之一，因此，从土壤中分离出土著微生物以防治 TMV 受到研究者们的重视。岳研从土壤中分离筛选到 8 株对 TMV 枯斑具有抑制效果的芽孢杆菌，刘涛从烟草根际土壤中分离的 8 株产铁载体细菌能显著抑制 TMV 病的发生。同时，生防菌能通过分泌次生代谢产物和诱发植物产生抗病性等途径来实现生物防治，如贝莱斯芽孢杆菌能分泌表面活性素和铁载体等次生代谢产物来诱导植株产生抗性。

本节从烟草根际土壤中分离得到菌株 BZ3，并对其进行了鉴定，以评价生防效果，然后通过全基因组测序及基因功能分析，初步分析生防菌分泌次生代谢产物的潜力，以期为 TMV 病的防控积累更多的生物资源，为后期的开发应用提供理论基础。

一、材料与方法

(一)材料

1. 培养基

PDA 培养基：马铃薯 200 g，葡萄糖 20 g，去离子水定容至 1 L，pH 调至 7.0。LB 液体培养基：NaCl 10 g，胰蛋白胨 10 g，酵母提取物 5 g，去离子水定容至 1 L，pH 调至 7.0(固体培养基则再加入浓度为 15 g/L 的琼脂粉)。

2. 土壤样品

土壤样品采自湖南农业大学烟草基地 TMV 病发病地区中健康植株的根际。

3. 毒源及烟草

供试毒源 TMV 保存于湖南农业大学植物保护实习基地温室内。试验烟草为栽培烟草云烟 87 和心叶烟，在育苗基质中培育至 6 片真叶左右，备用。

4. 病原菌

烟草赤星病菌(*Alternaria alternate*)、烟草黑胫病菌(*Phytophthora parasitica var. nicotianae*)、烟草靶斑病菌(*Rhizoctonia solani*)、辣椒疫霉菌(*Phytophthora capsici*)、辣椒白绢病菌(*Sclerotium rolfsii*)、水稻纹枯病菌(*Rhizoctonia solani*)，保存在湖南农业大学植物病理学实验室。

(二)拮抗菌株的分离纯化及活性检测

1. 菌株分离

采用稀释分离法从烟草根际土壤中分离出菌株，并将形态特征差异明显的单菌落划线纯化 3 次后，取单菌落至 5 mL LB 液体培养基中，37℃、200 r/min、培养 14 h 左右，用 50% 甘油和菌液以 1∶1 的体积比混合后，于-80℃保存备用。

2. 菌株抑制活性筛选

分离得到的菌株于 LB 平板上划线活化 3 次，挑取单菌落接种于 20 mL LB 液体培养基中，37℃、200 r/min 培养 60 h 后(OD_{600} 约为 2.0)，于 10000 r/min、4℃下离心 20 min 后，取上清液经 0.22 μm 针孔式无菌过滤器过滤得到无菌发酵液。

称取 1 g 染 TMV 的病叶片，在研钵中加入适量石英砂研磨成匀浆，加 0.2 mol/L 磷酸缓冲液定容至 100 mL 制得 TMV 接种液。参照林中正等半叶枯斑法对菌株进行活性测定，左半边叶片接种 LB 液体培养基与 TMV 接种液的 1∶1 混合液作为对照，右半边叶片接种菌株无菌发酵液与 TMV 接种液的 1∶1 混合液。每个菌株接种 3 个叶片，每个处理重复 3 次。接种半个小时后，用无菌水将叶片表面的石英砂轻轻冲掉，并在早晚各喷无菌水一次。3 d 后统计枯斑数量，并参照赵誉强等的方法计算抑制率。

$$\text{抑制率}(\%) = (\text{对照组枯斑数}-\text{处理组枯斑数})/\text{对照组枯斑数}\times 100\%$$

(三)拮抗菌株鉴定

1. 形态学鉴定

参照《常见细菌系统鉴定手册》进行形态学鉴定。将筛选到的抑制效果最好的菌株

BZ3 用划线分离法接种到 LB 平板，于 30℃下培养 48 h 后，观察单菌落的形态特征，并进行革兰氏染色，干燥后用显微镜观察并拍照记录。

2. 生理生化鉴定

参考《伯杰细菌鉴定手册》进行生理生化鉴定，每个处理重复 3 次，并设置空白对照。

3. 分子生物学鉴定

按照细菌基因组 DNA 提取试剂盒(购自北京全式金生物技术有限公司)方法提取细菌基因组。以基因组 DNA 为模板，参考王雯丽和 Wang 等菌株鉴定中使用的引物对 27F/1492R 和 BS-F/BS-R 扩增 16S rRNA 和 DNA 促旋酶 B 亚基(DNA gyrase B subunit，gyrB)基因片段。扩增程序参考 Wang 等的方法，将 PCR 产物送至生工生物工程(上海)股份有限公司测序。利用 Mega X 构建系统发育树，结合 16S rRNA 和 gyrB 基因序列系统发育树确定菌株分类地位。

(四)菌株 BZ3 对 TMV 的防治效果

1. 温室盆栽试验

设置 4 个处理组，分别为 BZ3 菌株发酵液(2.0×10^9 CFU/mL)、20%盐酸吗啉胍可湿性粉剂、10%超敏蛋白微颗粒剂、无菌水(对照)，农药的施用量均为商品推荐最佳用量，每个处理重复 3 次。选择长势大小基本一致的 6 叶期健康烟苗移栽到花盆，移栽时采用灌根方式处理 1 次，每株 5 mL。移栽 7 d 后喷施处理叶片，每隔 7 d 喷施 1 次，喷施 3 次后，采用摩擦接种的方式将 TMV 接种于烟草上。接种 TMV 30 d 后调查发病率及病情指数，参照赵誉强等的方法计算发病率、病情指数和防治效果。

2. 田间试验

在 TMV 病发病较重的龙山县茨岩塘镇试验基地，采用单因素完全随机区组设计，每个小区 30 株烟，重复 3 次。处理设置、接种 TMV 及调查统计方法同温室盆栽试验。

(五)菌株 BZ3 抑菌谱测定

利用实验室保存的 6 种病原菌对菌株 BZ3 进行广谱抑菌能力测定。按照前述方法获得菌株 BZ3 的无菌发酵液，在 100 mL PDA 培养基中加入 20 mL 无菌发酵液，混合均匀制成平板。将 6 种病原菌分别接种于上述 PDA 平板中央，以不加无菌发酵液的 PDA 平板为对照，每个处理重复 3 次。于 30℃下恒温培养 7 d 后，测量菌落直径，并计算抑菌率。

抑菌率(%)=(对照平板菌落直径-处理平板菌落直径)/对照平板菌落直径×100%

(六)全基因组测序和功能预测

提取菌株 BZ3 基因组 DNA，送武汉未来组生物科技有限公司进行全基因组测序。利用 Nanopore 对菌株 BZ3 基因组 DNA 进行建库、测序。测序得到的原始 reads 经过质控筛选、去接头后，利用 NextDenovo 进行基因组组装、环化，得到菌株 BZ3 基因组完整序列。

利用 Prodigal 2.6.3 预测编码序列，利用 blastx 算法将基因组数据与 NCBI 非冗余蛋白序列数据库(non-redundant protein sequence database，NR)、同源蛋白簇数据库(clusters of orthologous groups，COG)等进行比较，并进行基因功能注释分析。利用 tRNAscan-SE、RNAmmer 和 antiSMASH 2.0 等数据库对 tRNA、rRNA 及次生代谢产物进行预测。

（七）数据统计与可视化分析

采用 Excel 2016 和 SPSS 23. 0 软件进行数据处理和分析，通过 GraphPad Prism 9 和 ChiPlot 对实验数据和基因功能注释结果进行可视化分析；利用 Proksee 进行全基因组图谱的绘制。

二、结果

（一）拮抗菌株的分离纯化及活性鉴定

从根际土壤中共分离得到菌株 61 株，用半叶枯斑法筛选出对 TMV 有抑制活性的菌株 5 株（表 2-18），其中抑制效果最好的为菌株 BZ3（图 2-9），抑制率达 95. 12%。

表 2-18 拮抗菌株对 TMV 的拮抗作用

菌株编号	抑制率/%
BZ3	95. 12±0. 02[a]
QL4-2	67. 37±0. 01[b]
QL9-1	64. 17±0. 03[c]
YL2-6	52. 73±0. 02[d]
YL-1	55. 11±0. 03[d]

注：数值为平均值±标准差，下同。不同小写字母表示差异显著（$P<0.05$）。

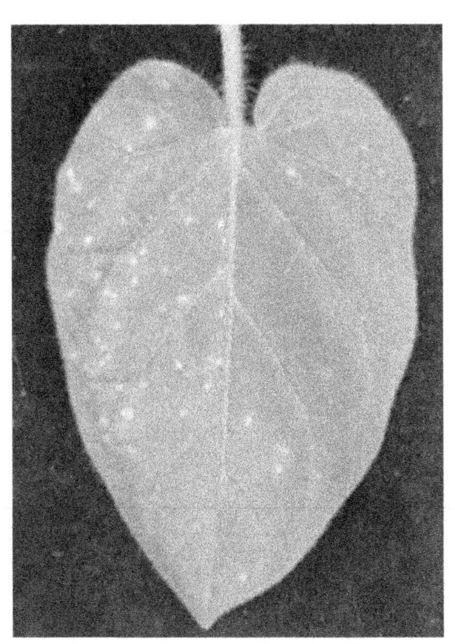

左为对照组；右为处理组。

图 2-9 菌株 BZ3 对 TMV 的拮抗作用

(二)拮抗菌株鉴定

1. 形态学鉴定

菌株 BZ3 在 LB 平板上初期为透明水渍状、较为黏稠，约培养 16 h 后为不规则、白色、不透明菌落，表面有凸起褶皱，呈放射状[图 2-10(a)]。菌株 BZ3 革兰氏染色为阳性，菌体有鞭毛和荚膜，内生芽孢，芽孢为长椭圆形，在扫描电镜下为短杆状，大小为 0.7 μm×1.4 μm～1.2 μm×2.5 μm[图 2-10(b)～(e)]。

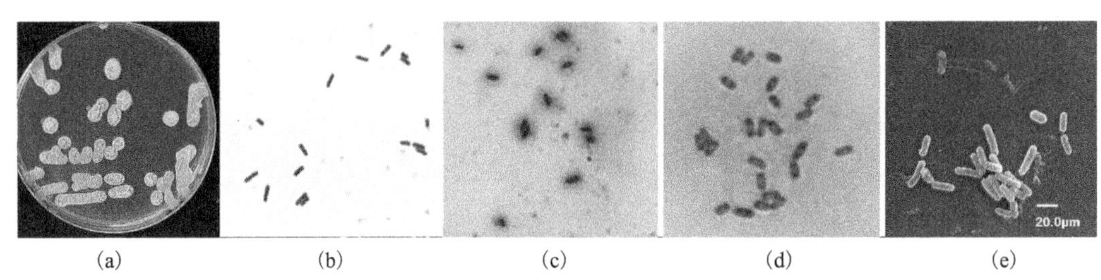

图 2-10　菌株 BZ3 的菌落形态(a)、革兰氏染色(b)、荚膜染色(c)、芽孢染色(d)及电镜观察形态(e)

2. 生理生化鉴定

生理生化鉴定结果见表 2-19。淀粉水解、革兰氏染色、甲基红试验、接触酶试验、明胶液化和 V-P 试验呈阳性，其他则呈阴性。

3. 分子生物学鉴定

菌株 BZ3 的 16S rRNA 和 gyrB 基因序列提交至国家微生物科学数据中心后，分别获得序列号 NMDCN00016NQ 和 NMDCN00016NR。根据 16S rRNA 基因序列构建的系统发育树(图 2-11)，菌株 BZ3 没有独立分支，与枯草芽孢杆菌(OL824905.1)、解淀粉芽孢杆菌(KJ009435.1)和贝莱斯芽孢杆菌(CP026039.1)的亲缘关系接近，同源性 72%。基于 gyrB 基因序列构建的系统发育树(图 2-12)，菌株 BZ3 的 *gyrB* 基因序列与贝莱斯芽孢杆菌 BY6(NZ CP051011.1)和贝莱斯芽孢杆菌 LPL061(NZ CP042271.1)在一个分支上，同源性 100%。因此，根据形态学、生理生化试验和系统发育树，将菌株 BZ3 鉴定为贝莱斯芽孢杆菌(*Bacillus velezensis*)。

表 2-19　菌株 BZ3 的生理生化鉴定结果

特征	结果	特征	结果
吲哚反应	-	革兰氏染色	+
淀粉水解	+	接触酶试验	+
硫化氢	-	明胶液化	+
氧化酶	-	过氧化氢酶	-
甲基红试验	+	V-P 试验	+

注：表中“+”为阳性，“-”为阴性。

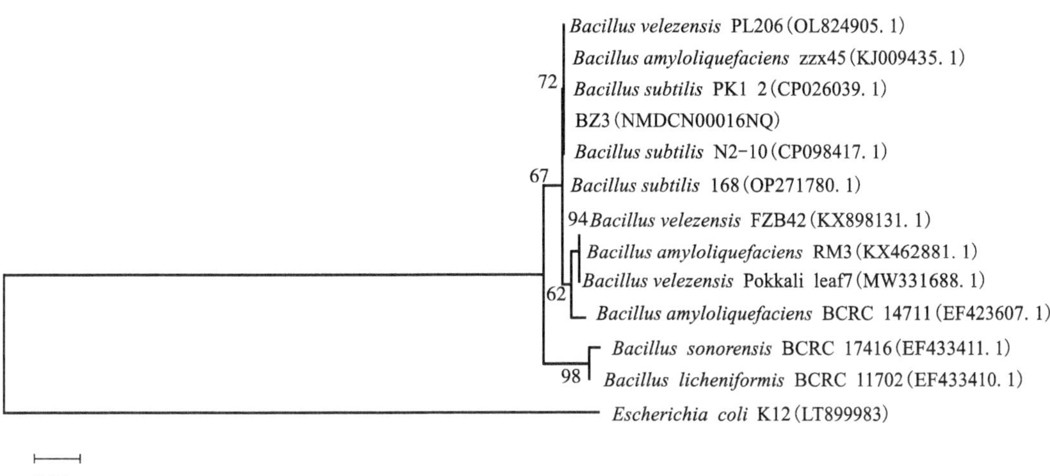

图 2-11　基于 16S rDNA 基因序列的菌株 BZ3 系统发育树

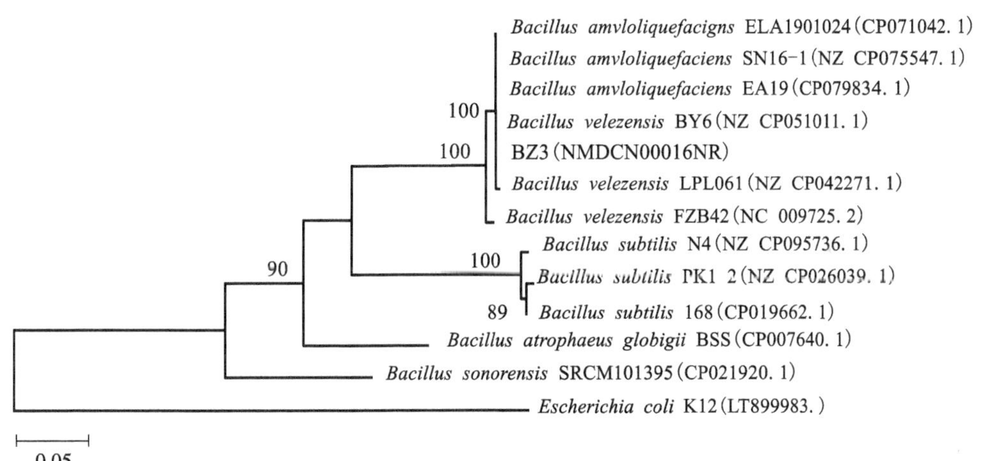

图 2-12　基于 gyrB 基因序列的菌株 BZ3 系统发育树

(三)菌株 BZ3 对 TMV 的防治效果

1. 温室盆栽试验

BZ3 菌株无菌发酵液对 TMV 有较好的防治效果，为 58. 97%，防治效果显著高于 20%盐酸吗啉胍可湿性粉剂(表 2-20)。

表 2-20　盆栽试验菌株 BZ3 对 TMV 的防治效果

处理	发病率/%	病情指数	防治效果/%
BZ3 菌株无菌发酵液	80 ± 1.32^{c}	35.56 ± 0.77^{c}	58.97 ± 2.16^{a}
20%盐酸吗啉胍可湿性粉剂	100 ± 1.67^{a}	48.15 ± 0.97^{b}	44.66 ± 1.66^{b}

续表2-20

处理	发病率/%	病情指数	防治效果/%
10%超敏蛋白微颗粒剂	100±1.22[a]	40.74±0.67[c]	53.17±2.66[a]
无菌水(对照)	100±2.03[a]	86.67±0.32[a]	

注：数值为平均值±标准差，下同。不同小写字母表示差异显著($P<0.05$)。

2. 田间试验

BZ3菌株无菌发酵液在田间对TMV有较好的防治效果(表2-21)，防治效果为72.07%，明显高于20%盐酸吗啉胍可湿性粉剂和10%超敏蛋白微颗粒剂。

表2-21　田间小区试验菌株BZ3对TMV的防治效果

处理	发病率/%	病情指数	防治效果/%
BZ3菌株无菌发酵液	1.86±0.39[b]	0.75±0.26[c]	72.07±1.32[a]
20%盐酸吗啉胍可湿性粉剂	2.19±1.11[b]	1.20±0.88[b]	54.35±2.11[b]
10%超敏蛋白微颗粒剂	2.68±1.03[b]	1.35±0.02[b]	47.51±1.79[c]
无菌水(对照)	5.20±0.79[a]	2.65±1.05[a]	

注：不同小写字母表示差异显著($P<0.05$)。

(四)菌株BZ3抑菌谱测定

菌株BZ3具有广谱抗性，对水稻纹枯病菌、烟草靶斑病菌和烟草黑胫病菌等6种病原菌均会产生拮抗作用，抑制率为38%~100%(图2-13)。

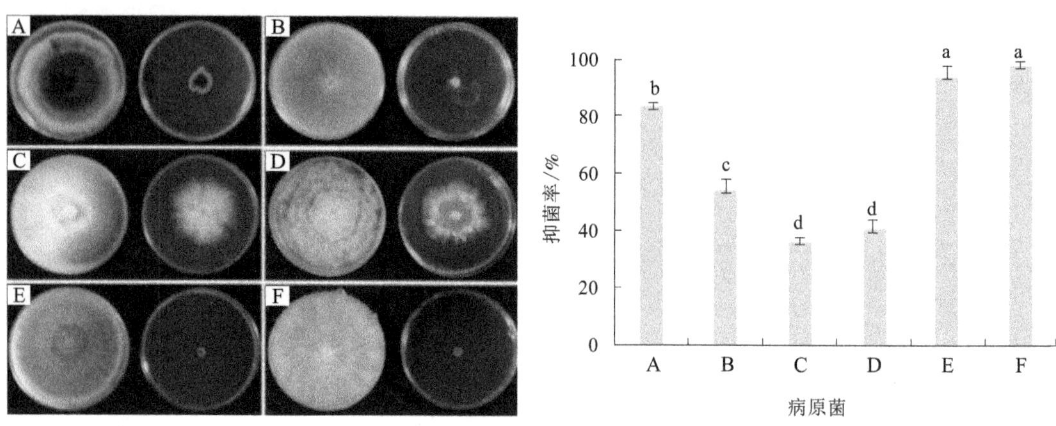

A为烟草赤星病菌；B为水稻纹枯病菌；C为辣椒疫霉菌；D为烟草黑胫病菌；E为烟草靶斑病菌；F为辣椒白绢病菌。左图中每个处理的左边为对照组，右边为处理组。图中不同小写字母表示差异显著($P<0.05$)。

图2-13　菌株BZ3对供试病原菌的拮抗作用

(五)全基因组测序和功能预测

1. 全基因组测序分析

菌株 BZ3 全基因组测序结果显示：基因组含 4 条 congtig，contig N50 为 2542938 bp，无不确定碱基，拼接结果完整性较好，基因组覆盖度大于 99. 62%，GC 含量为 46. 5%，包含 3975 个蛋白编码区(coding sequence，CDS)、146 个 rRNA、39 个 tRNA 及 47 个其他非编码 RNA。COG 分析结果显示：BZ3 基因组中有 72. 51%的基因功能得到了注释，丰度最大的是参与氨基酸转运代谢的基因，有 343 个基因被 COG 数据库注释为未知功能基因(图 2-14)。

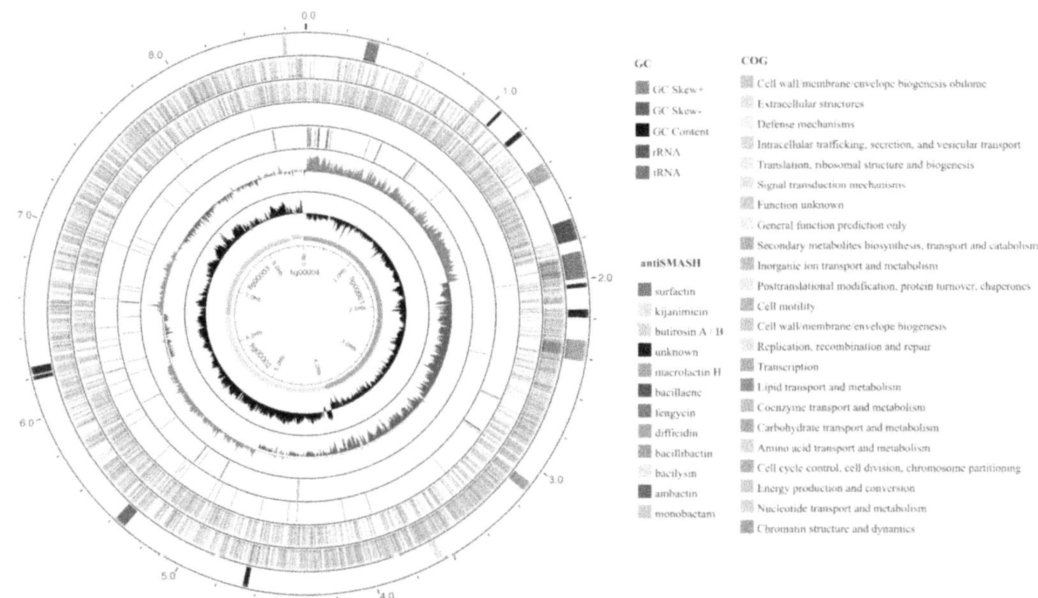

贝莱斯芽孢杆菌 BZ3 基因组的可视化表达从外环到内环依次为 antiSMASH 预测次生代谢产物，正向和反向编码 DNA 序列基因编码的 COG 功能，正向和反向序列中 RNA 的分布，GC 表示含量，GOC 表示偏移。

图 2-14　贝莱斯芽孢杆菌 BZ3 的基因组圈图

2. 次生代谢产物基因簇分析

由表 2-22 可知，通过 antiSMASH 预测，菌株 BZ3 基因组中含有由 18 个次生代谢产物合成的相关基因簇，其中包括 3 种通过非核糖体多肽合成酶(nonribosomal peptide synthetase，NRPS)合成的脂肽类活性物质即表面活性肽(surfactin)、丰原素(fengycin)和铁载体(bacillibactin)，4 种通过聚酮合成酶合成的聚酮类化合物即大环素内酯 H(macrolactin H)、杆菌素(bacillaene)、地非西丁(difficidin)和丁苷菌素 A/B(butirosin A/B)，以及一些未知功能的化合物。

表 2-22 次生代谢产物合成基因簇注释分析

编号	合成途径	相似基因簇	相似度/%	起始/bp	终止/bp
Cluster 1	NRPS	surfactin	82	305102	369939
Cluster 2	Thiopeptide, LAP	kijanimicin	4	582860	611979
Cluster 3	PKS-like	butirosin A/B	7	922541	963785
Cluster 4	Terpene	—	—	1048660	1065956
Cluster 5	Lanthipeptide-class-ii	—	—	1186437	1215326
Cluster 6	TransAT-PKS	macrolactin H	100	1383014	1469380
Cluster 7	TransAT-PKS, T3PKS, NRPS	bacillaene	100	1692880	1793579
Cluster 8	NRPS, TransAT-PKS, Betalactone	fengycin	100	1860769	1996928
Cluster 9	Terpene	—	—	2020489	2042372
Cluster 10	T3PKS	—	—	2152637	2193737
Cluster 11	TransAT-PKS	difficidin	100	2321638	2415414
Cluster 12	NRPS, RiPP-like	bacillibactin	100	3075779	3127571
Cluster 13	Other	bacilysin	100	3639178	3680596
Cluster 14	Betalactone	—	—	664797	692606
Cluster 15	Acyl-amino-acids	ambactin	25	1347813	1408559
Cluster 16	Terpene	—	—	2211344	2232177
Cluster 17	Arylpolyene	—	—	2238091	2279272
Cluster 18	Hserlactone	monobactam	20	99300	119881

三、讨论

TMV 具有很强的抗逆性，在土壤、病叶残体和烘烤过的烟草病叶中均能存活数年，TMV 的侵染主要来源于土壤和田间病残体的 TMV 粒子，从土壤中筛选生防菌株防治 TMV 受到越来越多研究者的关注。吴惠惠等和郭丛等从烟田土壤中筛选出对 TMV 有显著拮抗活性的荧光假单胞菌株(*Pseudomonas fluorescens*)CZ 和恶臭假单胞菌(*Pseudomonas putida*)A3。本节从烟草根际土壤中筛选出的贝莱斯芽孢杆菌(*Bacillus velezensis*)BZ3，其可以抑制 TMV，具有防治 TMV 的潜在应用价值。

贝莱斯芽孢杆菌是一种重要的生防菌，对 TMV 有较好的防效且具有广谱抗性。申莉莉等从土壤中分离出的解淀粉芽孢杆菌 by33 对 TMV 的体外钝化作用高达 85. 35%；厉彦芳等筛选出的侧孢短芽孢杆菌 B8 菌株发酵液对 TMV 的抑制率为 87. 52%。本节筛选出的贝莱斯芽孢杆菌 BZ3 菌株无菌发酵液对 TMV 的抑制率高达 95. 12%，而且高于解淀粉芽孢杆菌 by33 和侧孢短芽孢杆菌 B8 的。此外，BZ3 菌株无菌发酵液对 TMV 的田间防效高达 72. 07%，比王盼等研究的 YNLP-2 菌株的田间防效高，且其防治效果显著高于生产上的常用药剂盐酸吗啉胍和超敏蛋白。此外，菌株 BZ3 具有防治真菌和细菌病害的广谱生防潜能，其无菌发酵液对水稻纹枯病菌、烟草靶斑病菌、烟草赤星病菌和辣椒白绢病菌等多种病菌具有优良的拮抗效果，抑制率为 83%～100%，具有广阔的应用前景。

植物根际的贝莱斯芽孢杆菌分泌的次生代谢产物，如脂肽类和聚酮类等抗生素，具有杀灭病原菌、提高植物抗性和阻碍植物病原菌对植物的侵染等作用。Long 等研究发现表面活性素在一定浓度下，可以侵入囊泡生物（如病毒、细菌和真菌）的外层脂质结构，并使其结构瓦解，从而达到灭杀病原微生物的目的。刘涛等发现铁载体对烟草具有促进生长作用，能够显著提高烟株的抗病毒能力。Jin 等和谢菁菁发现纯化的表面活性素在烟草细胞悬浮液中可触发防御反应，诱导植物产生系统抗性来抵抗 TMV。厉彦芳等的研究表明侧孢短芽孢杆菌产生的 BLB8 蛋白能破坏 TMV 的粒子形态，推测是芽孢杆菌产生了某种类似于 BLB8 蛋白的活性物质，使 TMV 结构发生改变，从而失去侵染能力。本节通过对 BZ3 全基因组测序和对基因功能分析发现，其基因组中含有由 18 个次生代谢产物合成的相关基因簇，其中包括了表面活性素、丰原素、大环素内酯 H 和铁载体等多种具有抑菌活性的物质，推测菌株 BZ3 产生了表面活性素等活性物质，同时触发了植物防御反应，减弱了 TMV 的侵染能力，从而对 TMV 有优良的生防效果。贝莱斯芽孢杆菌 BZ3 含有多种抑菌活性的次生代谢产物基因簇，但本节未对活性物质进行分离纯化，下一步将结合代谢组学和核磁共振等技术进行分离纯化和鉴定，并深入研究其抗病机制，为生防菌的开发提供理论支撑。

四、结论

本节从烟草根际土壤中获得对 TMV 具有抑制作用的生防菌株贝莱斯芽孢杆菌 BZ3，其对 TMV 的防效较好，抑菌谱较广，基因组中含有多种抑菌抗病毒活性的次生代谢产物基因簇，具有较好的应用前景。

第五节 病毒诱导的基因沉默防控烟草马铃薯 Y 病毒病研究

由马铃薯 Y 病毒（PVY）引起的病毒病是烟草上的重要病害，在全世界普遍发生，且呈日益严重的趋势。PVY 是马铃薯 Y 病毒科（*Potyviridae*）马铃薯 Y 病毒属（*Potyvirus*）的典型成员，为单链正义 RNA 病毒，外面包被外壳蛋白（coat protein，CP）。CP 除对病毒起保护作用外，还与病毒组装、蚜虫传毒、调控病毒 RNA 复制等有关。目前，生产上防治 PVY 病主要以化学防治为主，防治效果不佳，也易造成农药残留和环境污染。抗病品种的培育是防治病毒病有效的方式之一，刘勇等通过种质资源筛选、EMS 诱变、基因编辑技术，抗病定向改良品种云烟 87 获得抗 PVY 的新品种云烟 121；但育种周期较长，抗病新品种审定推广缓慢，烟叶种植者对新品种栽培、烘烤特性难以把握。

20 世纪 20—30 年代，人们发现感染了病毒温和株系的植株可以抵御与其亲缘关系相近的强毒株系病毒的侵染，即交叉保护现象。进一步研究发现，交叉保护是一种病毒诱导的基因沉默（virus induced gene silencing，VIGS），使植株产生了对该病毒的抗性。VIGS 是植物抗病毒侵染的一种自然机制，已被广泛应用于烟草、拟南芥、马铃薯、大豆、玉米等植物基因功能的鉴定研究。在 VIGS 体系中，需要病毒载体诱导基因沉默。常见的 RNA 病毒载体有烟草花叶病毒（Tobacco mosaic virus，TMV）、马铃薯 X 病毒（Potato virus X，PVX）、烟草脆裂病毒（Tobacco rattle virus，TRV）等。TRV 载体诱导基因沉默，是目前应用最广的载体，具有寄主范围广、沉默效率高、持续时间长、引起的症状轻等优点，已被广泛应用于烟草、番茄、辣椒等多种茄科植物。TRV 为二元 RNA 病毒，Ratcliff 等将 TRV 改造成 RNA2(pTRV2) 和 RNA1(pBINTRA6) cDNA 的双元表达载体，并利用 TRV 载体成功使转基因烟草的绿色荧光蛋白基因沉默。以 TRV 为载体的 VIGS 技术可以使携带目标基因片段的 TRV 侵染植物，导致后续侵入病毒的靶向同源基因降解，以达到抑制靶病毒侵染的目的，这为病毒病防治提供了利用病毒诱导的基因沉默技术。本书介绍了构建靶向 PVY CP 基因片段的 TRV 载体，转化农杆菌后处理烟苗，人工接种 PVY，通过 RT-qPCR 检测、表型观察和小区试验评价 VIGS 处理烟株的效果，旨在建立 TRV 介导的 VIGS 体系防治 PVY，为 PVY 病的防治提供了新的思路。

一、材料与方法

(一)试验材料

供试植物：烟草品种为 K326，种子由湖南省烟草公司长沙市公司提供。

菌株和病毒：根癌农杆菌 GV3101、TRV 载体 pTRV2(GenBank 登录号：NC-003811.1)和 pBINTRA6(pTRV1)均由湖南省植物保护研究所张德咏研究员馈赠。所用 PVY 为脉坏死株系(PVY^N)，从湖南烟区烟草上分离后进行保存。

(二)引物设计

根据已测定的 PVY^N(GenBank 登录号：HQ631374)序列，使用 Primer 5.0 设计特异性引物(表 2-23)。

表 2-23　本节使用的引物序列

引物名称	引物序列(5′-3′)	扩增产物长度和引物位置
CPF	GAGGATCCGCATTCAACCAAATCTCAACA	535 bp(8633~9167)
CPR	TAGGTACCGCATAGCGAGCCAGACTTCC	
PVYF	AGCATGATCGCTACTGAGGC	871 bp(4795~5646)
PVYR	TTCCACCAATTGCAACAGCG	
TRVF	GCTGCTAGTTCATCTGCAC	386 bp(2455~2830)
TRVR	GCACGGATCTACTTAAAGAAC	
NtEF1F	TGAGATGCACCACGAAGCTC	51 bp(879~929)
NtEF1R	CCAACATTGTCACCAGGAAGTG	

注：画线部分为酶切位点；CPF 含有 BamH Ⅰ 酶切位点；CPR 含 Kpn Ⅰ 酶切位点。

(三)VIGS 载体的构建

利用生工生物工程(上海)股份有限公司的 UNIQ-10 柱式 Trizol 总 RNA 抽提试剂盒提取感染了 PVY 的 K326 烟株叶片总 RNA，具体操作方法参照产品说明书。参照 TransGen Biotech 公司 TransScript One-Step gDNA Removal and cDNA Synthesis SuperMix 说明书将总 RNA 反转成 cDNA。以获得的 cDNA 为模板，按照表 2-23 中相应的引物进行 PCR 扩增，扩增体系：10× Top *Taq* Buffer 2 μL，10 mmol/L dNTPs 1.6 μL，20 μmol/L CPF/CPR 引物各 0.8 μL，10 μmol/L cDNA 模板 1 μL，*Taq* DNA 聚合酶 0.4 μL，加 ddH_2O 补至 20 μL。反应条件为 95℃ 5 min；94℃ 45 s，55℃ 30 s，72℃ 1 min，30 个循环；72℃ 10 min。用琼脂糖凝胶电泳检测、回收目的片段。将回收片段与载体 T1 Cloning Vector（TransGen Biotech 公司）相连，转化大肠杆菌感受态细胞 TransT1 Chemically Competent Cell（TransGen Biotech 公司）。提取 T-CP 和 pTRV2 质粒，对质粒进行 BamH Ⅰ/Kpn Ⅰ 双酶切，回收酶切产物并进行连接后转化大肠杆菌 DH5α，用 CPF/CPR 引物筛选阳性克隆，提取 pTRV2-CP 质粒，用 *Bam*H Ⅰ/*Kpn* Ⅰ 酶切验证，筛选出获得的阳性克隆送生工生物工程（上海）股份有限公司测序。pTRV1 和 pTRV2-CP（图 2-15）的具体构建参照 Chung 等的方法。

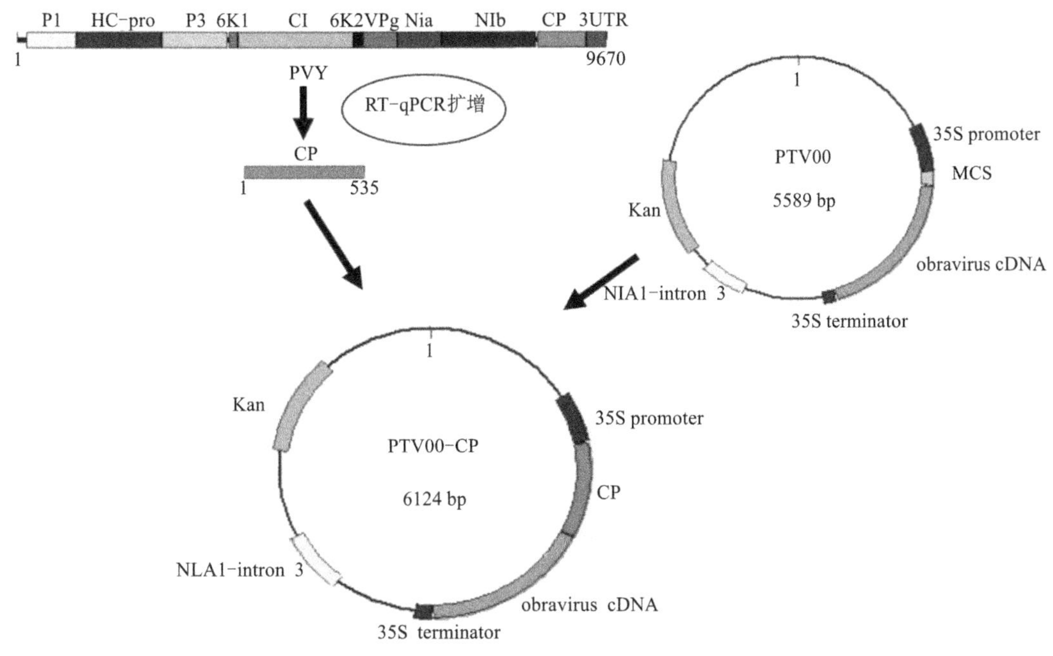

图 2-15　表达载体 pTRV2-CP 的构建

（四）重组表达载体转化

参照 Ratcliff 等的方法进行重组表达载体 pTRV2-CP 转化农杆菌 GV3101。将菌液均匀涂抹在 YEP（含有浓度为 50 mg/mL 利福平和卡那霉素）固体培养基上，28℃倒置培养 2 d；挑取单菌落进行 PCR 验证，用 1%琼脂糖凝胶进行电泳、回收、测序。

（五）VIGS 表达载体侵染率的测定

将 pTRV2-CP-GV3101、pTRV1-GV3101 和 pTRV2-GV3101 分别置于 YEP 固体培养基中于 30℃、180 r/min 环境下恒温培养 24 h，制成发酵原液，调整 OD_{600} 至 0.4~0.6，然后将 pTRV2-CP-GV3101 和 pTRV1-GV3101 发酵液等比例混合，制备成发酵混合液 TRV：CP。在烟草出苗后的第 40 d（4 叶 1 心）在苗盘剪叶时，用喷壶将发酵混合液 TRV：CP 喷于烟草叶片的正反面上，每株喷施 0.1 mL，用发酵混合液处理 7 株，设 3 株用于对照（YEP 固体培养基处理），重复 3 次，共 30 株。每隔 7 d 剪叶时处理 1 次，共处理 3 次。在最后一次剪叶后的第 3 d 移栽，移栽后的第 10 d 取新长出的最顶端心叶，给表面进行充分消毒后提取总 RNA，按照表 2-23 中相应的引物 CPF/CPR 进行 RT-qPCR 检测。

(六) PVY 和 TRV 定量 RT-qPCR 检测

按照上述方法获得 TRV：CP 处理烟苗，同时将 pTRV2-GV3101 和 pTRV1-GV3101 发酵液以等比例混合制备成发酵混合液 TRV：00；发酵液浓度 OD_{600} 为 0.4~0.6。试验设 3 个处理，每个处理重复 3 次，每次重复处理 20 株烟。处理 A：喷施发酵混合液 TRV：CP。处理 B：喷施发酵混合液 TRV：00(空载体对照)。处理 C：喷施 YEP 液体培养基(空白对照)。烟苗处理后按照常规方法管理，3 d 后移栽入营养钵。

取于-80℃下冷冻保存且含 PVY^{N} 的烟叶，按 1∶100 加磷酸缓冲液，捣碎过滤制备成悬浮液。从经过上述三个处理的(移栽后的第 7 d)烟苗的中上部选取 3 片叶，表面均匀撒碳化硅(600 目)，毛笔蘸取悬浮液，叶面轻度摩擦接种，于 25℃左右温室中正常栽培管理。接种后的第 7 d 开始取烟株上部新生长出的最顶端心叶样品，每隔 7 d 取一次，共取 5 次，表面充分消毒后，提取总 RNA，参照 TransGen Biotech 公司 TransScript One-Step gDNA Removal and cDNA Synthesis SuperMix 说明书将总 RNA 反转成 cDNA，以烟草 NtEF1 基因(GenBank 登录号 AF120093.1)为内参基因对不同样品的 cDNA 含量进行调节，以 PVYF/PVYR 为引物进行荧光定量 PCR 扩增，从而检测出沉默后处理烟株中的 PVY 累积量。

按照前述试验方法设置 TRV：CP 和 TRV：00 的 2 个处理，在发酵混合液进行最后一次处理后的第 10 d 人工接种 PVY，接种后的第 7 d 开始取新生长出的最顶端心叶，每隔 7 d 取一次，共取 5 次，提取 RNA，将其反转成 cDNA，以烟草 NtEF1 基因为内参基因，应用 TRVF/TRVR 引物进行 RT-qPCR 扩增，以检测不同处理烟株中的 TRV 表达量。

(七) 盆栽试验防治 PVY 效果

按照上述方法处理和接种 PVY，温室接种 15 d 后开始病情调查，每隔 10 d 调查一次，共调查 3 次，病情指数调查与分级根据《烟草病虫害分级及调查方法》(GB/T 23222—2008)进行。按下列公式计算防治效果：

发病率=(发病株数/调查总株数)×100%

病情指数=(Σ 各级发病株数×病级)/(调查总株数×最高病级)×100%

防治效果=(对照病情指数-处理病情指数)/对照病情指数×100%

(八) 田间小区试验防治 PVY 效果

选取湖南省龙山县茅坪乡烟草试验基地中的土壤肥力中等、排灌方便、历年 PVY 病发病较重的 1200 m^2 试验地进行小区试验，试验地与其他地块隔离，覆地膜移栽，行株距为 1.2 m×0.5 m，田间管理参照当地优质烟叶生产规范。

按上述方法设置 3 个试验处理，于 4 月 25 日剪叶后立即喷施发酵混合液 TRV：CP、TRV：00 和 YEP 液体培养基处理烟苗。于 5 月 4 日移栽，田间每个处理重复 3 次(小区)，每个小区 50 m^2。于 5 月 25 日(移栽后的第 20 d)按上述方式接种 PVY，6 月 10 日(接种 PVY 后的第 15 d)开始病情调查，每隔 10 d 调查一次，共调查 3 次，按前述方法调查病情和计算防治效果。

二、结果与分析

(一) 含 PVY CP 基因片段的 VIGS 表达载体的构建

以 PVY cDNA 为模板，PCR 扩增得到 535 bp CP 基因片段，连接到 T 载体，再使用 BamH Ⅰ/Kpn Ⅰ 酶切后连接到 pTRV2，即可获得 pTRV2-CP 表达载体。PCR 检测后提取重组质粒，进行测序和 BamH Ⅰ/Kpn Ⅰ 双酶切验证(图 2-16)。pTRV2-CP 表达载体转化农杆菌 GV3101，经 PCR 检测、测序验证，结果与 CP 基因相应片段序列完全一致。

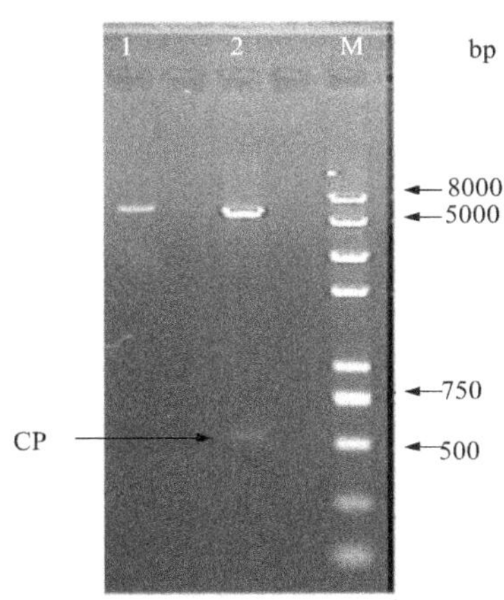

图中M为 8K marker；1为 pTRV2-CP重组质粒；2为 pTRV2-CP的BamH Ⅰ/Kpn Ⅰ 酶切产物。

图 2-16　VIGS 表达载体 pTRV2-CP 的酶切鉴定

(二) VIGS 表达载体侵染率的测定

用发酵混合液 TRV：CP 喷施处理烟株 3 次，在最后一次喷施处理的 15 d 后观察烟株外观性状无异常，VIGS 表达载体对烟草生长无明显影响。为防止原处理菌液被污染，侵染率测定取烟株上部新生长出的最顶端心叶，并充分洗净消毒，提取 RNA，再将其反转成 cDNA，以 CPF/CPR 为引物，RT-qPCR 产物大小约为 535 bp，测序结果与目标基因片段完全一致，说明 VIGS 表达载体成功导入烟株。PCR 检测结果显示，被 TRV：CP 处理过的 21 株烟株中有 20 株的检测结果为阳性，1 株的检测结果为阴性，侵染率达到 95.24%，对照处理烟株的检测结果全部为阴性(图 2-17)。

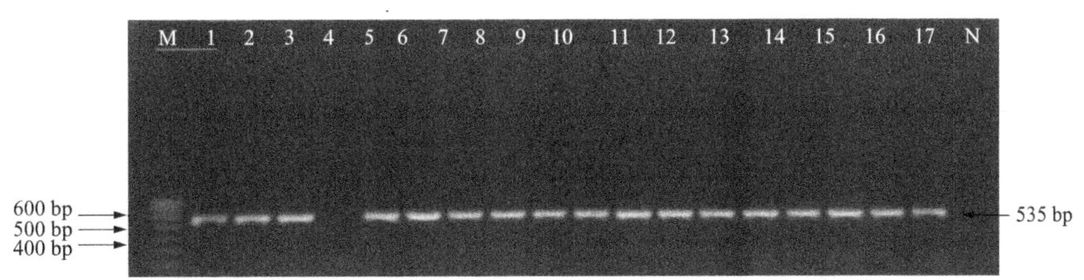

M为Trans DNA marker Ⅰ；1为阳性对照；2~17为TRV：CP处理烟株；N为阴性对照(NC)。

图 2-17　用 TRV：CP 处理烟株后 pTRV2-CP 的 PCR 检测结果(部分)

(三)PVY 和 TRV 定量 RT-qPCR 检测

以烟草 NtEF1a 基因为内参基因进行定量 RT-qPCR 检测，验证烟草中 pTRV2-CP VIGS 载体对 PVY 的沉默程度。结果显示，人工接种 PVY 7 d 后，随着时间的推移，发酵混合液 TRV：00 和对照处理的 PVY 含量逐渐增加，经发酵混合液 TRV：CP 处理的 PVY 含量在接种后的第 28 d 达到最高，随后开始减少。从接种 PVY 后的第 14 d 开始，经 TRV：CP 处理的烟株 PVY 的含量低于 TRV：00 和对照处理的烟株，在接种 PVY 后的第 35 d，与 TRV：00 相比，经 TRV：CP 处理的烟株 PVY 累积量相对减少了 72.8%(图 2-18)。

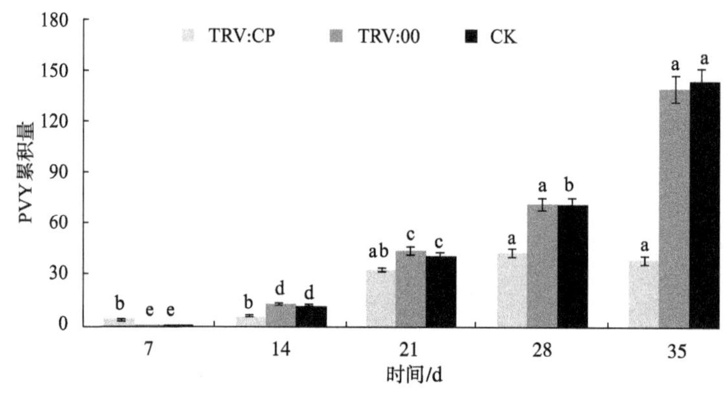

图中不同小写字母表示差异显著($P<0.005$)。

图 2-18 接种 PVY 后不同时间烟草中的 PVY 含量

用 RT-qPCR 检测分析 pTRV2-CP VIGS 载体在烟草中不同时期表达量的变化。结果显示，随着处理时间的推移，TRV 累积量上下波动，TRV：CP 处理在第 24 d 时最高，在第 31 d 时降至最低，然后逐渐上调；TRV：00 处理在第 17 d 时最高，在第 38 d 时最低，然后上调。总体来看，VIGS 表达载体在 45 d 内能有效表达(图 2-19)。

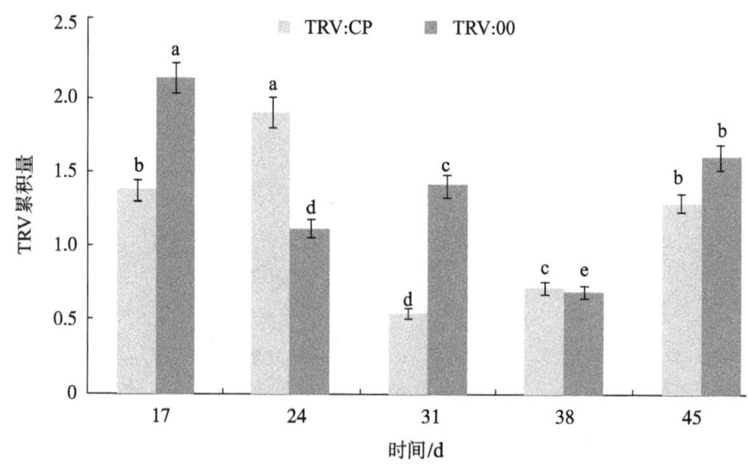

图中不同小写字母表示差异显著($P<0.005$)。

图 2-19 表达载体处理不同时间烟草中的 TRV 含量

（四）表型观察

在接种 PVY 15 d 后，发酵混合液 TRV：00 处理烟株新叶出现脉明症状，逐渐可见轻微花叶，30 d 后叶片枯黄萎蔫，叶脉变为深棕色，45 d 后下部叶片枯黄、叶脉坏死；发酵混合液 TRV：CP 处理烟株有明显脉明症状，上部叶有花叶症状，但叶脉未出现坏死症状（图 2-20）。

(a)　　(b)　　(c)

（a）发酵混合液 TRV：CP 处理；（b）发酵混合液 TRV：00 处理；（c）对照。

图 2-20　VIGS 表达载体处理 30 d 后烟草表型观察

（五）VIGS 表达载体防治 PVY 的效果

在温室接种 PVY 15 d 后开始病情调查，结果表明：随着处理时间延长，喷施发酵混合液 TRV：CP、TRV：00 和对照（control check，CK）的三个处理的发病率和病情指数逐渐升高，发酵混合液 TRV：00 和对照（CK）处理发病较严重，最高发病率达到 100%，发酵混合液 TRV：CP 相比 TRV：00 和对照（CK）处理烟株发病率和病情指数显著较低，对 PVY 的防效最高为 85.12%（表 2-24）。

表 2-24　发酵混合液对 PVY 的防效

处理	第一次调查			第二次调查			第三次调查		
	发病率/%	病情指数	防效/%	发病率/%	病情指数	防效/%	发病率/%	病情指数	防效/%
处理Ⅰ TRV:CP	3.33 ± 1.67^{cC}	3.33 ± 0.12^{bB}	60.02 ± 3.56	5.00 ± 0.05^{bB}	7.22 ± 1.26^{bB}	66.68 ± 2.36	6.67 ± 1.67^{bB}	8.42 ± 1.23^{cC}	85.12 ± 5.64
处理Ⅱ TRV:00	63.33 ± 6.67^{aA}	9.44 ± 1.65^{aA}	—	78.33 ± 3.34^{aA}	22.78 ± 2.65^{aA}	—	100^{aA}	58.48 ± 3.69^{aA}	—
处理Ⅲ 对照(CK)	85.67 ± 3.33^{bB}	8.33 ± 1.35^{aA}	—	76.67 ± 2.67^{aA}	21.67 ± 2.63^{aA}	—	100^{aA}	54.73 ± 2.35^{bB}	—

注：同列不同大、小写字母表示处理间的差异显著（邓肯分析法，$P<0.05$），后同。

(六)VIGS 表达载体田间防治 PVY 效果

田间病情调查结果表明，自第一次调查开始，发病率和病情指数逐渐升高，第三次调查时达到最高。喷施发酵混合液 TRV：CP、TRV：00 和对照处理发病率分别为 22.36%、86.67%和 88.33%，发酵混合液 TRV：CP 处理较 TRV：00 处理和对照处理的发病率及病情指数明显较低，发酵混合液 TRV：CP 对 PVY 田间小区的防效达到 73.08%(图 2-21 和表 2-25)。

(a)　(b)　(c)

(a)发酵混合液 TRV：CP 处理；(b)发酵混合液 TRV：00 处理；(c)对照(CK)。

图 2-21　VIGS 表达载体田间防治 PVY 的效果(接种 PVY45 d 后)

表 2-25　VIGS 表达载体田间防治 PVY 的效果

处理	第一次调查			第二次调查			第三次调查		
	发病率/%	病情指数	防效/%	发病率/%	病情指数	防效/%	发病率/%	病情指数	防效/%
处理 I TRV：CP	14.00±0.33^{bB}	3.33±0.65^{bB}	84.04±4.12	16.67±0.66^{bB}	4.67±0.34^{cC}	75.00±1.36	22.36±0.67^{bB}	4.67±4.32^{cC}	73.08±1.36
处理 II TRV：00	68.06±1.16^{aA}	15.11±1.33^{aA}	—	70.33±1.65^{aA}	15.78±1.26^{aA}	—	86.67±2.33^{aA}	20.33±1.36^{aA}	—
处理 III 对照(CK)	72.21±1.67^{aA}	16.33±0.67^{aA}	—	80.00±1.67^{aA}	17.33±1.67^{aA}	—	88.33±2.37^{aA}	20.67±1.33^{aA}	—

三、讨论

培育抗性品种及采用基因克隆技术进行品种改良是防治 PVY 病的有效方式之一。刘勇等利用母本来源的单倍体技术获得抗 PVY 的烟草株系，从烟草 EMS 突变体库中筛选抗 PVY 新资源。王贵等进行了烟草 PVY 抗性的遗传分析与分子标记筛选，郭兴启等克隆了 PVY^N 的 CP 基因，获得 7 株对 PVY^N 高抗的转基因烟草，江彤等利用 dsRNA 介导的抗病性获得抗 PVY 的转基因烟草。近期研究者们基于烟草行业“基因组计划”，在克隆抗 PVY 基因、挖掘创制优异新种质和定向改良云烟 87 的 PVY 抗性等方面取得了较好的进展，获得了多个抗 PVY 新品种(系)。以上研究对防治 PVY 提供了有效途径，也为本节提供了较好的借鉴，但培育抗性品种一般需要 5~8 年时间，烟草种植者掌握这些新品种栽培、烘烤特性还需要较长时间，新品种风格特征和感官质量如何满足工业企业原料配方需求也是一个难题，新品种应用到烟叶生产中仍是一个漫长的过程。本节建立的防控烟草 PVY 病的 VIGS 体系，周期短、成本低、操作简便，对 PVY 病有较好的防治作用，是一种具有较好应用前景的防治 PVY 的方法。

目前，应用于 VIGS 的病毒载体在 40 种以上，相比 TMV、PVX 等其他病毒载体，携带目标基因的 TRV 衍生载体可以稳定迅速地侵染植物，且不产生 TRV 病毒症状，已被广泛应用于马铃薯、大豆、小麦等植物 VIGS 病毒载体的构建。VIGS 有效的沉默期是影响该技术应用的关键因素，有效的沉默期一般为 30 d 左右，本节研究中 45 d 左右不同处理烟株中 TRV 的含量仍旧能够检测出，表明构建的 VIGS 体系能够较长时间稳定表达。采用低温和低湿的方法可适当延长基因沉默的时间，在合适的条件下，VIGS 的作用能够持续几年甚至一直持续到植物死亡。不同株龄的植株对农杆菌具有不同的敏感性。株龄过低，植株对农杆菌的抵抗力弱，操作难度大；株龄过高，植株对农杆菌敏感性低。因此，适宜的接种时期对侵染效果有重要影响。本节在剪叶时喷施农杆菌发酵液，此时烟叶幼嫩，且剪叶造成的伤口利于侵染，因此可以获得较理想的沉默效率。生产上通常在烟苗 4~5 叶期进行剪叶以促进生长平衡和生根，这与 VIGS 技术的应用相契合，也为技术推广提供了便利。农杆菌菌体不易保存，操作环境复杂，货架期短，是 VIGS 技术应用到实际生产中的主要瓶颈，建立并优化发酵技术和工艺，是今后努力的方向。

四、结论

建立的 VIGS 体系能够有效沉默外源侵入的 PVY CP 基因的表达，对烟草的侵染效率达到 95.24%，沉默有效期达到 45 d，对 PVY 有良好的防治效果，温室盆栽和田间小区试验对 PVY 的防治效果分别为 85.12%和 73.08%。本节的研究结果为 PVY 的防治提供了新的思路和方法，具有较好的应用前景。

第六节　姬松茸粗多糖防治烟草花叶病毒病

天然真菌多糖主要分布在大型真菌子实体和菌丝中，多个单糖(10 个以上)以糖苷键连接组合成螺旋状高分子多聚物，结构形态近似于 DNA，具有特殊生物活性。经过深入研究，研究人员发现一些真菌中含有多种农用活性物质。真菌多糖在抑制病菌和病毒、杀线虫、防治害虫等方面有良好的效果，已经在香菇属(*Lentinus*)、蜡伞属(*Hygrophorus*)、杯伞属(*Clitocybe*)和牛肝菌属(*Boletus*)等菌类中均有发现。张超等从平菇、香菇和金针菇子实体材料中提取的多糖，在枯斑寄主苋色藜上对 TMV 表现出不等的抑制作用。许玉娟等发现经苍耳多糖处理后的心叶烟，在接种 TMV 后，枯斑明显少于对照组，有效抑制了 TMV 侵染，推测苍耳多糖诱导了植株防御酶活性从而抑制了病毒。吴艳兵等从体外钝化、预防、治疗三方面评价了毛头鬼伞多糖对 TMV 的抑制效果，发现该多糖具有较强的预防侵染作用，可有效预防 TMV 病的发生。香菇多糖为市面上具代表性的真菌多糖农药产品，共登记了 44 个产品信息，以 0.5%~2.0%水剂为主，具有杀菌和植物抗性诱导作用。赵新保的研究表明，用 18.75~

26.25 g/hm^2 的 0.5%香菇多糖水剂对辣椒病毒病的防效为 62.0%~66.5%，并且该药剂在有效浓度范围内对作物和环境是安全的。

随着社会经济的快速发展及生活水平的不断提高，人们的食品安全意识也逐渐加强，因此农业生产对绿色防控技术的需求也在增加。真菌多糖是真菌的代谢产物，天然且安全，残留在环境中也会被微生物分解，不会造成污染。真菌多糖可诱发植物提高抗病性、激发植物免疫力，可以开发成农业生产上一种新型植物抗病诱导剂，具有非常好的应用前景。本节在提取 6 种真菌多糖粗品的基础上，采用半叶法和绿色荧光标记技术，筛选出抗 TMV 效果最好的多糖，研究结果对作物 TMV 的绿色防控具有一定的理论意义和实际意义。

一、材料与方法

(一) 材料

1. 供试病毒

TMV 由湖南农业大学植物保护学院植物病理学系唐前君老师提供。

2. 供试作物

心叶烟（*Nicotiana glutinosa*）、栽培烟（*Nicotiana tabacum*）NC－89、本氏烟（*Nicotiana benthamiana*）、栽培烟（*Nicotiana tabacum*）云烟 87，由湖南农业大学植物保护学院植物病理学系唐前君老师提供。

3. 供试药剂

0.5%香菇多糖水剂，山东圣鹏科技股份有限公司生产；1.8%辛菌胺乙酸盐水剂，安阳华神药业有限公司生产。

(二) 方法

1. TMV 悬浮液制备

取感染病毒的叶片（云烟 87）样品 100 g，剪碎置于研钵内，加入少许石英石和 20 mL 预冷磷酸缓冲液（0.2 mmol/L，pH 5.7~8.0），充分研磨，过滤；磷酸缓冲液定容至 100 mL，制得 TMV 悬浮液，置于 4℃下保存备用。

2. 真菌粗多糖制备

试验使用 6 种真菌子实体，包括平菇（*Pleurotus ostreatus*）、姬松茸（*Agaricus blazei*）、云芝（*Coriolus versicolor*）、杏鲍菇（*Pleurotus eryngii*）、灵芝（*Ganoderma lucidum*）、桑黄（*Phellinus igniarius*）。粗多糖提取步骤如下：①在 37℃干燥箱中干燥 24 h，将子实体彻底烘干；②上述烘干后的子实体各取 150 g，利用中药小型粉碎机将其打成细粉，按照水料质量比 15∶1 在各子实体粉末中加入去离子水，95℃水浴加热 6 h 后过滤，滤渣重复水提一次，收集最终滤液，经以 4000 r/min 高速离心 15 min 去除沉淀、循环真空水泵抽滤 3 次后，可获得无明显颗粒杂质的滤液，然后旋转蒸发仪于 60℃、20 r/min 下将滤液真空浓缩至原体积的 1/5；③按体积比 1∶1，将配好的 Sevage 工作试剂（氯仿∶正丁醇=4∶1）加入浓缩滤液中，振荡 30 min 后，以 4000 r/min 高速离心 15 min，保留上层多糖溶液，去除下层含蛋白质的溶液，重复离心直到下层溶液完全去除干净；④将 4 倍体积的 95%乙醇与浓缩液充分混合，置于 4℃冰箱静置 21 h，以 4000 r/min 高速离心 15 min 后收集沉淀，加入少量去离子水复溶沉淀，再次醇沉，将收集到的所有沉淀置于 37℃烘箱放置 1 h，除去残留的乙醇溶液，然后经过冷冻干燥仪冻干，即可得到子实体粗多糖。

3. 多糖理化性质测定

多糖化学组成测定包括总糖、蛋白质、硫酸基、糖醛酸含量。采用苯酚硫酸法测定总糖含量；采用考马斯亮蓝法测定蛋白质含量；采用硫化钡-明胶法测定硫酸基含量；采用间羟基联苯法测定多糖糖醛酸含量。

4. 抗 TMV 粗多糖筛选

药效测定参照陈年春、逄丽丽的半叶法。

(1)粗多糖对 TMV 的钝化作用。选取 7 叶期长势一致的心叶烟，以 TMV 粒子为接种物（按 1∶100 稀释），利用去离子水将粗多糖分别稀释至 6 mg/mL、12 mg/mL、24 mg/mL，病毒分别与多糖液 1∶1 混合，静置 30 min，采用半叶法摩擦接种到心叶烟的左半叶，右半叶接种去离子水与病毒混合液作对照。每个处理 3 株，重复 3 次。将处理后的叶片置于 25～28℃、湿度 70%～80%的条件下 5～6 d。记录形成的枯斑数，根据公式计算钝化率，评定真菌多糖对 TMV 的钝化效果。钝化率计算公式如下：

$$\text{钝化率}=\frac{C-T}{C}\times 100\%$$

式中：C 表示空白对照组的枯斑数量；T 表示处理组的枯斑数量。

(2)粗多糖对 TMV 的预防作用。将稀释为 6 mg/mL、12 mg/mL、24 mg/mL 的粗多糖溶液分别喷施到心叶烟的半片叶上，另半片叶喷去离子水作对照，连续处理 3 d。在最后一次喷施后的第 24 h、第 48 h 的，分别给各处理的叶片全叶接种病毒。然后置于温室中培养 5～6 d。记录形成的枯斑数，并根据公式计算预防率，以评定真菌多糖对 TMV 的防御效果。预防率计算公式如下：

$$\text{预防率}=\frac{C\ \ T}{C}\times 100\%$$

式中：C 表示空白对照组的枯斑数量；T 表示处理组的枯斑数量。

(3)粗多糖对 TMV 的治疗作用。将供试病毒摩擦接种到 7 叶期的心叶烟叶片上，分别在 24 h、48 h 后，将粗多糖溶液分别喷施到心叶烟的半片叶上，另半片叶喷去离子水作对照，连续处理 3 d。培养 5～6 d 后记录形成的枯斑数，并根据公式计算抑制率，以评定粗多糖对 TMV 的治疗效果。抑制率计算公式如下：

$$\text{抑制率}=\frac{C-T}{C}\times 100\%$$

式中：C 表示空白对照组的枯斑数量；T 表示处理组的枯斑数量。

5. 五点注射法

将实验室保存的 TMV-GFP 农杆菌菌株放在含有 50 μg/mL Kana 和 25 μg/mL Rif LB 的液体培养基中，于 28℃、180 r/min 条件下培养 24 h，并在室温下以 5000 r/min 离心 10 min，吸取上清液保留沉淀；加入 5 mL 浸染液将菌体沉淀重悬，直至菌液 OD_{600} 为 0.8 左右；于 28℃ 90 r/min 条件下诱导 4 h。浸染液配制见表 2-26。

表 2-26 浸染液配制

母液			浸染液		
溶质/g	溶剂/mL	浓度/(mmol·L^{-1})	母液剂量/mL	定容	浓度/(mmol·L^{-1})
$MgCl_2$ 4.066	无菌水 100	200	5	加无菌水至 100 mL	10
MES 4.265	无菌水 100	200	5		10
AS 0.03924	DMSO 1	200	0.05		0.1

选取培养了 1 个月左右、生长状况良好、长势一致的本氏烟草，用一次性注射器吸取药剂，避开叶片主脉、次脉选取 5 个点，使药剂以连成环的方式注射进烟草叶片背面。用去离子水作对照，重复 3 次。24 h 后，在药环的中心注射制备好的 TMV-GFP 农杆菌菌液，黑暗培养 12 h，光照培养 2 d。5 d 后用紫外灯照射，每天观察荧光斑点扩散情况。采用十字交叉法测定荧光斑直径，用以下公式计算抑制率：

$$抑制率=\frac{对照平均荧光斑直径-处理平均荧光斑直径}{对照平均荧光斑直径}\times 100\%$$

6. 抗病粗多糖对系统寄主的防效测定

将对 TMV 有较好防效的粗多糖稀释为 6 mg/mL、12 mg/mL、24 mg/mL、48 mg/mL，然后用其分别喷施 5~7 叶期且长势一致的 NC-89 烟草，48 h 后接种病毒，各处理 40 株，重复 3 次。以清水为阴性对照，1.8%辛菌胺乙酸盐水剂(60 mg/L)为阳性对照 1，0.5%香菇多糖水剂(26.25 mg/mL)为阳性对照 2。处理后烟草置于防虫温室培养，待阴性对照烟苗明显发病后记录各处理组发病情况。

按照病叶级数，计算各处理的病情指数。烟草的病情分级标准如下：0 级为全株无病；1 级为新叶明脉，少数叶片轻花叶；3 级为全株 1/2 叶片花叶，少数叶片变形或叶脉变黑；5 级为全株 2/3 叶片花叶或有小枯斑，植株矮化，株高为健株的 1/2，结果少；7 级为全株叶片花叶或叶片枯斑连片枯死，植株严重矮化，不结果或结果畸形。公式如下：

$$发病率=(发病植株数/总株数)\times 100\%$$

$$病情指数=\frac{\sum(各级病株数\times 相对级数)}{总株数\times 7}\times 100\%$$

$$相对防治效果=\frac{对照组病情指数-处理组病情指数}{对照组病情指数}\times 100\%$$

7. 抗病粗多糖对 TMV 的大田防效测定

选取长势一致的烟草共 42 行，每行 40 株，自然发病，1~6 行喷施 0.5%香菇多糖水剂(26.25 mg/mL)，7~12 行喷施 1.8%辛菌胺乙酸盐水剂(60 mg/L)，13~18 行喷施清水，19~24 行、25~30 行、31~36 行、37~42 行分别喷施 6 mg/mL、12 mg/mL、24 mg/mL、48 mg/mL 姬松茸粗多糖水溶液，每 7 d 喷 1 次，共喷 3 次，试验期间不使用其他药剂，病叶级数标准及公式参照前述。

(三)数据处理

以各试验组防治效果数据为基础数据，采用 Microsoft 365 Excel 软件进行数据整理并计算平均值、标准差和绘制图表；采用 IBM SPSS Statistics 19.0 软件进行显著性检验和 Pearson 相关系数分析。

二、结果与分析

(一) 6 种食用菌的粗多糖组分含量

经测定，6 种食用菌中，姬松茸粗多糖提取率最高(24.32%)，其次为平菇(18.56%)，最低为杏鲍菇(10.04%)(表 2-27)。关于总糖含量，姬松茸总糖含量高于其他食用菌，达到 37.71%；其次是桑黄和灵芝，总糖含量均超过 32.00%。云芝粗多糖的糖醛酸含量为 6.81%，高于其他 5 种食用菌，其次为灵芝。姬松茸粗多糖硫酸基含量高达 2.10%，已有研究表明，硫酸基含量影响多糖的许多生物活性及功能。(6.60%)

表 2-27 不同食用菌粗多糖组分含量

食用菌	粗多糖提取率/%	总糖/%	蛋白/%	硫酸基/%	糖醛酸/%
灵芝	13.59±1.65[d]	32.05±0.44[c]	0.27±0.01[a]	0.66±0.02[f]	6.60±0.02[b]
姬松茸	24.32±1.06[a]	37.71±0.05[a]	0.28±0.02[a]	2.10±0.02[a]	1.71±0.02[e]
平菇	18.56±0.02[b]	26.27±0.33[d]	0.25±0.01[ab]	1.16±0.02[e]	5.54±0.03[c]
杏鲍菇	10.04±0.28[f]	21.67±0.01[e]	0.23±0.01[c]	1.68±0.01[c]	2.01±0.01[d]
云芝	15.26±0.03[c]	26.44±0.35[d]	0.24±0.01[b]	1.43±0.02[d]	6.81±0.01[a]
桑黄	11.76±0.14[e]	35.87±0.76[b]	0.23±0.01[c]	1.85±0.02[b]	2.10±0.01[d]

注：同列不同小写字母表示差异显著($P<0.05$)。

(二) 抗 TMV 粗多糖筛选

通过半叶法测定粗多糖的防效，结果见表 2-28，6 种食用菌粗多糖对 TMV 均具有一定的防效。均是喷施多糖溶液 48 h 后接种病毒的预防效果更好，姬松茸、云芝、平菇粗多糖的预防率均在 60.50%以上，尤其 24 mg/mL 姬松茸粗多糖的预防效果最好，高达 92.04%；其次是 12 mg/mL 姬松茸粗多糖的预防率为 86.91%。6 种食用菌粗多糖对 TMV 的治疗效果不明显，除了接种病毒 24 h 后喷施 24 mg/mL 姬松茸粗多糖的治疗效果可达到 44.53%以外，其余处理的治疗效果均低于 42.00%。食用菌多糖对 TMV 的钝化效果比预防效果差，除 24 mg/mL 平菇粗多糖处理组钝化率为 62.41%外，其他均低于 59.1%。不同时间姬松茸粗多糖处理叶片对 TMV 的预防效果存在差异，处理 48 h 后叶片的预防效果优于处理 24 h 后。粗多糖的使用浓度和处理方式对防治效果均有一定影响，部分粗多糖在相同浓度不同施药方式下对病毒的抑制效果不同，此外，相同施药方式的抑制效果也并未随施药浓度的增加而提高。

表 2-28　6 种食用菌的粗多糖对 TMV 的防效

食用菌	浓度/(mg·mL^{-1})	钝化率/%	预防率/%		治疗率/%	
			24 h	48 h	24 h	48 h
姬松茸	6	51.67±0.93^a	58.46±1.26^a	82.10±1.67^a	38.60±2.60^a	32.60±1.68^a
	12	56.23±1.46^a	67.57±4.98^b	86.91±1.09^b	38.87±0.97^a	33.83±0.69^a
	24	59.06±2.67^b	71.61±1.62^b	92.04±1.39^b	44.53±2.25^a	31.38±0.85^a
灵芝	6	45.44±0.68^a	52.97±2.01^a	56.65±0.87^a	27.78±1.16^a	26.22±1.67^a
	12	45.89±0.86^a	56.36±0.60^a	63.95±1.42^b	36.17±0.67^b	31.77±0.69^b
	24	54.67±0.82^b	62.12±1.59^b	74.44±1.89^c	33.15±2.37^c	39.55±1.68^c
云芝	6	43.00±2.07^a	53.44±0.60^a	60.58±1.38^a	34.64±3.83^a	22.75±2.56^a
	12	39.49±2.30^a	52.20±2.79^a	74.91±5.04^b	35.78±2.52^a	33.75±0.63^b
	24	49.04±1.74^b	63.62±0.54^b	83.94±4.21^c	41.36±1.00^a	32.67±2.68^c
平菇	6	51.01±0.69^a	54.71±2.57^a	62.62±2.46^a	23.73±2.38^a	—
	12	52.68±1.26^a	60.48±1.60^a	67.55±1.62^a	32.45±2.04^b	21.75±0.99
	24	62.41±1.48^b	59.85±3.95^a	74.47±3.23^b	29.09±2.52^a	—
杏鲍菇	6	34.68±0.78^a	38.17±0.81^a	45.07±0.27^a	33.21±1.67^a	37.68±1.59^a
	12	37.64±0.91^a	38.95±1.07^a	52.29±1.29^b	28.87±0.21^b	32.45±1.98^a
	24	43.45±2.41^b	51.42±1.52^b	61.60±0.93^c	21.48±1.24^c	—
桑黄	6	—	43.69±7.63^a	45.44±6.28^a	22.10±2.28^a	24.47±1.56^a
	12	—	53.01±2.63^a	53.79±1.75^a	32.65±2.79^b	17.17±1.60^b
	24	23.18±0.65	51.92±1.04^a	64.43±1.32^b	22.27±1.42^a	20.56±1.64^a

注：同列不同小写字母表示同一多糖不同浓度间差异显著($P<0.05$)。“—”表示无防治效果，不作记录。

(三)绿色荧光蛋白标记试验

将 24 mg/mL 姬松茸粗多糖按照五点注射法流程处理烟草，黑暗培养 12 h 后注射绿色荧光蛋白。随着时间的推进，荧光点的大小、强弱均发生变化(图 2-22A，图 2-22D)，这间接反映了病毒的分布、扩散和增殖情况。在光照培养 2 d 后，粗多糖处理组的荧光斑直径(平均直径 0.83 cm)明显小于去离子水对照组(平均直径 1.18 cm)，抑制率为 29.66%(图 2-22E，图 12-22B)；并且在光照培养 5 d 时，粗多糖处理后的荧光斑点亮度弱于对照组(图 2-22F，图 2-22C)，说明其在病毒侵染前期对 TMV 的增殖有抑制作用，明显可看出对照组荧光区域进一步扩大(平均直径 1.65 cm)，荧光点开始明显向叶片其他区域移动，新叶上发现少量荧光点。光照培养 5 d 的粗多糖处理组(平均直径 1.02 cm)与光照培养 2 d 的相比，荧光区域变化不大且新叶未出现荧光点，抑制率为 38.18%，这表明姬松茸粗多糖延缓了 TMV 的移动速度，减缓了系统侵染进程。

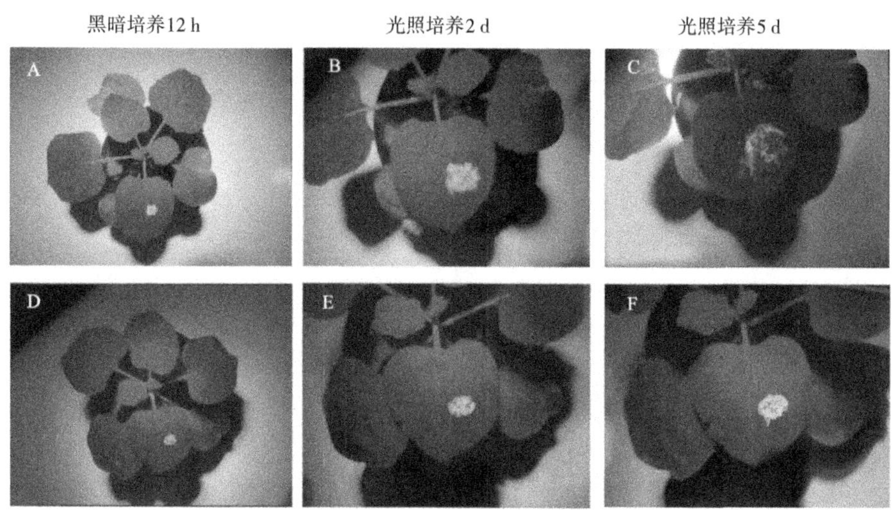

A、B、C 为对照；D、E、F 为粗多糖处理。

图 2-22　用五点注射法处理叶片后荧光斑扩散情况

（四）姬松茸粗多糖对系统寄主的防效

姬松茸粗多糖在系统寄主 NC-89 上对 TMV 有一定的防效（表 2-29）。与对照组相比，处理组烟苗的病情指数明显降低，6 mg/mL、12 mg/mL、24 mg/mL 姬松茸粗多糖对病毒的相对防效均在 52.18%以上，在浓度为 48 mg/mL 时植株出现损伤，多糖浓度过高在植株表面形成沉淀，引起植株黄化。当粗多糖浓度为 24 mg/mL 时，对 TMV 的防效高达 76.81%，防效略高于 0.5%香菇多糖水剂和 1.8%辛菌胺乙酸盐水剂处理组。姬松茸粗多糖能有效防治 TMV，延迟植株发病，有利于烟草的生长。

表 2-29　姬松茸粗多糖对 TMV 的抑制作用

处理	发病率/%	病情指数/%	防效/%
6 mg/mL 粗多糖溶液	75.00	23.58	52.18±1.45[c]
12 mg/mL 粗多糖溶液	66.67	20.96	57.49±2.54[b]
24 mg/mL 粗多糖溶液	38.33	11.43	76.81±2.61[a]
48 mg/mL 粗多糖溶液	—	—	—
1.8%辛菌胺乙酸盐水剂	51.67	13.34	72.95±3.57[ab]
0.5%香菇多糖水剂	47.50	13.22	73.19±2.17[ab]
对照	100	49.29	—

注：同列不同小写字母表示处理间差异显著（$P<0.05$）。“—”表示植株受药害，不作记录。

(五)姬松茸粗多糖对TMV的大田防效测定

在发病烟草田中第3次喷洒24 mg/mL姬松茸粗多糖溶液后7 d，对病毒病害的防效为70.31%，略低于0.5%香菇多糖水剂和1.8%辛菌胺乙酸盐水剂处理组(表2-30)。在第2次喷洒48 mg/mL姬松茸粗多糖溶液后，植株出现黄化。局部叶片坏死的情况。姬松茸粗多糖对TMV的防效十分显著，对叶片扭曲、卷缩以及停止生长的植株有明显改善，病情指数低的植株完全能够恢复正常。同时对TMV有一定的抑制作用，喷施过姬松茸粗多糖的烟草发病时间延后，烟草长势良好，叶片伸展，而喷施清水的植株明显矮化，叶片发黄。

表2-30 姬松茸粗多糖对TMV的大田防效

处理	药前病情指数/%	第1次药后第7 d		第2次药后第7 d		第3次药后第7 d	
		病情指数/%	防效/%	病情指数/%	防效/%	病情指数/%	防效/%
6 mg/mL粗多糖溶液	3.45	6.19	27.26±3.43^{e}	7.32	52.33±4.59^{d}	8.51	61.04±2.41^{c}
12 mg/mL粗多糖溶液	3.33	5.65	33.55±4.91^{d}	6.85	55.43±4.75^{c}	7.74	64.59±1.98^{b}
24 mg/mL粗多糖溶液	3.39	5.24	38.45±6.85^{b}	5.71	62.80±5.3^{ab}	6.49	70.31±1.61^{ab}
48 mg/mL粗多糖溶液	3.21	5.60	34.25±5.73^{c}	—	—	—	—
1.8%辛菌胺乙酸盐水剂	3.57	5.18	39.1±3.15^{ab}	5.65	63.19±4.97^{ab}	6.25	71.40±1.71^{ab}
0.5%香菇多糖水剂	3.27	5.06	40.55±4.13^{a}	5.54	63.93±3.53^{a}	6.07	72.21±1.03^{a}
清水对照	3.69	8.51	—	15.36	—	21.87	—

注：同列不同小写字母表示处理间差异显著($P<0.05$)。“—”表示植株受药害，不作记录。

三、讨论

已有研究得出糖醛酸含量较高的多糖具有某些特殊生理活性，一般糖醛酸含量高的多糖大多出现在植物类多糖中。本节研究得出，云芝粗多糖的糖醛酸含量为6.81%，显著高于其他5种食用菌且高于刘玮研究的糖醛酸含量，其原因可能是原材料的品种、产地及栽培方式不同。硫酸基含量指多糖结构中所带的硫酸基的个数，本节测得姬松茸粗多糖硫酸基含量高达2.10%。施娅楠等的研究得出，多糖的许多生物活性功能与硫酸基含量有直接关系，导致多糖的抗氧化性存在差异，进而可能影响其抗病毒或抑菌能力。如BACH等通过1，1-二苯基-2-三硝基苯肼(DPPH)法、2，2′-联氮-双(3-乙基苯并噻唑啉-6-磺酸)二胺盐

(ABTS)法，测定不同真菌提取物的抗氧化能力，观察到 DPPH 法中的抗自由基活性依次为巴西蘑菇>双孢蘑菇>香菇>金针菇，ABTS 中的抗自由基活性依次为巴西蘑菇>双孢蘑菇>金针菇>香菇。

TMV 依赖寄主提供的场所、底物和酶等一系列物质在寄主活细胞内进行的自我复制和装配。真菌多糖不仅能针对病毒粒子，也能作用于寄主植株，诱发寄主的抗病性。真菌多糖对 TMV 有一定的抑制作用，喷施多糖溶液 48 h 后接种 TMV 的预防效果较好，姬松茸、云芝、平菇粗多糖的预防效果均在 60.50%以上，尤其 24 mg/mL 姬松茸粗多糖的预防效果最好，高达 92.04%。从总体来看，真菌多糖对 TMV 的预防效果较好，与沈小英等的研究结果一致，其他报道的扫把菌、奶浆菌、安络小皮伞和火炭菌等多糖对 TMV 的防效超过 80%。从产品的生产成本来看，人工种植菌株更有优势。

室内试验表明，姬松茸粗多糖的防效稍优于香菇多糖，而大田试验防效略低，与标准农药产品相比，由于技术上的差异，姬松茸粗多糖溶液的稳定性和纯度不够。即使施药方式不同，姬松茸粗多糖也能缓解植株的病情，但防效有差异，可能与姬松茸粗多糖的作用方式有多指向性(既能切断病毒与细胞的结合，又能抑制病毒复制)有关或与保护寄主植株有关。

第三章　烟草黑胫病防控技术

烟草黑胫病(tobacco black shank)又称烟草疫病，我国除了黑龙江省外，其他各主要产烟区均有发生，危害较为普遍。近年由于植烟面积增大、连作年限增长，不少地方烟草黑胫病有加重流行的趋势。目前生产上一般采用抗病品种、栽培防治以及化学防治等综合防治措施控制该病害。培育和利用抗病品种是防治黑胫病极为经济、有效的措施之一，我国生产上推广种植的K326、G80、湘烟3号、湘烟5号、湘烟7号等烤烟品种，在对烟草黑胫病的控制上起到了较大作用。但该病菌的游动孢子形成速度快且数量多，在一个生长季节可以发生多次再侵染，同时该病有时还与其他病害混合发生，导致一些抗黑胫病品种抗性的丧失，生产上常使用甲霜灵、烯酰吗啉等化学药剂防治烟草黑胫病，但大面积、长期重复地大量使用同一种杀菌剂容易使烟草黑胫病菌产生抗药性，导致防效下降、药剂用量增加。生物防治是目前进行植物病害防治的首选防治措施，这种从自然界中分离、筛选有益微生物并用于病原微生物的拮抗、抑制作用的防治方法，具有高效、无毒、无残留和低成本等特点，利用有益生物防治烟草黑胫病越来越受到人们的青睐。

第一节　烟草种质资源黑胫病抗性鉴定及亲缘关系 SSR 分析

选育和种植抗病品种是防治黑胫病环保、经济、高效、安全的方法。抗黑胫病育种亲本的鉴定、筛选是抗病育种的基础。徐美玲等鉴定，筛选出了17份抗黑胫病的种质资源，如筑波1号、巴引2号、津引3号等。于海芹等对15个烤烟新品系进行了黑胫病抗性鉴定结果发现RGH12、YNH09、CF209、6614、9601和YH01为抗黑胫病的新品种系。周向平等采用大田接种的方法对13个烟草品系进行了抗黑胫病鉴定发现湘烟3号和4-10-1的抗性优于对照品种K326。于海芹等对云南省烟草农业科学研究院新引进的288份烟草种质资源进行了黑胫病抗性鉴定发现了17份抗性资源，其中MZ182、MZ254、MZ255、MZ307、MZ319、MZ321和MZ496对黑胫病的抗性较好。目前虽然筛选到了一些抗病的种质资源，但是这些种质资源与其他资源，尤其是目前栽培品种之间的遗传多样性和亲缘关系并没有做进一步的分析。简单重复序列(simple sequence repeat, SSR)具有多态性丰富、稳定性好、操作简单等优点，广泛用于种质资源亲缘关系分析、遗传图谱构建等方面的研究。

本节对 49 份烟草种质资源进行了黑胫病抗病鉴定，并对其遗传多样性和亲缘关系进行了 SSR 分析，以期筛选出抗黑胫病的育种材料，提供给育种家利用。

一、材料与方法

（一）试验材料

供试种质资源来自湖南省烟草公司长沙市公司。其中晾晒烟 4 份，黄花烟 1 份，烤烟 44 份（MS212-7 为杂交新组合，E9 为选育的高代材料）。用于种质资源亲缘关系鉴定的 SSR 引物见表 3-1。

表 3-1 引物名称与序列

引物名称	前引物序列	后引物序列
PT20213	TGTGGAGCTCCTTTCTTTGC	TCAAATCAACAACAAATCCAAT
TM10089	ACCCATGAAGGGTGCTAGG	TGATAGCAAGACTGGAGATTGAAG
TM10909	CCATCCGGCTCTTCTTGATA	AAGTTCGGTGCCACAAGTTT
TM10180	CATTTTGCAGCAAGTTTTGG	AGCGGTGTCTTGACATCCTTA
TM10679	TGGGGTCTTTATGCGTTTTC	GGGCTTGCCTATTCGTTACA
TM10811	AAAGGGGAAGAAGCGAGAAG	CTCCAAAGTTCCTTGCACAAT
TM10899	AAGGGTAAAAGACCCCCACA	CTTTGCCGTGCAGGAACTA
TM11097	CAGGACAGGACGAAAATGGT	GCTCTTTTGCTTTTTCGGAGA
TM11215	AGATCCCCAATCTCCCCTTA	GGAAAGAAAAGAGAATGGAGGAG
TM11227	CCCTTCACAACAATCACAA	GGGGTTTGGAGGAGAGAAAT
PT20165	GGAAATGGAGGATCTCGT	TGTCTCGTGAAGCATGAA
PT20172	ACACCTCCTTCTTCCTGC	CCAAAATGGTTCACTGGA
PT20189	AAAGGTTCGGTATCCCAG	ATTGGACGATGAGAACGA
PT30151	AGTCACAGCCAATGAAAGGG	TGCCACTACAATGGAAAGTCC
PT30230	TTGTCCATCTCACTTGCTGC	TTTCTTTCTGTCTGATGCTTCAAT
PT30301	GAGAATTAACTCAAATAGTCGTTTGC	TGCCCAGCTACCTATTGAGG
PT30314	GCAGACCCAGGATGTTGTTA	TTGAGACACATACAAGCGCA
PT30339	AAAGTTCCTGTTCAATAGCGATG	AGAGTTTGGTCCTTTAATGCG
PT40021	TCAAATCAAATCAACCCTCTCC	TGGTTGGAGCTTCTCTCGTT
PT20287	CGCCACAACAACTCACCTTA	TCATGCATGTTTCTCCTCCTT
PT20372	CCTTTACCTCCGACAATTTCA	TAGGCTGGATAGGTGCCTCA
PT20242	GTCCTACATGGGGCTCTT	TCCAAAGTTGGACCAGAA
PT30403	CACGACTGACGAGACATGGT	CCAACTCTACCGCTAACTTCAAA

(二)供试菌株

菌株引自湖南农业大学植物保护学院，为黑胫病1号生理小种。

(三)试验地点

湖南省烟草科学研究所试验基地。

(四)试验方法

1. 烟草黑胫病抗性鉴定方法

采用大田接种。将谷子浸泡6 h后用清水洗净，淘尽瘪空谷粒，煮至谷粒炸开成半开花状，冷却至半干，分装入150 mL三角瓶中高压灭菌1 h(115℃)，制成菌谷培养基。将分离纯化的烟草黑胫病菌丝体移入燕麦培养液中培养5~7 d后转入菌谷培养基中培养18 d。将菌谷接种到移栽20 d后的烟株基部，接种量4 g/株，接种后立即覆土并灌水保湿。各鉴定品种(系)在试验田随机排列，重复3次，每次重复植烟20株以上，行株距为1.1 m×0.55 m，大田常规管理。在发病初期、盛期和末期各调查一次，以最后一次调查的结果决定抗性。

2. 黑胫病调查标准

按中华人民共和国烟草行业标准《烟草病虫害分级及调查方法》(GB/T 23222—2008)中的黑胫病病害的分级标准进行黑胫病病害的调查。0级为全株无病；1级为茎部病斑不超过茎围的三分之一，或三分之一以下叶片凋萎；3级为茎部病斑环绕茎围三分之一至二分之一，或三分之一至二分之一叶片轻度凋萎，或下部少数叶片出现病斑；5级为茎部病斑超过茎围的二分之一，但未全部环绕茎围，或二分之一至三分之二叶片凋萎；7级为茎部病斑全部环绕茎围，或三分之二以上叶片凋萎；9级为病株基本枯死。

3. 黑胫病病情指数计算和抗性评价

病情指数(DI)=[∑(各级病株株数×该病级值)/(调查总株数×最高级)]×100。按中华人民共和国烟草行业标准《烟草病虫害分级及调查方法》(GB/T 23222—2008)执行，根据最后确定的病情指数，将品种的抗性划分为6级：高抗或免疫(I)——病情指数为0；抗病(R)——病情指数为0.1~20；中抗(MR)——病情指数为20.1~40；中感(MS)——病情指数为40.1~60；感病(S)——病情指数为60.1~80；高感(HS)——病情指数为80.1~100。

4. DNA的提取与PCR扩增

DNA提取和PCR的扩增参照刘艳华等的方法。

5. 数据统计

采用二进制记录SSR分析结果，将电泳图谱清晰且重复性好的条带记为1，同一位置上未出现条带的记为0，根据0、1矩阵建立49份烟草种质资源的DNA指纹图谱。利用POPGENE 32.0软件计算多态性位点比率、有效等位基因数、香农信息指数。利用NTSY 2.1软件根据非加权配对算术平均法(UPGMA)和SHAN程序进行亲缘关系的聚类分析。

二、结果与分析

(一)种质资源的抗病性评价

通过对49份烟草种质资源黑胫病抗性的田间鉴定发现：大叶永烟、G80、E9、沪金3号等24份材料表现为抗黑胫病，占48.98%，其中大叶永烟、G80、E9、MS212-7的抗性比较好(病情指数<4)；单育2号、南江3号、NC89等7份材料表现为中抗黑胫病，占14.29%；13-4、K394、大黄叶表现为中感黑胫病，占6.12%；YZ9424、豫烟5号、小黄金0036、胎里富1061、武鸣1号等12份材料表现为感黑胫病，占24.49%；延晒2号、TI955、CY156表现为高感黑胫病，占6.12%(表3-2)。

表3-2　49份烟草种质资源对黑胫病抗性的鉴定结果

品种	类型	发病率/%	病情指数	抗性评价
大叶永烟	晾晒烟	14.92	1.95	R
G80	烤烟	20.00	2.41	R
E9	烤烟	30.00	3.01	R
MS212-7	烤烟	36.67	3.31	R
vesta33	烤烟	36.51	4.78	R
大白筋0522	烤烟	36.67	4.81	R
03-4-3	烤烟	50.56	4.86	R
沪金3号	烤烟	50.71	4.88	R
12596	烤烟	43.33	5.11	R
云烟98	烤烟	37.02	5.49	R
大白尖	烤烟	66.67	6.02	R
中烟14	烤烟	28.33	6.47	R
YZ9302	烤烟	40.61	6.69	R
C72-6-3	烤烟	28.33	6.77	R
革新5号	烤烟	31.67	6.77	R
革新3号	烤烟	20.00	7.22	R
K326	烤烟	47.37	9.77	R
R596	烤烟	50.58	10.77	R
CZ-49	烤烟	60.00	10.83	R
进屋黄	晾晒烟	44.52	11.44	R
红花大金元	烤烟	45.61	13.25	R
DB101	烤烟	72.38	13.38	R
云烟85	烤烟	53.33	13.83	R

续表3-2

品种	类型	发病率/%	病情指数	抗性评价
云烟 87	烤烟	45.08	13.89	R
9147	烤烟	60.00	20.15	MR
单育 2 号	烤烟	63.52	20.94	MR
NC89	烤烟	59.56	21.44	MR
南江 3 号	烤烟	82.89	26.66	MR
G140	烤烟	75.00	27.82	MR
乔庄多烟	烤烟	78.33	32.93	MR
9625	烤烟	90.00	40.00	MR
13-4	烤烟	49.82	40.46	MS
K394	烤烟	68.40	55.54	MS
大黄叶	黄花烟	90.32	58.56	MS
YZ9424	烤烟	96.67	61.35	S
豫烟 5 号	烤烟	91.32	61.77	S
小黄金 0036	烤烟	96.49	64.79	S
胎里富 1061	烤烟	100.00	65.91	S
长脖黄	烤烟	100.00	69.77	S
CY-9403	烤烟	98.25	70.65	S
金星 6007	烤烟	98.33	76.54	S
武鸣 1 号	晾晒烟	100.00	76.99	S
Coker139	烤烟	100.00	77.32	S
坊子小黄金	烤烟	100.00	77.89	S
小黄金 1025	烤烟	100.00	80.00	S
401-2	烤烟	100.00	80.30	S
延晒 2 号	晾晒烟	10.00	80.90	HS
TI955	烤烟	10.00	80.90	HS
CY156	烤烟	100.00	81.20	HS

（二）SSR 分子标记的多态性

23 对 SSR 引物对 49 份烟草种质资源进行了扩增，共检测到 100 个等位基因，等位变异的位点有 100 个，多态性位点比率为 100%，变异位点幅度为 3~9 个，平均每个标记 4.3 个，引物 TM10811 检测到的变异最多为 9 个、最少为 3 个。可见，23 对 SSR 引物的多态性良好，可以用于群体遗传多样性分析，种质资源亲缘关系的鉴定。49 份烟草种质资源平均有效等位基因数为 3.1，平均香农信息多样性指数为 1.2。各位点遗传多样性程度存在一定的差异，香农信息多样性指数最大值为 2.0，香农信息指数最小值为 0.5（表 3–3）。

表 3–3　23 对 SSR 引物多样性统计

引物	样本量/个	等位基因数/个	有效等位基因数/个	香农信息多样性指数	多态性位点比率/%
PT20372	96	4.0	2.5	1.1	100
PT30301	92	4.0	2.9	1.1	100
DT30339	98	5.0	4.0	1.5	100
PT20242	98	3.0	1.7	0.7	100
PT11127	84	3.0	1.7	0.7	100
PT20165	96	4.0	2.9	1.2	100
PT20172	98	5.0	3.0	1.3	100
PT20189	96	3.0	1.8	0.8	100
TM10909	96	4.0	3.0	1.2	100
TM11097	98	4.0	3.2	1.3	100
TM10089	98	5.0	3.2	1.3	100
PT30151	98	3.0	1.4	0.5	100
PT30230	98	3.0	2.1	0.9	100
PT20287	96	3.0	2.0	0.8	100
PT40021	54	4.0	2.8	1.1	100
TM10679	98	5.0	3.5	1.4	100
TM10899	98	5.0	3.8	1.4	100
TM11215	98	4.0	3.4	1.3	100
TM10811	96	9.0	6.8	2.0	100
PT20213	92	4.0	2.5	1.1	100
PT30314	86	5.0	4.5	1.6	100
PT30403	98	4.0	1.7	0.8	100
TM10180	98	7.0	5.8	1.8	100
Mean	94	4.3	3.1	1.2	—
ST. Dev	—	1.4	1.3	0.4	—

（三）种质资源的聚类分析

聚类分析结果（图 3–1）表明：49 份烟草种质间遗传相似系数的变异范围为 0.63~0.87，遗传基础比较狭窄。在遗传相似系数为 0.63 时，49 份烟草种质资源分为 2 大类群，第 I 类只有一个品种 K326，第Ⅱ类包括其余 48 个品种。这说明 K326 与其他品种的亲缘关系最远。在遗传相似系数为 0.66 时，49 份烟草种质资源分为 4 个大类，第Ⅰ类只有 1 个品种 K326；第Ⅱ类包括 6 个品种，其中 G80 黑胫病的抗性比较好；第Ⅲ类包括 4 个品种，其中 TI955、延晒 2 号和 CY156 为高感品种，胎里富 1061 为感病品种；第Ⅳ类包括 38 个品种，其中包括抗性比较好的 3 份材料大叶永烟、MS212-7 和 E9。

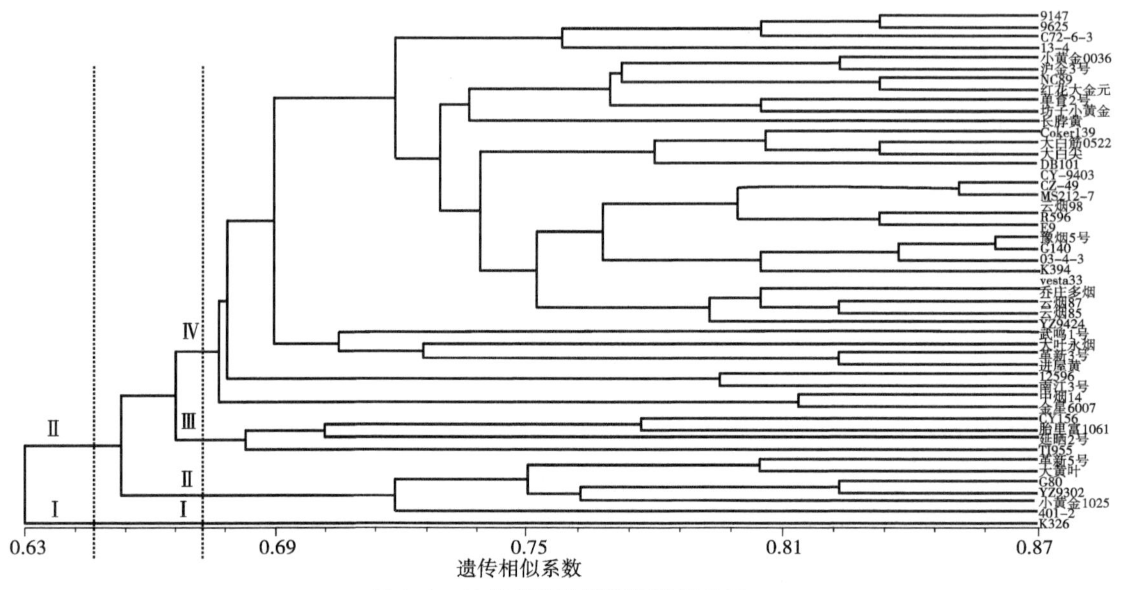

图 3-1　49 份烟草种质资源亲缘关系

三、讨论

目前国际上已经报道的烟草黑胫病菌有 5 个生理小种，其中美国有 4 个，分别是 0 号、1 号、3 号和 4 号小种，非洲有 1 个为 2 号小种，而我国主要是 0 号和 1 号小种。在烟草生产过程中，由于病菌的重组和突变可能会出现新的生理小种，往往使抗病品种的抗病性丧失，而成为感病品种，可能造成病害的流行。因此要不断挖掘新的抗病资源，以满足烟草抗病育种的需求，从而提高品种的抗病性，防止病害大流行。

(一) 烟草种质资源的抗病性鉴定

抗性材料的鉴定是烟草抗病育种的基础和关键。本节筛选出了 24 份抗黑胫病的材料，其中大叶永烟(晾晒烟)的抗性最好，可以作为抗黑胫病的抗原加以利用，从而拓宽抗性种质资源的遗传背景；MS212-7［MSK326×(K346×中烟 100)］为杂交组合，可见利用杂种优势可以提高品种的抗病性；G80 为抗性比较好的品种，E9 是一个高代育种材料，随着抗性的进一步稳定，也可以作为一个比较好的抗性品种。

(二) 烟草种质资源的多样性分析

丰富的烟草种质资源是烟草育种的基础，确定种质资源的遗传多样性程度和亲缘关系的远近是育种的关键。23 对 SSR 引物对种质资源的分析结果表明，49 份烟草种质资源的平均有效等位基因数为 3.1，平均香农信息多样性指数为 1.2，49 份烟草种质资源的遗传相似系数为 0.63~0.87。可见，49 份烟草种质资源的遗传多样性较低，应该不断扩大种质资源的数量，丰富种质资源的种类，提高烟草抗病育种的效率。

(三)烟草种质资源亲缘关系鉴定

种质资源亲缘关系的研究是种质资源利用的必要前提，而 SSR 标记由于其信息量丰富、稳定性好等优点，已成为分子遗传和资源分类研究中应用最为广泛的分子标记。郭燕等利用 20 个 SSR 引物对 40 份古茶树资源的遗传多样性进行了分析和分子指纹鉴定。王凤格等利用 40 对核心 SSR 引物对中国 328 份玉米品种进行了遗传多样性分析。陈夏晔等利用 SSR 分子标记研究了烟草抗黑胫病种质资源的遗传多样性。通过 23 对 SSR 引物对 49 份烟草种质资源进行了亲缘关系分析，发现抗黑胫病的种质资源主要集中在第Ⅳ类，有 21 个抗性材料。这些抗性材料遗传度高、遗传背景差异小。这主要是品种选育过程中所用的抗原遗传差异小，主要育种亲本使用过度，导致目前大田生产中所用的抗黑胫病品种遗传背景狭窄，其对环境的适应能力和抗病性都有所下降。

第二节　烟草品种(系)的烟草黑胫病抗性鉴定

由于当前生产上用来防治烟草黑胫病菌的化学药剂多为甲霜灵、乙磷铝等，有研究发现，连年施用甲霜灵后，该病菌的平均有效中浓度(median effective concentration，EC_{50})呈上升趋势，容易使烟草黑胫病菌产生抗药性。在烟草及烟草制品逐渐向无公害方向发展的今天，抗病育种因具有多抗、高抗和安全等优点，而成了烟草病害防治的经济环保且最有效的措施。鉴于此，将近年来烟草品种(系)资源进行田间人工接种鉴定，以筛选出对烟草黑胫病抗性较强的资源。

一、材料与方法

(一)参试品种(系)

供试烤烟品种(系)包括国内新品种金桂 2007、湘烟 3 号，自育品系 4-10-1、4-10-2、F127、4-7-1、4-7-2、HY-7-8、JY87 以及津巴布韦新引进品种 KRK26。

(二)抗病性鉴定对照品种

烤烟品种(系)抗烟草黑胫病鉴定试验以 K326 和革新 3 号为抗病对照，以小黄金 1025 为感病对照。

(三)试验地点

试验在中国烟草中南农业试验站永州基地田间病圃内进行。

(四)供试烟草黑胫病菌及其致病力测定

本试验所用烟草黑胫病菌株烟草疫霉菌(*Phytophthora parasitica var. nicotianae*) Phy1、

Phy2、Phy3 均为 0 号生理小种，由湖南农业大学植物保护学院肖启明教授提供。

烟草黑胫病菌致病力测定方法：取 5~8 叶龄期的叶片，置于装有滤纸的直径为 9 cm 的无菌培养皿中，将培养好的不同黑胫病菌株在无菌条件下用无菌打孔器(直径 5 mm)打成菌饼，在叶片上用 5 号注射器针头在叶片主脉两侧不完全对称的位置各刺几针，造成伤口，把烟草黑胫病菌菌饼移接至烟叶伤口处，每叶片 2 个菌饼。在每个皿中加无菌水保湿，在室温下光照培养，1~4 天观察其发病率，每天注意培养皿里的水分，及时加水，使其保持湿润。每个试验重复 3 次。

病情分级病情标准：0 级——没发病；1 级——发病面积小于 1/3；2 级——发病面积大于 1/3 且小于 1/2；3 级——发病面积大于 1/2；4 级——全叶发病。

$$\text{病情指数} = \frac{\sum(\text{各级病叶数} \times \text{相应的级数})}{\text{调查总叶数} \times 4} \times 100$$

根据病情指数按如下标准对烟草黑胫病菌进行致病力分级：0~10 为无致病力；11~50 为微致病力；51~80 为中致病力；80 以上为高致病力。

(五)烟草黑胫病接种体的制备和接种方法

将致病力强的烟草黑胫病菌 Phy2 菌丝体移入燕麦培养液中培养，5~7 d 后转入菌谷培养基中培养 15 d 备用。菌谷的制作：将谷子浸泡 6 h 后用清水洗净，淘尽瘪空壳谷粒，煮至谷粒炸开成半开花状，冷却至半干，分装入 150 mL 三角瓶中高压灭菌 1 h(115℃)，备用。装入的谷粒量以不超过 150 mL 刻度线为宜。

采用人工接种诱发抗性鉴定，将烟苗移栽至大田病圃，待烟苗生长至团棵期，将培养 15 d 的菌谷接种至烟株的茎基部，接种量 4 g/株。接种后立即覆土并灌水保湿，使病圃内土壤处于饱和或过饱和状态。

(六)烟草黑胫病病圃田间设计及管理

各鉴定品种(系)在试验田随机排列，重复 3 次，每次重复植烟 15 株，行株距为 1.1 m×0.55 m，大田常规管理。

(七)烟草黑胫病调查方法和抗性划分标准

于接种后烟草黑胫病发病始盛期开始调查病情。烟草黑胫病病害的分级标准均按国家行业标准《烟草病害分级及调查方法》(YC/T 39—1996)的规定执行。以感病对照小黄金 1025 发病最先达到感病的调查数据为依据进行抗病性评价，感病对照的病情指数不低于 75 时方可认为试验及评价有效。根据最后确定的病情指数，将品种的抗性划分为 4 级：抗病(R)——病情指数为 0~25；中抗(MR)——病情指数为 25.1~50.0；中感(MS)——病情指数为 50.1~75.0；感病(S)——病情指数在 75 以上。

二、结果与分析

(一)烟草黑胫病菌株的致病力

从表 3-4 可以看出，采用离体叶片法进行筛选，烟草黑胫病菌株 Phy1、Phy2、Phy3 的病情指数分别为57.3、87.2、61.5。其致病力从大到小为Phy2、Phy3、Phy1，致病力最强的株系是Phy2，为保证人工诱发接种成功率，本试验采用致病力最强的株系Phy2。

表3-4　烟草黑胫病菌株致病力的筛选

菌株	病情指数	病情级数	致病力
Phy1	57.3	2级	中
Phy2	87.2	3级	高
Phy3	61.5	2级	中

(二)烟草品种(系)对烟草黑胫病抗性

本试验于5月28日调查时发现感病对照小黄金1025的病情指数达86.67，可以对参试各品种(系)的烟草黑胫病抗性进行评价。

不同烟草品种(系)对烟草黑胫病的抗性鉴定结果见表3-5。从13个不同品种(系)对烟草黑胫病的抗性评价可以看出，湘烟3号、4-10-1、抗病对照革新3号、金桂2007、F127、抗病对照K326、4-10-2、4-7-2、HY-7-8、4-7-1 10个品种(系)抗烟草黑胫病，抗性水平为"R"；JY87 1个品种中抗烟草黑胫病，抗性水平为"MR"；KRK26 1个品种中感烟草黑胫病，抗性水平为"MS"；感病对照小黄金1025感烟草黑胫病，抗性水平为"S"。

方差分析结果显示，供试的品种(系)均与感病对照小黄金1025之间的差异极显著；湘烟3号、4-10-1、抗病对照革新3号、金桂2007、F127、抗病对照K326、4-10-2、4-7-2、HY-7-8、4-7-1、JY87 11个品种(系)均与KRK26之间的差异极显著，而湘烟3号、4-10-1、抗病对照革新3号、金桂2007、F127、抗病对照K326、4-10-2、4-7-2间无显著性差异。

表3-5　烟草品种(系)对烟草黑胫病的抗性鉴定结果

品种(系)	病情指数	差异显著性	抗性评价
小黄金1025	86.67±5.00	aA	S
KRK26	53.33±7.26	bB	MS
JY87	28.33±8.82	cC	MR
4-7-1	14.44±5.85	cdCD	R
HY-7-8	14.44±4.19	cdCD	R
4-7-2	12.22±6.94	deCD	R
4-10-2	11.67±7.26	deCD	R
K326	11.11±3.85	deCD	R
F127	9.44±6.94	deD	R
金桂2007	6.67±2.89	deD	R
革新3号	5.56±5.36	deD	R

续表3-5

品种(系)	病情指数	差异显著性	抗性评价
4-10-1	3.89±4.19	eD	R
湘烟 3 号	3.89±3.85	eD	R

注：数据为平均值±标准差($n=3$)。同列数据后不同小写字母表示品种间在 0.05 水平差异显著，不同大写字母表示在 0.01 水平差异显著。

三、结论与讨论

品种抗病性是决定品种能否在生产上大面积推广应用的一个重要因素，也是综合防治病害的经济、有效措施，有利于提高烟叶安全性，符合无公害烟叶发展的需要。有关烟草黑胫病抗性鉴定方法的研究较多，但大多采取自然诱发抗性鉴定，该方法虽然可以反映品种的自然抗性，但年份间的气候条件不同，有可能导致抗性鉴定结果存在较大差异。有试验结果表明全国推广品种 V2、NC82、中烟 14 在温室鉴定时为高感，而在田间鉴定时表现为高抗病和中抗病。本试验通过人工定量接种病原菌鉴定品种(系)对烟草黑胫病的抗性，由于人为地创造了相对一致的发病条件和环境，因此能够较准确地测定品种(系)的抗性。

试验结果表明，在参试的 13 个品种(系)中，抗烟草黑胫病品种(系)有 10 个，中抗品种(系)、中感品种(系)和感病品种(系)各 1 个。在参试的品种(系)中，除少数优质、抗病的品种(系)可在生产上直接应用外，其他品种(系)还有许多优良性状可作为抗病资源保存，应用于杂交育种中。烟草育种实践证明，在选择抗病品种时许多抗病基因往往与不良的品质性状有关，致使许多品种往往在抗病性上有缺陷，而抗病品种则往往在品质方面不够理想。因此，对于抗性材料的抗病遗传机制有待进一步研究。

第三节 根际微生物相互作用和代谢过程对烟草黑胫病病原菌的响应

黑胫病是严重危害烟草的土传病害，土壤微生物的种群数量和多样性与土传病害的发生密切相关。细菌是土壤中主要的微生物类群，占土壤微生物总量的 80%。植物根际与土壤密切接触，是土壤中最大的生命活动面，是微生物重要的生命活动场所。根际土壤细菌群落结构和多样性与植物健康密切相关，土壤中细菌的种群结构与丰度是影响烟草黑胫病发生的主要原因。因此，研究烟草根际土壤细菌群落组成和多样性，探明土壤细菌群落多样性与病害发生的关系，能够为筛选有益微生物提供科学指导。本节从烟草黑胫病发病严重的田块，采集健康与发病的烟草根际土壤，提取土壤微生物总 DNA 后，采取 16S rRNA 高通量测序，分析烟株根际土壤细菌群落结构组成及多样性，为从根际土壤中筛选获得有益微生物提供科学依据。

一、材料和方法

（一）材料

供试试剂盒：
PowerSoil DNA Isolation Kit（Mobio，San Diego，USA）。
DNA 凝胶提取试剂盒（Omega，USA）。

（二）试验地点

2017 年在湖南省湘西土家族苗族自治州花垣县道二乡设置了 3 个烟草黑胫病系统调查点，海拔约 200 m，调查点面积为 100 m^2。调查田块连续种植烟草 5 年以上，历年烟草黑胫病发生严重，发病率在 50%以上。种植烟草品种为云烟 87，移栽时间为 4 月 20 日前后，调查点烟草生育期内不施用防治烟草病害的药剂。

（三）样品采集

2017 年 7 月，在发病高峰期（7 月 20 日前后），选取烟田无病（对照）、中度发病（black shank moderately，BSM）和重度发病（black shank heavily，BSH）烟株。按照国家标准《烟草病虫害分级及调查方法》（GB/T 23222—2008）确定田间烟株病情指数，0 级归类为无病，3 级和 5 级归类为中度发病，7 级和 9 级归类为重度发病（表 3-6）。选取调查点不同发病程度烟株，拔起烟株，抖去根表面附着的土壤后，采集根际土壤样品，每株取 10 g，每组随机收集 8 个样本，共计 24 个土样，分别记作 CK、BSM 和 BSH，分别装入自封袋，置于干冰中，带回实验室，于-80℃冰箱保存，用于 DNA 提取。

表 3-6　烟草黑胫病分级标准

病级	标准
0	全株无病
1	茎部病斑不超过茎围的三分之一，或三分之一以下叶片凋萎
3	茎部病斑环绕茎围三分之一至二分之一，或三分之一至二分之一叶片凋萎，或下部少数叶片出现病斑
5	茎部病斑超过茎围的二分之一，但未全部环绕茎围，或二分之一至三分之二叶片凋萎
7	茎部病斑全部环绕茎围，或三分之二以上叶片凋萎
9	病株基本枯死

（四）DNA 提取

称取 0.5 g 混匀的根际土壤，使用 DNA 提取试剂盒（PowerSoil DNA isolation kit）提取土壤总 DNA，从每个样本中提取 1 μg DNA，试验步骤根据试剂盒使用说明操作。

（五）扩增与测序

参照 Caporaso 等的方法，用 515F（5′-gtgccagcmcgccgcgtaa-3′）和 806R（5′-GGACTACHVGGGTWTCTAAT-3′）引物对 16S rRNA 进行扩增。

PCR 反应体系总体积为 30 μL：

Phusion PCR Master Mix Buffer 15 μL

515F(10 μm) 0.2 μL

806R(10 μm) 0.2 μL

模板 DNA 10 ng

ddH_2O 按总体积 30 μL 补齐

PCR 扩增参照杨红武的方法，扩增条件：98℃预变性 1 min；98℃变性 10 s、50℃退火 30 s、72℃延伸 60 s，30 个循环；最后 72℃延伸 5 min。PCR 产物使用 2%浓度的琼脂糖凝胶电泳检测 PCR 产物质量和浓度，根据 PCR 产物浓度进行等浓度混样，充分混匀后使用 2%的琼脂糖凝胶电泳纯化并回收 PCR 产物。PCR 产物使用上述试剂盒纯化，用 ND-1000 分光光度计定量，使用 NEBNext® Ultra™ DNA Library Prep Kit 建库试剂盒进行文库的构建，构建好的文库使用 Qubit 试剂盒进行定量和检测，在 MiSeq 测序仪上进行测序。所有 PCR 扩增、文库准备及上机测序均在北京诺禾致源科技股份有限公司进行。

(六)序列分析

利用 QIIME 软件对下机后的原始序列进行处理，根据相应的条形码信息进行各样品序列分配并去除接头和引物序列。利用 Flash 软件拼接正反向序列，再对拼接后的序列进行质控，去除低质量序列。过滤后的序列利用 USERCH 和 Perl 脚本，生成操作分类单元(operational taxonomic unit，OTU)表格，并挑选其代表序列。经过质量控制与随机抽样后，每个样品获得了不少于 10000 条的序列，所有序列均已提交 NCBI。经过 97%序列同源性聚类，共鉴定出 4955 个 OTU，组成根际土壤细菌群落。

利用 vegan 计算群落多样性的香农(Shannon)指数和 Pielou 均匀度指数。基于 Tukey 检验细菌组成多样性和相对丰度的差异。采用除趋势对应分析(DCA)和不相似性分析比较不同细菌群落结构的差异。采用线性回归分析，探索病害抑制效果与微生物多样性之间的关系。所有分析均采用 R v3.6.3 和 StaMP v2.1.3 进行。将功能/关键 OTU 的 16S DNA 序列与 NCBI 数据库进行比对，并使用 Mega 5.2 构建系统发育树。

(七)分子生态网络构建

基于随机矩阵理论(RMT)构建分子生态网络，在相似阈值 0.95 的基础上确定网络的拓扑特性。选择在所有样品中都出现的 OTU 用于网络分析，以确保可靠性。采用快速模块化优化方法生成网络模块，利用 Gephi 0.9.2 软件实现网络图的可视化。基于节点的模块内连通度(Z_i)和模块间连通度(P_i)特征绘制 Z_i-P_i 散点图确定网络中每个节点在网络中的作用，确定作为网络连接器、模块枢纽和网络枢纽的关键节点。以 3 个处理的测序数据为基础，分别构建分子生态网络(pMENs)，揭示具有代表性的根系和土壤微生物区系对微生物生态网络相互作用的影响。

(八)功能基因预测分析

使用 Picrust 进行功能基因预测，在预测分析前，用 Greengenes 参考数据库对检测到的 OTU 进行重新分类。利用 16S rRNA 基因从系统发育信息中推断出基因组的基因功能含量，并对包括《京都基因与基因组百科全书》(*Kyoto Encyclopedia of Genes and Genomes*, *KEGG*)在内的数据库中的基因进行预计算。输入数据首先通过拷贝数进行标准化，在宏基因组预测之前将每个 OTU 除以已知的 16S 拷贝数丰度。Picrust 的输出包括一个功能基因计数表，即 KEGG-oritologs(KOs)。利用最近亲缘关系指数(nearst taxon index, NTI)值验证预测的基因组和功能途径的可靠性。

二、结果与分析

(一)土壤细菌群落结构多样性分析

对根际土壤细菌群落 α 多样性指数进行差异分析(表 3-7)，结果表明，土壤细菌群落多样性和均匀度随着病情加重呈降低趋势。从香农指数来看，与对照组(H'：6.387)相比，BSM(H'：6.054)和 BSH(H'：5.679)组的香农指数显著降低，分别降低了 5.2%和 11.1%；BSH(J'：0.758)组的均匀度指数同样显著低于对照组(J'：0.824)，降低了 8.7%。DCA 分析表明(图 3-2)，CK 组与 BSM 组和 BSH 组的群落结构存在显著差异($P<0.05$)，黑胫病不同发病程度的根际细菌群落也有显著差异，结果表明黑胫病的发生对土壤细菌群落结构有显著影响。

表 3-7　不同处理的多样性指数分析

样品	香农指数(H')	Pielou 均匀度(J')
CK	6.387±0.341[a]	0.824±0.034[a]
BSM	6.054±0.501[b]	0.783±0.050[ab]
BSH	5.679±0.311[b]	0.758±0.036[b]

注：不同小写字母表示存在显著差异($P<0.05$)。

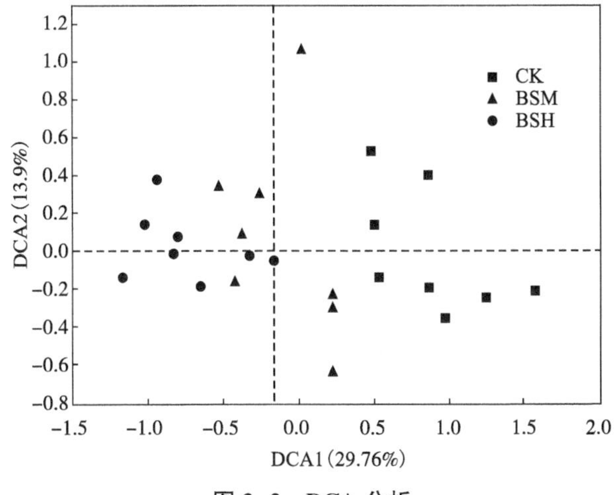

图 3-2　DCA 分析

(二)根际土壤细菌群落组成差异

韦恩图分析显示(图 3-3),CK 组、BSM 组和 BSH 组分别有 665 个、456 个和 201 个特有 OTU,3 个组共有的核心 OTU 数量为 2295 个,相对丰度占比 99%,结果与 DCA 分析结果相似。以上结果表明烟草黑胫病发生对根际土壤细菌群落多样性影响较大。

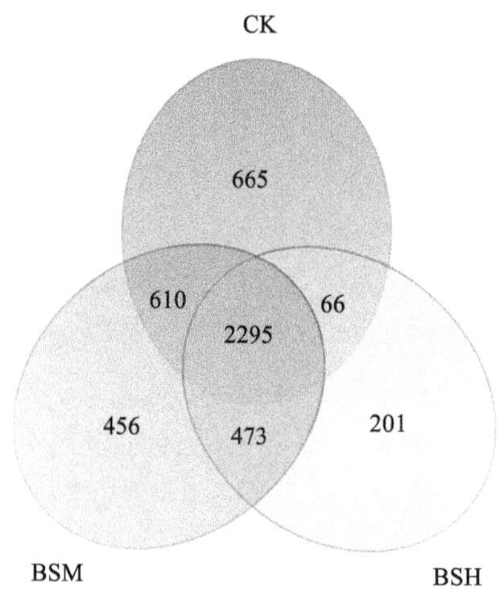

图 3-3　OTU 水平共有的类群韦恩图

在门水平上,CK 组、BSM 组和 BSH 组 3 个组的细菌组成由 26 个门组成,主要以变形菌门(Proteobacteria)(26.0%~53.8%)、放线菌门(Actinobacteria)(8.0%~33.6%)、酸杆菌门(Acidobacteria)(5.1%~19.8%)、绿弯菌门(Chloroflexi)(1.2%~15.1%)、拟杆菌门(Bacteroidetes)(1.4%~9.3%)、奇古菌门(Thaumarchaeota)(0.1%~18.6%)和疣微菌门(Verrucomicrobia)(0.7%~7.5%)为主(图 3-4)。与 CK 组相比,BSM 和 BSH 组中一些门的相对丰度有显著差异,表明因黑胫病的发生,根际微生物群落结构在门水平上发生了变化。

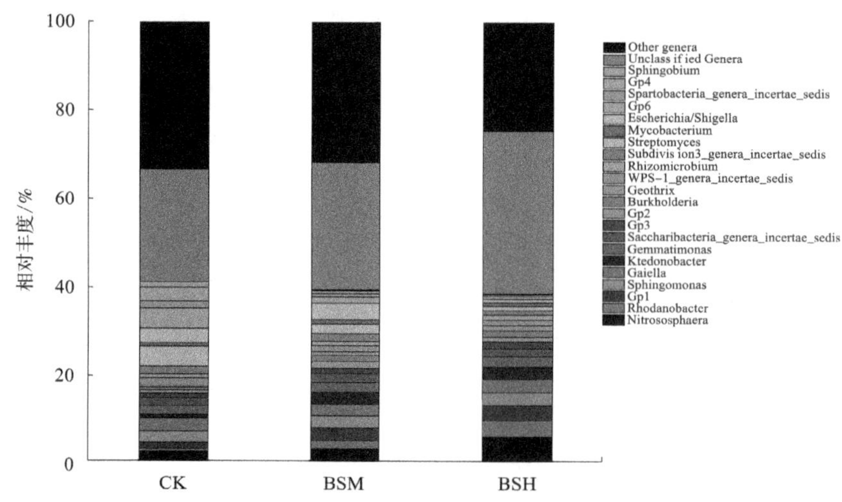

图 3-4　微生物群落在门水平上的相对丰度

在门水平对 3 个组的微生物相对丰度进行方差分析，结果显示，与 CK 组相比 BSH 组 BRC1 的平均相对丰度显著较低，绿弯菌门(Chloroflexi)和衣原体门(Chlamydiae)的平均相对丰度显著较高；BSH 组中酸杆菌门、疣微菌门、BRC1、拟杆菌门、装甲菌门(Armatimonadetes)和 WPS-1 等 6 个门的平均相对丰度显著较低，绿弯菌门、Latescibacteria 和 WPS-2 等 3 个门的平均相对丰度显著较高(图 3-5)。

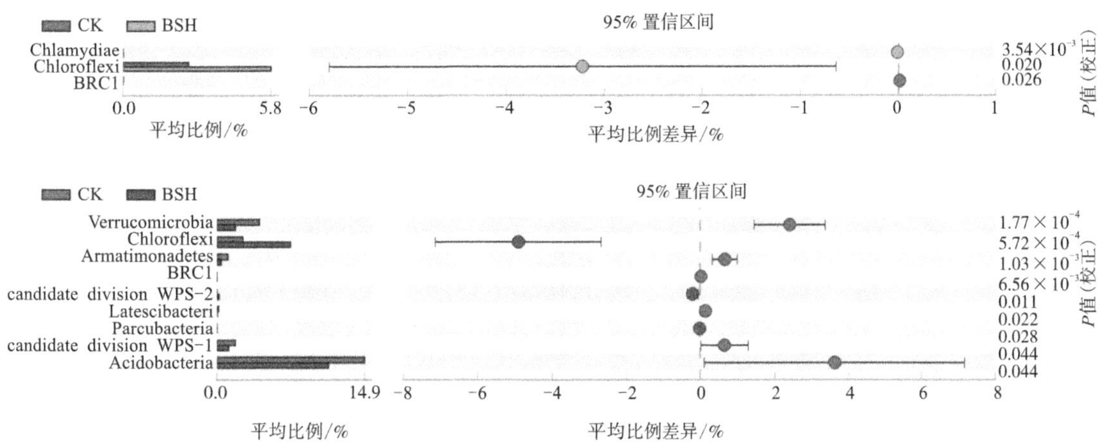

图 3-5 土壤微生物群落门水平的相对丰度方差分析

在属水平上，3 个组中最大的单类群均为未分类属，与 CK 组相比，BSM 组和 BSH 组中某些属的相对丰度随着病害的发生而发生变化(图 3-6)。方差分析结果显示，在 BSM 组中，*Gp*6、*Gp*4 和 *Spartobacteria _ generas _ incertae _ sedis* 等 60 个属的平均相对丰度显著较低，*Ktedonobacter*、*Geothrix* 等 27 个属的平均相对丰度显著较高；在 BSH 组中，*Gp*6、链霉菌和 *Gp*4 等 113 个属的平均相对丰度显著较低，*Rhodanobacter*、*Gp*1 和 *Ktedonobacter* 等 37 个属的平均相对丰度显著较高。

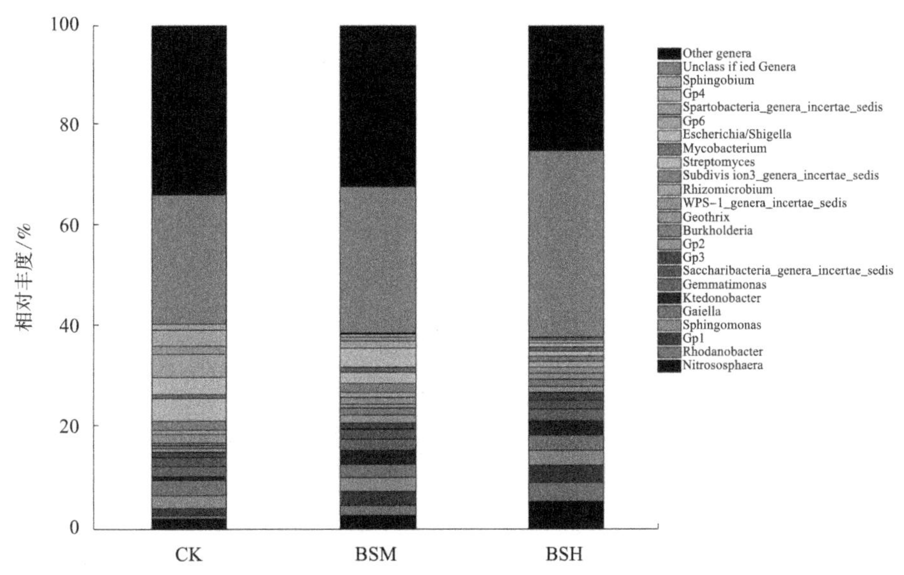

图 3-6 微生物群落在属水平上的相对丰度

在 OTU 水平上，与 CK 组相比，BSM 和 BSH 组的相对丰度显著不同(图 3-7)。在 BSM 组中，456 个 OTU 的平均相对丰度显著低于 CK 组，198 个显著较高；在 BSH 组中，821 个 OTU 的平均相对丰度显著低于 CK 组，128 个 OTU 的平均相对丰度显著较高。

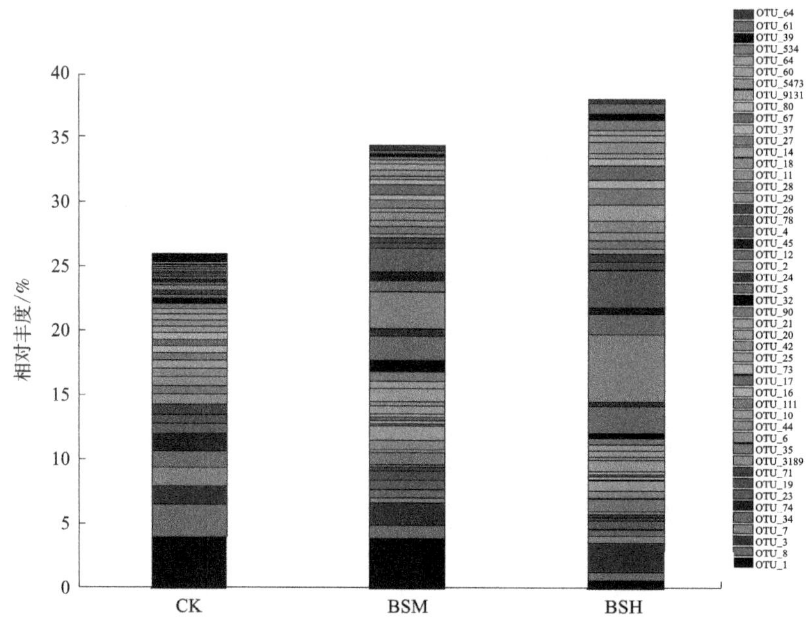

图 3-7　微生物群落在 OTU 水平上的相对丰度

列出 BSM 组和 BSH 组中相对丰度比 CK 组低的前 10 个 OTU 进行分析(图 3-8)，结果发现，BSM 组比 CK 组相对丰度低的前 10 个 OTU 为 OTU_74、OTU_6、OTU_3189、OTU_71、OTU_155、OTU_4511、OTU_38、OTU_201、OTU_77 和 OTU_93；BSH 组比 CK 组相对丰度低的前 10 个 OTU 是 OTU_8、OTU_74、OTU_34、OTU_6、OTU_3189、OTU_71、OTU_17、OTU_155、OTU_16 和 OTU_42；同时 BSM 和 BSH 组中有 OTU_74、OTU_6、OTU_3189、OTU_155 和 OTU_71 等 5 个共同 OTU。结果表明 BSM 和 BSH 组比 CK 组相对丰度低的有 15 个 OTU，推测这些 OTU 可能与 CK 烟草黑胫病的发生严重程度较低相关。

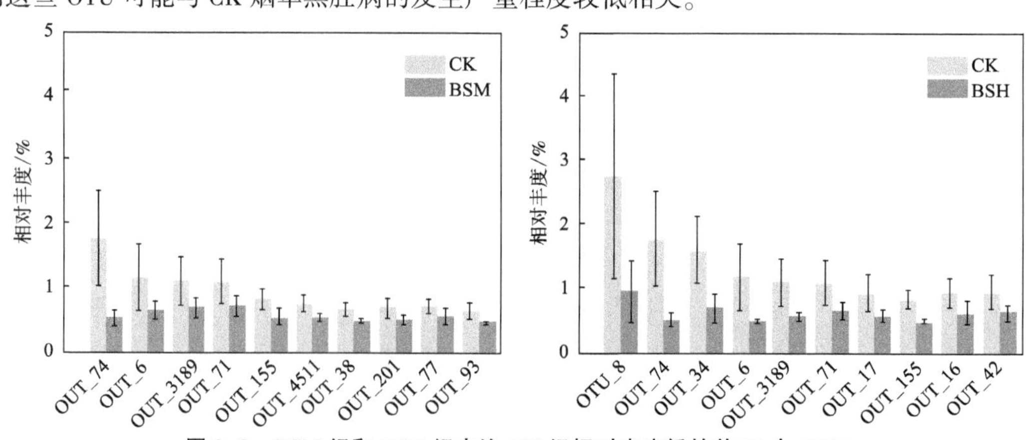

图 3-8　BSM 组和 BSH 组中比 CK 组相对丰度低的前 10 个 OTU

对BSM组和BSH组中相对丰度比CK组低的15个OTU进行系统发育树分析(图3-9),结果表明,OTU_16、OTU_93、OTU_17、OTU_42、OTU_34、OTU_8和OTU_31897等7个OTU聚集,属于放线菌门,与*Amycolatopsis*、*Lentzea*、*Arthrobacter*、*Janibacter*、*Streptomyces*等属同源性高;OTU_74、OTU_77、OTU_155和OTU_201等4个OTU聚集,属于酸杆菌门;OTU_4511、OTU_6和OTU-38等3个OTU聚集,属于变形菌门与*Sphingobium*同源;1个OTU(OTU_71)与*Spartobacteria*属同源。

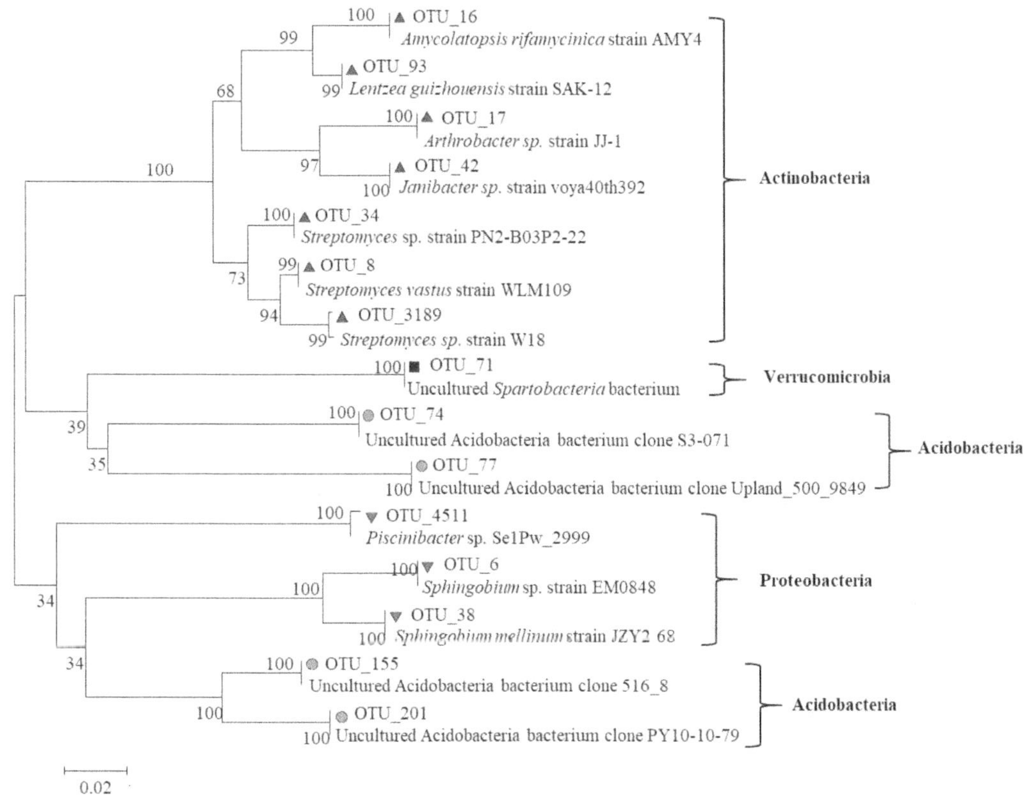

图3-9 BSM组和BSH组比CK组低的OTU系统发育树

对BSM组和BSH组相对丰度比CK组高的前10个OTU进行分析(图3-10),结果表明,BSM组相对丰度比CK组高的前10个OTU为OTU_2、OTU_4、OTU_10、OTU_27、OTU_12、OTU_18、OTU_28、OTU_15、OTU_11和OTU_5473;BSH组相对丰度比CK组高的前10个OTU为OTU_2、OTU_4、OTU_5、OTU_12、OTU_27、OTU_5473、OTU_14、OTU_534、OTU_18和OTU_61;BSM和BSH组共同的OTU有6个,分别为OTU_2、OTU_4、OTU_27、OTU_12、OTU_18和OTU_5473。BSM和BSH组中相对丰度比CK组高的有14个OTU,推测这14个OTU可能与烟草黑胫病发生有关。

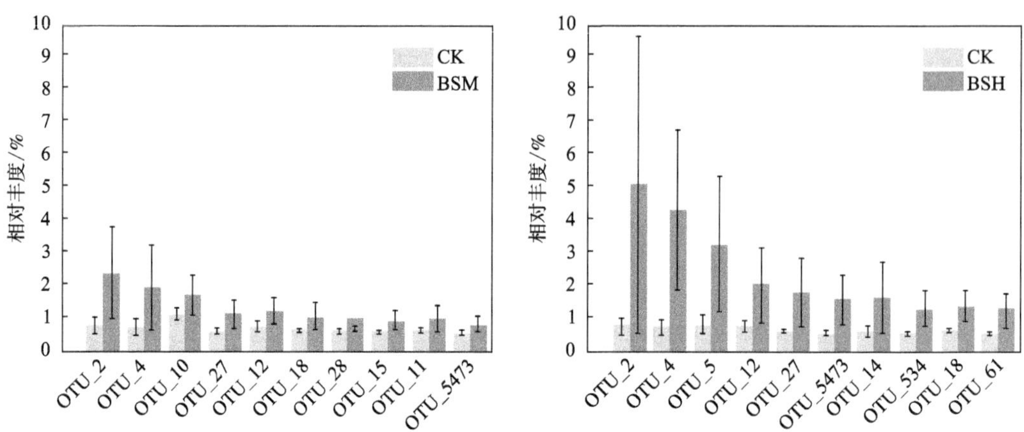

图 3-10　BSM 组和 BSH 组中比 CK 组相对丰度高的前 10 个 OTU

对 BSM 组和 BSH 组中相对丰度比 CK 组高的 OTU 进行系统发育树分析(图 3-11)，结果表明，OTU_5、OTU_12、OTU_5473、OTU_4、OTU_28 和 OTU_27 等 6 个 OTU 为变形菌门，OTU_18 和 OTU_61 为酸杆菌门，1 个 OTU(OTU_10)为放线菌门。

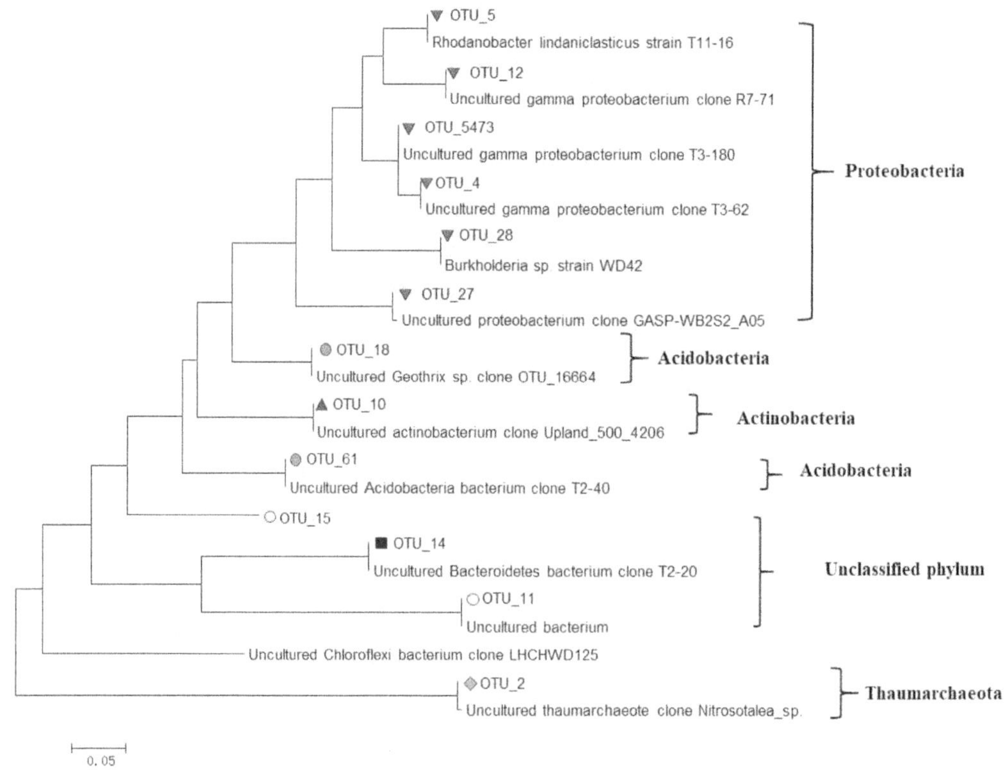

图 3-11　BSM 组和 BSH 组比 CK 组高的 OTU 系统发育树

(三)分子生态网络结构分析

通过分子生态网络结构分析，揭示 CK、BSM 和 BSH 组中细菌物种之间的相互联系。微生物网络的主要拓扑特性分析结果表明(表 3-8)，在相同的相关系数阈值为 0.900 的情况下，CK、BSM 和 BSH 组幂律值分别为 0.840、0.820 和 0.859，均大于 0.75，表明所构建的分子生态网络的度分布符合幂律模型。从总节点数(total nodes)和总连接数(total links)来看，CK 组有 572 个节点、1056 个连接，多于 BSM 组(466 个节点、640 个连接)和 BSH 组(392 个节点、512 个连接)，表明 CK 组细菌连接更加紧密。分子生态网络指数平均度、平均聚类系数、平均路径长度、连通性和连接效率等指数都是 CK 组更高，BSM 组和 BSH 较低。以上结果表明，CK 组中细菌连接更加紧密，网络更复杂；而发病组(BSM 和 BSH 组)中黑胫病的发生显著改变了根际土壤细菌群落分子生态网络，发病越严重，群落物种之间的连接越松散。

表 3-8 根际土壤细菌群落属水平上分子生态网络指数

网络指数	CK	BSM	BSH
总节点数/个	572	466	392
总连接数/个	1056	640	512
阈值	0.900	0.900	0.900
幂律值	0.840	0.820	0.859
模块	46	63	61
调性	0.742	0.829	0.859
平均度	3.692	2.747	2.612
平均聚类系数	0.237	0.182	0.229
平均路径长度	7.692	7.357	7.609
连通性	0.731	0.415	0.310
连接效率	0.993	0.990	0.986

利用 Gephi 0.9.2 软件构建了 3 个组的根际土壤细菌群落分子生态网络(pMENs)，并对网络图进行了可视化(图 3-12)，每一个节点都代表一个细菌属，节点越大代表该细菌类群的相对丰度越高。结果显示，CK 组中有更多的节点和连接，各群落之间联系更加紧密，连接更加复杂，而且更多为正向连接，而 BSM 和 BSH 组与 CK 组相反，且 BSH 组节点和连接数最少，这表明发病程度越高节点和连接数越少。分子生态网络指数和分子生态网络图的结果说明烟草黑胫病的发生减少了根际土壤细菌间的相互作用，发病程度越高破坏越大。

对 CK 组、BSM 组和 BSH 组所有集线器和连接器进行了分析(表 3-9)，发现 18 个 OTU(CK 16 个、BSM 1 个、BSH 1 个)中，有 OTU_624、OTU_42、OTU_7584、OTU_2102、OTU_48、OTU_7351、OTU_631、OTU_483、OTU_38 和 OTU_279 等 10 个 OTU 在 CK 组中的相对丰度显著高于发病组。仅 OTU_671 的相对丰度在发病组中高于 CK 组。

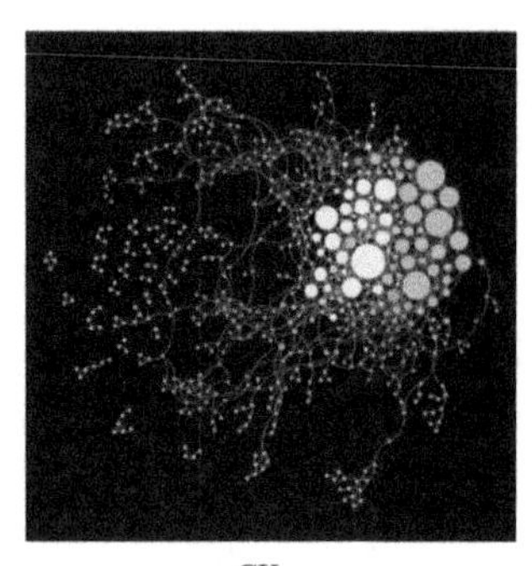
CK

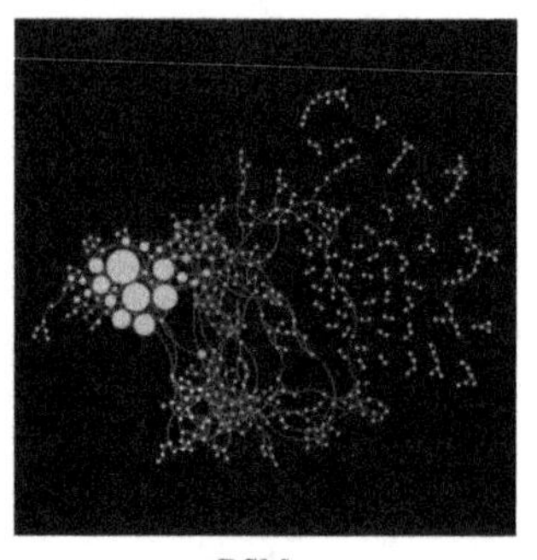
BSM

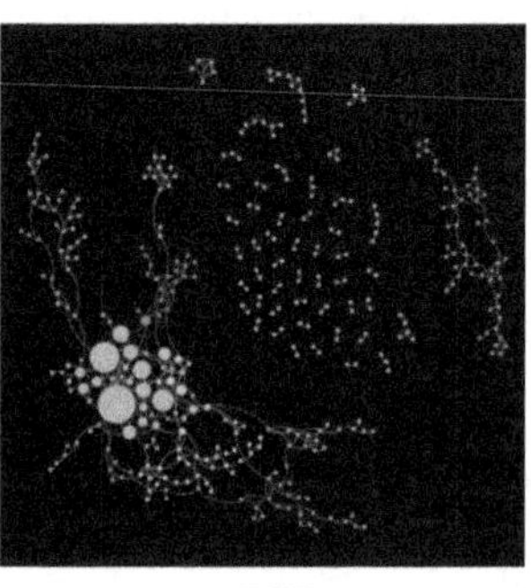
BSH

每一个节点都代表一个细菌属，节点越大代表该细菌类群的相对丰度越高。

图 3-12　根际土壤细菌群落属水平上的分子生态网络图

表 3-9　网络结构的集线器和连接器差异比较　　　　单位：%

网络		名称	CK vs BSM	CK vs BSH
CK	集线器	OTU_2052	—	—
		OTU_624	—	0. 077*
	连接器	**OTU_42**	—	0. 360*
		OTU_1985	—	—
		OTU_133	—	—
		OTU_7584	—	0. 122*
		OTU_2102	0. 052*	0. 048*
		OTU_122	—	—
		OTU_48	0. 134*	0. 218*
		OTU_6651	—	—
		OTU_7351	0. 012*	0. 011*
		OTU_1748	—	—
		OTU_9474	—	—
		OTU_631	—	0. 018*
		OTU_483	0. 019*	0. 024*
		OTU_38	0. 202*	0. 227*
BSM	连接器	**OTU_279**	—	0. 102*
BSH	连接器	**OTU_671**	-0. 057*	-0. 116*

注：CK vs BSM 表示 CK 与 BSM 组某 OTU 相对丰度的差值；CK vs BSH 表示 CK 组与 BSH 组某 OTU 相对丰度差值。显著性差异（$P<0.05$）用粗体和“ * ”表示。

进一步将 18 个 OTU 的 16S rRNA 序列与 NCBI 数据库进行比对，并构建系统发育树（图 3-13）。结果表明，OTU_133、OTU_122、OTU_1748、OTU_631、OTU_42、OTU_7584、

OTU_671、OTU_2052 和 OTU_2102 等 9 个 OTU 聚集，属于放线菌(Actinobacteria)；OTU_38、OTU_48 和 OTU_7351 等 3 个 OTU 为变形菌(Proteobacteria)；OTU_1985、OTU_6651 和 OTU_279 等 3 个 OTU 为酸杆菌门(Acidobacteria)；2 个 OTU(OTU_624，OTU_483)为疣微菌门(Verrucomicrobia)；1 个 OTU(OTU_9474)为装甲菌门(Armatimonadetes)。

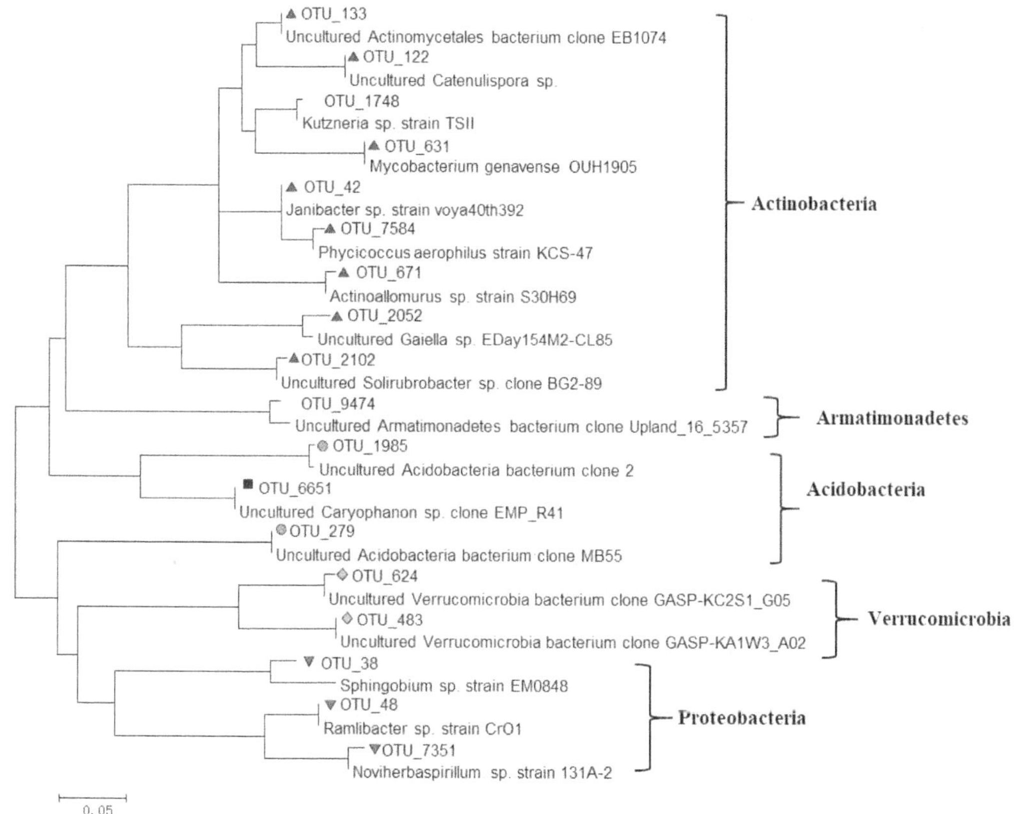

图 3-13 主要 OTU 的系统发育树

(四)功能基因预测及差异分析

1. 功能基因相对丰度

根据 CK 组、BSM 组和 BSH 组 3 个组细菌的 16S rRNA 序列进行功能基因预测，探讨基因多样性和组成与发生黑胫病的关系。功能基因预测结果显示，3 个组细菌功能基因主要为碳水化合物代谢、氨基酸代谢等功能相关基因，CK 组、BSM 组和 BSH 组之间的基因相对丰度无显著差异(图 3-14)。

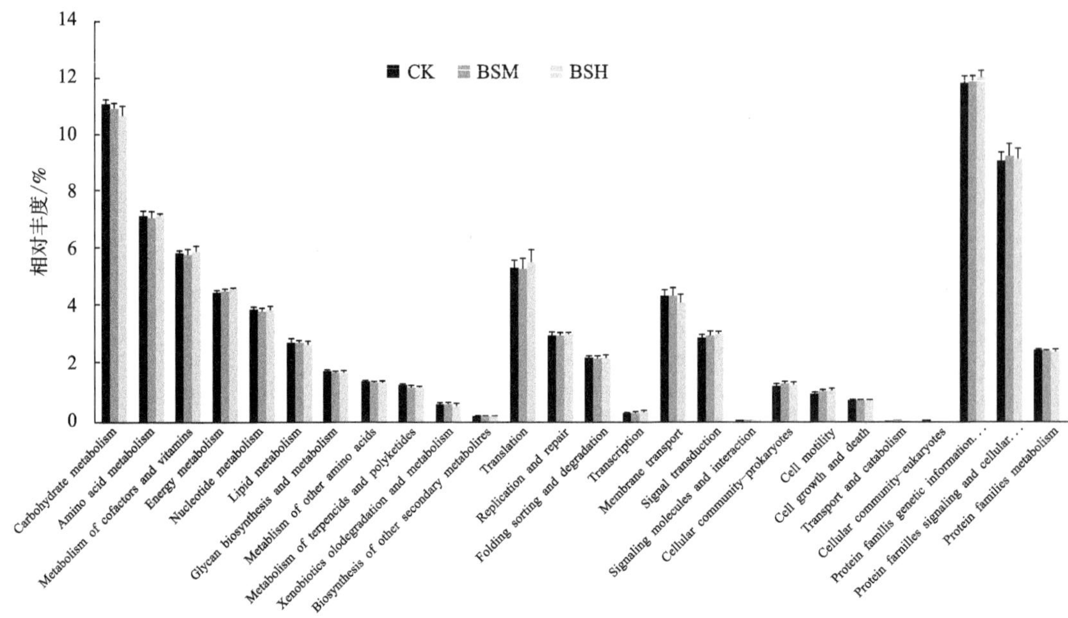

图 3-14　16S rRNA 序列功能基因预测结果

2. 功能基因组成分析

对预测的功能基因进行 DCA 分析(图 3-15)，结果显示 CK 组、BSM 组和 BSH 组拥有的功能基因结构存在显著差异，与细菌群落结构的 DCA 分析结果相似。利用韦恩图(图 3-15)进一步分析，发现 CK 组、BSM 组和 BSH 组中有 6937 个共有(核心)基因，CK 组、BSM 组和 BSH 组分别有 126 个、62 个和 47 个特有基因，CK 和 BSM 组、CK 和 BSH 组、BSM 和 BSH 组分别有 45 个、16 个和 86 个共同基因。总体来说，CK 组有更多的特有基因，BSM 组和 BSH 组的基因更加相似。

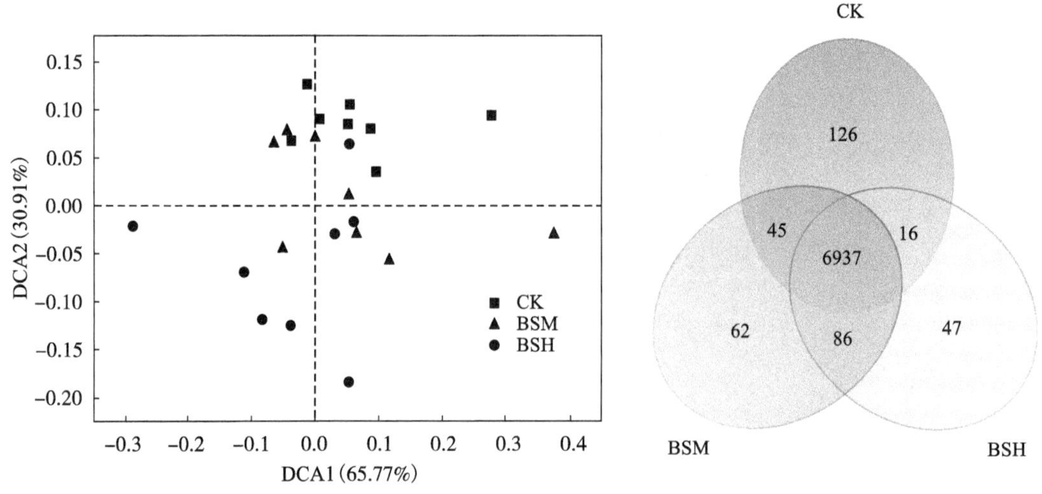

图 3-15　功能基因 DCA 和分析韦恩图分析

3. 功能基因合成途径预测

有益微生物分泌的抗生素对烟草黑胫病有抑制作用，因此，应进一步探讨与基因丰度相关的抗生素生物合成途径相关的基因(萜类化合物、聚酮类的代谢以及其他次生代谢产物的生物合成)的丰度变化(表3-10)。CK组与发病组代谢物合成途径差异比较分析结果显示，与对照组相比，12-元大环内酯、14-元大环内酯和16-元大环内酯生物合成、安莎霉素生物合成、聚酮糖单元生物合成、烯二炔类抗生素生物合成、链霉素生物合成、青霉素和头孢菌素生物合成等6条途径的相对丰度均显著降低($P<0.05$)；而发病组中四环素生物合成、碳青霉烯生物合成等13条途径被削弱，咖啡因代谢、托烷、哌啶和吡啶生物碱生物合成、异黄酮生物合成等3条途径增强。

表3-10 CK组与发病组代谢物合成途径差异比较

代谢类型	途径	CK vs BSM/%	CK vs BSH/%
萜类化合物和聚酮类化合物的代谢	Biosynthesis of 12 - membered macrolides, 14 - membered macrolides and 16-membered macrolides	0.0000745	0.000111
	Biosynthesis of type Ⅱ polyketide backbone	—	0.00784
	Biosynthesis ofansamycins	0.000825	0.00124
	Tetracycline biosynthesis	—	0.0000948
	Polyketide sugar unit biosynthesis	0.0171	0.0319
	Biosynthesis of vancomycin group antibiotics	—	0.00326
	Biosynthesis of enediyne antibiotics	0.000715	0.000947
	Type I polyketide structures	—	0.00176
	Insect hormone biosynthesis	0.00000582	—
	Biosynthesis of type Ⅱ polyketide products	—	—
	Limonene and pinene degradation	—	—
	Geraniol degradation	—	—
其他次生代谢产物的生物合成	Carbapenem biosynthesis	—	0.00122
	Biosynthesis of secondary metabolites-other antibiotics	—	0.00167
	Caffeine metabolism	—	-0.000161
	Streptomycin biosynthesis	0.000309	0.000361
	Tropane, piperidine and pyridine alkaloid biosynthesis	—	-0.00486
	Penicillin and cephalosporin biosynthesis	0.007	0.00802
	Novobiocin biosynthesis	0.0000534	0.0000616
	Isoflavonoid biosynthesis	—	-0.00406
	Indole alkaloid biosynthesis	—	0.00000588
	Phenylpropanoid biosynthesis	—	—
	Betalain biosynthesis	—	—

注：CK vs BSM 表示 CK 组与 BSM 组的基因相对丰度差值；CK vs BSH 表示 CK 组与 BSH 组的基因相对丰度差值。

三、讨论

根际作为连接宿主植物-土壤-微生物的重要桥梁，在促进植物吸收土壤养分、协调环境胁迫、调节土壤微生物群落等方面发挥了重要作用。植物根际土壤微生物作为土壤微生态的重要组成部分，其数量、种类、代谢活性等对植物健康具有重要影响。土壤微生物群落结构改变会对土传病害的发生产生明显影响，健康植物和发病植物的根际土壤微生物群落通常具有显著差异。Wang 等比较了健康和发生烟草青枯病的烟株土壤微生物结构与组成，发现芽孢杆菌属(*Bacillus*)、农杆菌属(*Agromyces*)和小单孢菌属(*Micromonospora*)等有益微生物在土壤中相对丰度较高。Wu 等发现健康烟草或枯萎病发病较轻的抑制性土壤中孢霉属等有益微生物占主导地位，感病土壤中镰刀菌属占比最高。本节通过高通量测序的方法比较分析了健康与发病烟草根际细菌组成及多样性的差异，结果表明健康和发病烟株的根际土壤细菌群落组成存在显著差异，黑胫病的发生显著改变了土壤细菌群落结构，与健康烟株(CK)相比，发病烟株土壤变形菌、酸杆菌、放线菌等微生物相对丰度显著增加，推测可能这些菌属在病害抑制方面发挥了重要作用。

植物健康与否与植物-土壤-微生物系统的相互作用密切相关，植物被病原菌侵染后，不仅根际土壤微生物多样性发生了变化，而且微生物相互作用也发生了改变。健康植株根际微生物的多样性和稳定性是抑制病原菌的重要因素。Niu 等分析了与青枯病发生呈负相关的酸杆菌 Gp4 亚的分子生态网络，发现微生物群落之间的联系与病害的发生密切相关，微生物网络越紧密、越稳定，抑制病害能力越强。本节的分子生态网络分析结果表明，黑胫病的发生破坏了细菌间的相互作用，健康组中有更多的节点和连接，各群落之间联系更加紧密，连接更加复杂，而且更多为正向连接，而 BSM 和 BSH 组与 CK 组相反，且 BSH 组节点和连接数最少。发病程度越高节点和连接数越少，说明烟草疫霉菌减少了根际土壤细菌间的相互作用，并且黑胫病发病程度与细菌间的相互作用数量呈显著负相关。健康烟株土壤(CK)细菌网络显示出比发病烟株土壤(BSM 和 BSH 组)更多的互作联系，表明健康烟株土壤微生物的相互作用更强，相互联系更复杂，复杂的土壤微生物生态网络有利于抑制土传病害发生，这与 Yang 等的观点一致。通过高通量测序和生物信息学分析技术，揭示微生物群落之间分子生态网络关系，阐明复杂多样的土壤微生物间的相互作用，探明土壤微生物与土传病害的关系，为防控土传病害提供了新的思路和方法。

假单胞杆菌、芽孢杆菌、放线菌等一些潜在的植物有益微生物是土壤微生物群落结构的关键类群，这些微生物在减少病原菌入侵和抑制病原菌繁殖方面发挥了重要作用。芽孢杆菌作为一种较为常见的生防菌，对多种病害都有较好的防治效果。乔俊卿等发现枯草芽孢杆菌(*Bacillus subtilis*)能够影响番茄青枯病感病植株土壤的微生物结构与组成，番茄根表青枯病菌(*Ralstonia solanacearum*)相对丰度显著较低。放线菌作为植物病害主要的生防菌，多种抗线虫、抗真菌、抗细菌的生防资源，能够在健康的植物组织中定殖并产生抗生素，在植物病害防治中起着重要作用。Cao 等研究了从健康香蕉植株中分离的链霉菌拥有产生抑制尖孢镰刀菌生长的能力。Goudjal 等从番茄植物中分离出链霉菌，并筛选出对立枯病的有生物活性的拮抗物质。本节通过高通量测序的方法比较了健康与发病烟草根际土壤细菌群落组成和多样性差异，发现与健康组(CK)相比，发病组中放线菌(如链霉菌和节杆菌)相对丰度显著下降且下降幅度最大，放线菌（如 *Amycolatopsis*、*Lentzea*、*Arthrobacter*、*Mycobacterium* 和 *Streptomyces*）及其合成抗菌肽（如 ansamycins、novobiocin、streptomycin、tetracycline）在抑制烟草疫霉菌中起着关键作用。这说明从健康烟草根际土壤中分离放线菌是一种比较有效和科学的方法，能够有效防控黑胫病的发生。

综上所述，土壤细菌群落物种多样性降低、网络模块性减弱、功能物种减少、抗生素生物合成减少，是发病土壤微生物的典型特征，极易引起黑胫病的发生。反之，如果提高土壤微生物群落多样性，加强分子生态网络，增加功能种及抗生素生物合成，就能有效控制黑胫病的发生。根据以上结果推测，如果能在烟草根际增加放线菌的数量就能达到降低黑胫病病情指数的目的，最终将有利于防控烟草黑胫病。

四、结论

微生物多样性的研究是挖掘有益微生物资源的前提，了解烟草根际土壤细菌组成对烟草黑胫病的生物防治具有重要的意义。本节利用 16S rRNA 基因测序技术，比较了健康和发病烟株根际土壤细菌群落的差异。结果表明，黑胫病的发生使土壤细菌群落结构发生了显著变化，主要表现在香农指数和 Pielou 均匀度下降。与健康组（CK）相比，发病组中的放线菌（如链霉菌和节杆菌）相对丰度显著下降且下降幅度最大。分子生态网络和功能基因预测结果表明，黑胫病的发生破坏了细菌间的相互作用，降低了抗生素生物合成相关基因的相对丰度。本书重点分析了健康和发病烟株根际土壤细菌组成及多样性差异，为从根际土壤筛选分离有益微生物提供了方向。

第四节　拮抗菌群对烟草黑胫病的防治效果及微生物群落结构的影响

利用植物内生菌和其他相关微生物，开发利用有益拮抗剂的生物防治方法具有较好前景。近年来，人们从植物组织和土壤样品中分离出许多微生物来控制植物病害。从小麦根和土壤样本中分离出的芽孢杆菌（*Bacillus*）能够有效地抑制引起镰刀菌头枯病的禾谷镰刀菌菌株的生长。从烟草叶片中分离出的枯草芽孢杆菌 Tpb55 能有效控制烟草黑胫病菌丝生长，故对黑胫病有明显的抑制作用。从根际土壤中分离出的黄杆菌 TRM1 能够抑制青枯病的发展。从土壤中分离的铜绿假单胞菌 NXHG29 可降低烟草青枯病和黑胫病的发病率。利用促进植物生长的根际细菌、内生细菌和土著细菌群落可有效降低病害的发生。此外，许多微生物的相互作用可能是植物抑制病害发生的必要条件。与单一靶向生防菌相比，生防菌群的适应能力更强，更容易在新环境中定殖。

本节从烟草根和根际土壤中分离出了具有抗烟草黑胫病的拮抗菌群和菌株，探明了拮抗菌群对黑胫病菌的抑制作用和对黑胫病的防治效果，研究了拮抗菌群对土壤微生物群落结构的影响，以期为拮抗菌群定殖与应用提供理论依据。

一、材料和方法

(一)功能菌群的分离筛选

从湖南湘西烟区试验基地取烟草根际土壤进行了菌群分离筛选，烟草品种为 K326。2017 年 7 月，在烟草采收期，用干净的铁锹采集了 20 株病株(DP)和 20 株健康植株(HP)，共 40 份烟草根际土壤样品(DP_S1~DP_S20；HP_S1~HP_S20)和 40 份烟草根样品(DP_R1~DP_R20；HP_R1~HP_R20)。根际土壤的采集参照 Kwak 等的方法。所有样品在 3 天内冷藏。根际土壤用无菌 ddH_2O 进行离心分离，在 25℃、150 r/min 振荡条件下，在 LB 培养基(pH 7.2)中培养 24 h，然后将这些种子发酵液保存在-20℃的环境下直到使用。根内生菌群的培养按照 Geisen 等的方法。收集到的根用无菌 ddH_2O 连续彻底地清洗，在 75%乙醇中放置 3 s，再用无菌 ddH_2O 再次清洗，然后用无菌剪刀将根切成约 0.5 cm，并在 LB 培养基中培养 24 h，然后将这些种子发酵液保存在-20℃的环境下直到使用。

以黑胫疫霉菌 HD1 为病原菌，进行了拮抗试验。将黑胫病菌 PDA 菌块(直径 5 mm)置于 PDA 平板中心，从每个冷冻培养原液中取出 2 μL，在 100 mL 半强度 LB 培养基中，25℃下以 100 r/min 振荡 3 天。从 40 份培养液中各取一份 1 mL 的等分样品，并通过 0.22 μm 过滤器过滤。参照 Stumbriene 等的方法，在距 PDA 菌块两侧 2 cm 的平板上将每种滤源滴放 200 μL。测量培养液的黑胫病菌的抑菌圈大小，评价抑制效果。

(二)大田试验设置

为探讨和比较培养的根拮抗菌群(RFM)和土壤拮抗菌群(SMF)对黑胫病发病的影响，选择 3 种具有拮抗作用的根拮抗菌群(R1、R2 和 R3)和 3 种土壤拮抗菌群(S1、S2 和 S3)进行了田间试验。从 6 种菌群冷冻种子培养液中各取 0.1 mL，在 10 L 搅拌器 LB 培养基中，25℃、500~1000 r/min 的条件下发酵 36 h，最终培养物浓度约为 2×10^{10} CFU/mL，每个菌群取 1 mL 发酵液以 1000 r/min 离心 2 min，除上清液，然后将收集到的菌群保存在-20℃下进行 DNA 提取、扩增和 16S rRNA 宏基因组测序。在湖南花垣种植基地，设计了 7 个小区(2 m ×10 m)，随机布置区块，烟草品种为 K326。在移栽后的第 30 天，将 300 mL 发酵微生物培养液(R1、R2、R3、S1、S2 和 S3 菌群各为 2×10^{10} 个/mL)和 300 mL 清水(CK)灌入每株烟苗根部。试验期间未进行病虫害防治。

(三)取样

在第 30 天、第 60 天和第 90 天，使用棋盘抽样法从每个小区采集 8 个样本。在棋盘抽样法中，每个小区被划分为 8 个取样点(1 m×2.5 m)，每个区域的中心点是取样点。在根旁(5~20 cm 深，3 cm 宽)采集土壤样品(10 g)。在提取 DNA 之前，土壤样品在-80℃下保存。根据国家标准《烟草病虫害分级与调查方法》(GB/T 23222—2008)在第 90 天各小区的黑胫病病情指数。防治效果的计算如下：抑制率 = $(DI_{CK}-DI_X)/DI_{CK}\times100\%$，其中 DI_{CK} 为对照组病情指数，DI_X 为各处理组病情指数。

(四)DNA 提取、扩增，16S rRNA 基因测序及数据处理

将从每个根系采集来的土壤混匀，并使用 PowerSoil DNA Isolation Kit(Mobio, San Diego,

USA)从每个样本中提取1 g DNA。DNA提取物在0.7%琼脂糖凝胶上电泳纯化，并使用DNA凝胶提取试剂盒(Omega，USA)。用515F(5′-GTGCCAGCMCGCCGCGTAA-3′)和806R(5′-GGACTACHVGGGTWTCTAAT-3′)引物对16S rRNA进行扩增。PCR产物经上述试剂盒纯化，用ND-1000分光光度计(NanoDrop Technologies，Wilmington，USA)定量，在MiSeq测序仪(Illumina，San Diego，CA)上使用500个循环测序。

(五)数据分析

用香农指数(H')和物种多样性指数评价群落多样性。用基于Tukey检验的单因素方差(analysis of variance，ANOVA)分析细菌组成多样性和相对丰度。采用DCA和差异性试验比较不同细菌群落结构。用Pearson相关性检验和线性回归分析抑制率和种群丰度或微生物多样性之间的关系。所有分析均采用R v3.5.2和StaMP v 2.1.3进行。

(六)功能菌株的分离与鉴定

为获得有拮抗烟草黑胫病功能的菌株，选择3株RFM(R1、R2和R3)和3株SFM(S1、S2和S3)的培养液，连续稀释并在半强度LB培养基上培养。单菌的拮抗试验按上述方法进行。功能菌株鉴定根据Sheng等方法，与NCBI数据库的16S序列进行比对。

二、结果

(一)土壤和根系拮抗菌群对黑胫病菌HD1的拮抗作用

拮抗试验结果表明，土壤和根系拮抗菌群对黑胫病菌HD1有明显抑制作用(表3-11)，分离自土壤的拮抗菌群有18个，分离自根拮抗菌群的31个，分离自土壤的拮抗菌群数量明显低于根的(图3-16)。在这18种SFM和31种RFM菌群中，选择3个SFM(HP_S10、DP_S14和HP_S12)和3个RFM(DP_R12、DP_R5和HP_R2)拮抗作用最强的菌群进行田间试验，以验证它们对黑胫病的防治效果。为了更清楚一点，HP_S10、DP_S14、HP_S12、DP_R12、DP_R5和HP_R2分别重新命名为S1、S2、S3、R1、R2和R3。

表3-11　拮抗菌群对黑胫病菌的抑制作用

土壤菌群				根系菌群			
发病烟株		健康烟株		发病烟株		健康烟株	
样品编号	抑菌圈	样品编号	抑菌圈	样品编号	抑菌圈	样品编号	抑菌圈
DP_S1	+	HP_S1	+	DP_R1	+	HP_R1	-
DP_S2	-	HP_S2	-	DP_R2	-	HP_R2	+
DP_S3	-	HP_S3	+	DP_R3	+	HP_R3	+
DP_S4	-	HP_S4	+	DP_R4	-	HP_R4	+
DP_S5	+	HP_S5	-	DP_R5	+	HP_R5	+
DP_S6	+	HP_S6	-	DP_R6	+	HP_R6	+

续表3-11

土壤菌群				根系菌群			
发病烟株		健康烟株		发病烟株		健康烟株	
样品编号	抑菌圈	样品编号	抑菌圈	样品编号	抑菌圈	样品编号	抑菌圈
DP_S7	-	HP_S7	-	DP_R7	-	HP_R7	+
DP_S8	-	HP_S8	+	DP_R8	-	HP_R8	+
DP_S9	+	HP_S9	-	DP_R9	+	HP_R9	+
DP_S10	-	HP_S10	+	DP_R10	+	HP_R10	+
DP_S11	-	HP_S11	-	DP_R11	+	HP_R11	+
DP_S12	+	HP_S12	+	DP_R12	+	HP_R12	+
DP_S13	+	HP_S13	-	DP_R13	+	HP_R13	-
DP_S14	+	HP_S14	-	DP_R14	+	HP_R14	-
DP_S15	-	HP_S15	-	DP_R15	+	HP_R15	+
DP_S16	+	HP_S16	+	DP_R16	+	HP_R16	+
DP_S17	+	HP_S17	+	DP_R17	-	HP_R17	+
DP_S18	-	HP_S18	-	DP_R18	+	HP_R18	+
DP_S19	-	HP_S19	-	DP_R19	+	HP_R19	+
DP_S20	+	HP_S20	-	DP_R20	+	HP_R20	-

注："+"表示菌群能抑制黑胫疫菌 HD1 的生长；"-"表示菌群不能抑制黑胫疫菌 HD1 的生长。

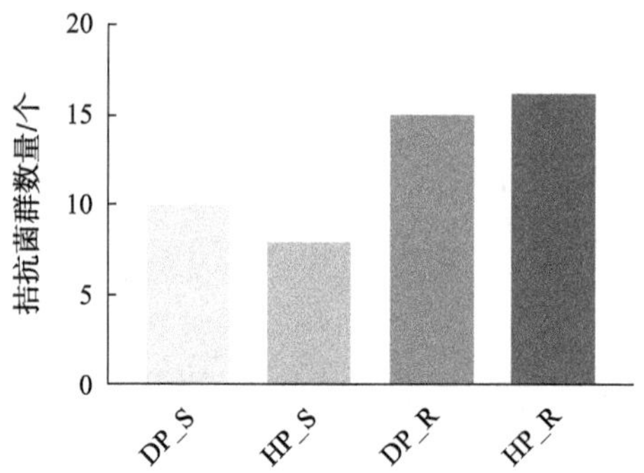

图 3-16　根拮抗菌群和土壤拮抗菌群对黑胫病菌的抑制作用比较

(二) 土壤和根系拮抗菌群对黑胫病的防治效果

在田间试验中，在第 90 天，病情指数分别为 5. 78(CK)、7. 63(S1)、5. 63(S2)、5. 77(S3)、2. 67(R1)、4. 81(R2)和 3. 85(R3)，与对照组相比，SFM 组平均病情指数无显著差异，RFM 组平均病情指数有显著差异[图 3-17(a)]；防治效果分别为-32. 1%(S1)、2. 6%(S2)、0. 1%(S3)、53. 85%(R1)、16. 67%(R2)和 33. 33%(R3)，表明最有效的 RFM 比 SFM 更能有效抑制黑胫病的发生[图 3-17(b)]。

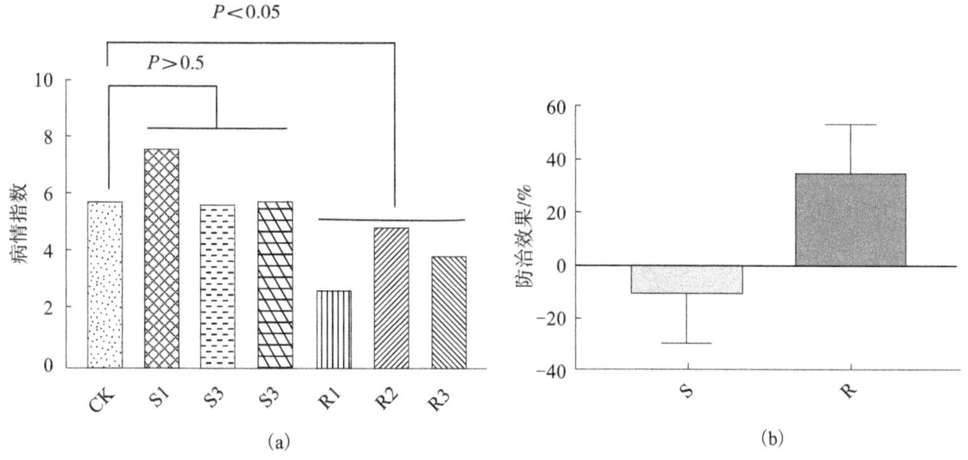

图 3-17　土壤和根系拮抗菌群对黑胫病的防治效果

(三)土壤和根系拮抗菌群比较

DCA 分析结果显示，根系拮抗菌群与土壤拮抗菌群分离(图 3-18)。不相似性分析也显示出相同的结果，菌群 A 加入后与对照组相比，不相似性指数没有显著差异(P>0.05)，而菌群 B、C 加入后，群落结构与原始群落明显不同(P<0.05)。

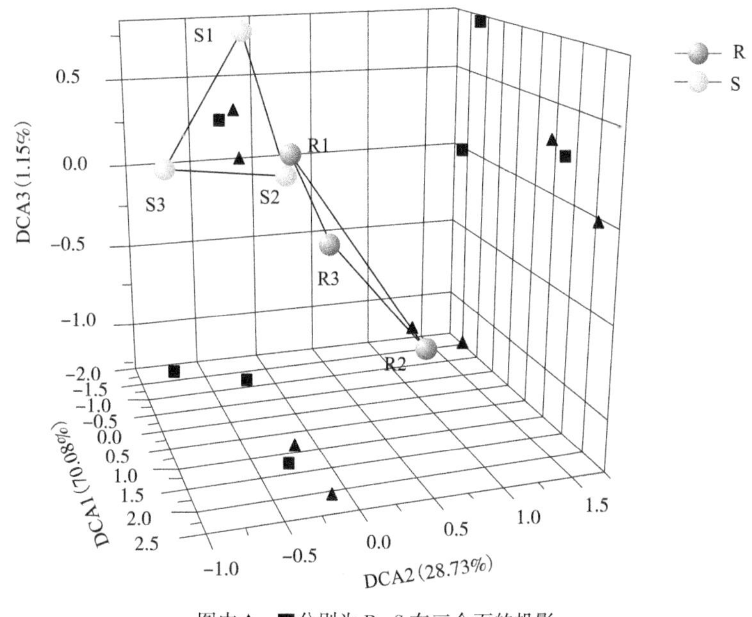

图中▲、■分别为 R、S 在三个面的投影。

图 3-18　土壤和根系拮抗菌群群落 DCA 分析

在门水平上，拮抗菌群组成不同，但均主要是由变形菌(*Proteobacteria*)、拟杆菌(*Bacteroidetes*)、厚壁菌(*Firmicutes*)和放线菌(*Actinobacteria*)组成(图 3-19)。

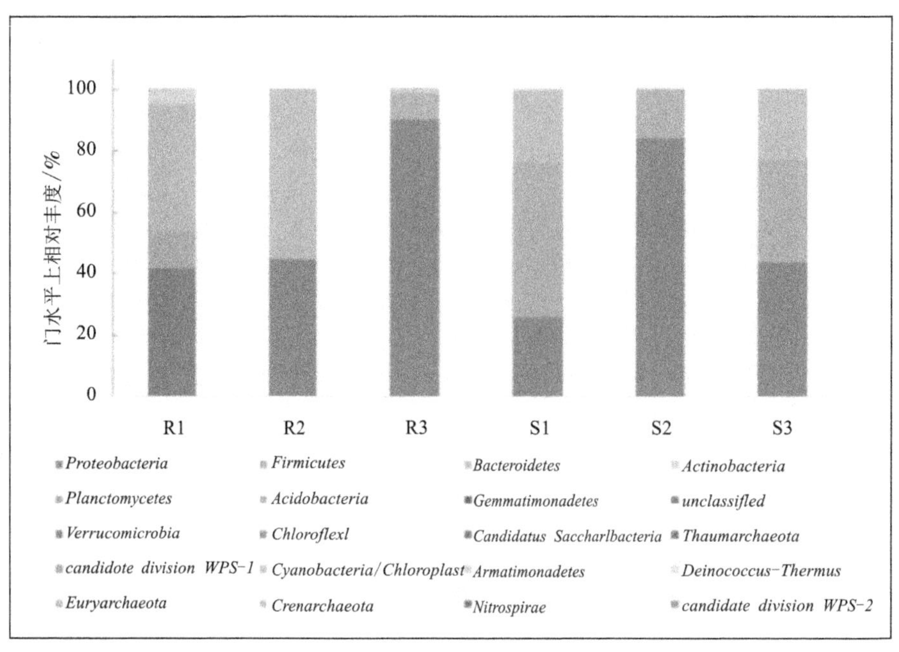

图 3-19 土壤和根系拮抗菌群在门水平上的群落组成

在属水平，6 个拮抗菌群(分别为 R1、R2、R3、S1、S2 和 S3)的优势组成存在显著差异，分别是黏液菌(*Myroides*)(21.6%)，鞘氨醇杆菌(*Sphingobacterium*)(29.2%)，不动杆菌(*Acinetobacter*)(59.1%)，未分类属(unclassified)(45.8%)，睾丸菌(*Ochrobactrum*)(59.3%)，未分类属(unclassified)(23.8%)[图 3-20(a)]。方差分析结果表明，土壤菌群中未分类属的平均相对丰度显著高于根系菌群。除未分类属外，土壤菌群中部分属的平均相对丰度也较高，如赭杆菌属(*Ochrobactrum*)、马西利亚属(*Massilia*)、芽孢杆菌属(*Bacillus*)、无色杆菌属(*Achromobacter*)等；在根系菌群中，如不动杆菌属(*Acinetobacter*)、肠杆菌属(*Enterobacter*)、寡养单胞菌属(*Stenotrophomonas*)、鞘氨醇杆菌属(*Sphingobacterium*)的丰度较高[图 3-20(b)]。

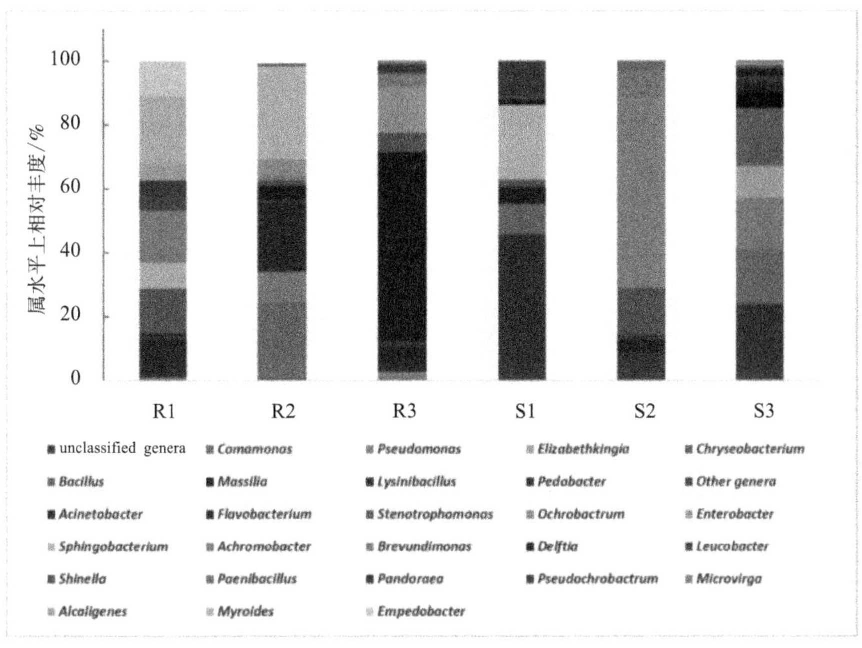

(a)

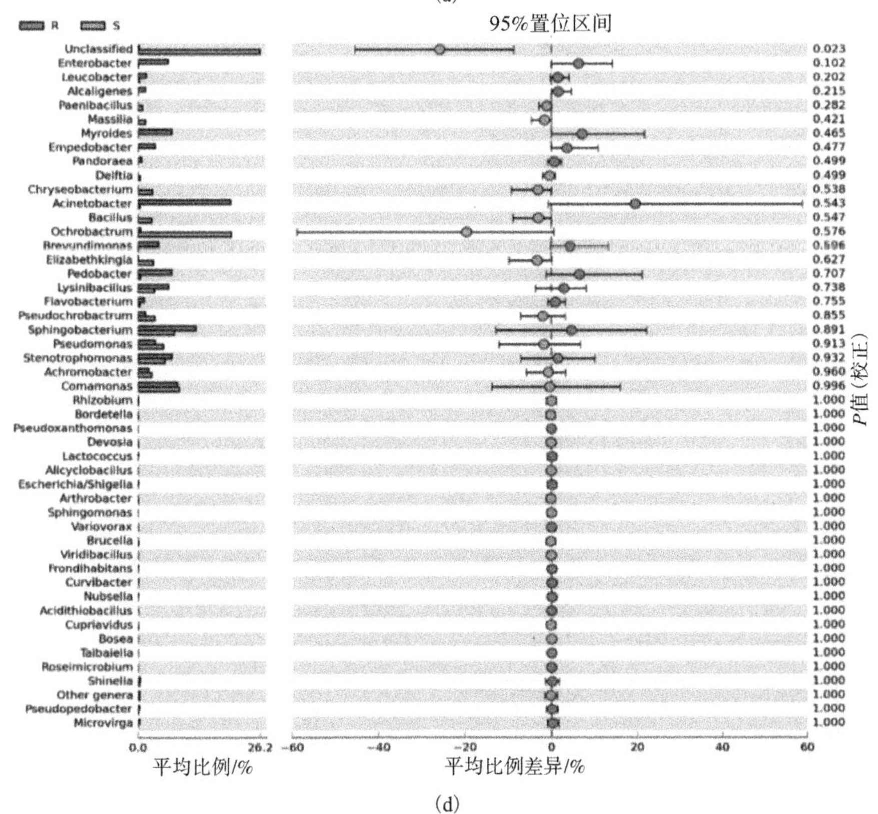

(d)

图 3-20　土壤和根系拮抗菌群在纲水平上的群落组成

(四)拮抗菌株的分离、筛选与鉴定

在半强度LB培养基中从3个RFM和3个SMF上分离得到74株菌株，通过拮抗试验，发现有18个菌株能抑制烟草黑胫病菌HD1的生长。对18株菌株的16S rDNA进行了鉴定，结果表明，12株菌株与不动杆菌的相似性最高(99%)，2株与无核柠檬酸杆菌的相似性最高(99%)，2株与嗜麦芽窄食单胞菌的相似性最高(99%)，1株与肠杆菌的相似性最高(99%)，1株与芽孢杆菌的相似性最高(99%)(表3-12)。

表3-12 拮抗菌株对黑胫病菌的抑制效果

菌株	分离样品	抑菌圈/cm		鉴定结果	相似性/%
		第1次试验	第2次试验		
菌株1	根	1.3	0.8	*Acinetobacter calcoaceticus*	99
菌株2	根	1.1	1.0	*Acinetobacter calcoaceticus*	99
菌株3	根	1.6	1.4	*Acinetobacter calcoaceticus*	99
菌株4	根	1.5	1.1	*Acinetobacter calcoaceticus*	99
菌株5	根	1.4	1.1	*Acinetobacter calcoaceticus*	99
菌株6	根	1.2	0.8	*Acinetobacter calcoaceticus*	99
菌株7	根	1.0	1.0	*Acinetobacter calcoaceticus*	99
菌株8	根	1.5	1.2	*Acinetobacter calcoaceticus*	99
菌株9	土壤	0.8	0.5	*Acinetobacter calcoaceticus*	99
菌株10	土壤	0.9	0.8	*Acinetobacter calcoaceticus*	99
菌株11	土壤	1.1	0.7	*Acinetobacter calcoaceticus*	99
菌株12	土壤	1.1	0.7	*Acinetobacter calcoaceticus*	99
菌株13	根	0.9	0.6	*Citrobacter amalonaticus*	99
菌株14	根	1.1	0.6	*Citrobacter amalonaticus*	99
菌株15	根	0.9	0.9	*Enterobacter cloacae*	99
菌株16	土壤	1.1	0.6	*Bacillus*	99
菌株17	根	0.9	0.6	*Stenotrophomonas maltophilia*	99
菌株18	土壤	0.4	0.3	*Stenotrophomonas maltophilia*	99

(五)接种拮抗菌群后土壤细菌群落变化

每个样本获得了30000多个高质量的16S rRNA序列。经97%序列同源性聚类，共鉴定出10262个OTU。DCA结果显示，各组细菌群落的结构随时间(接种后第30天、第60天和第90天)而变化(图3-21)。

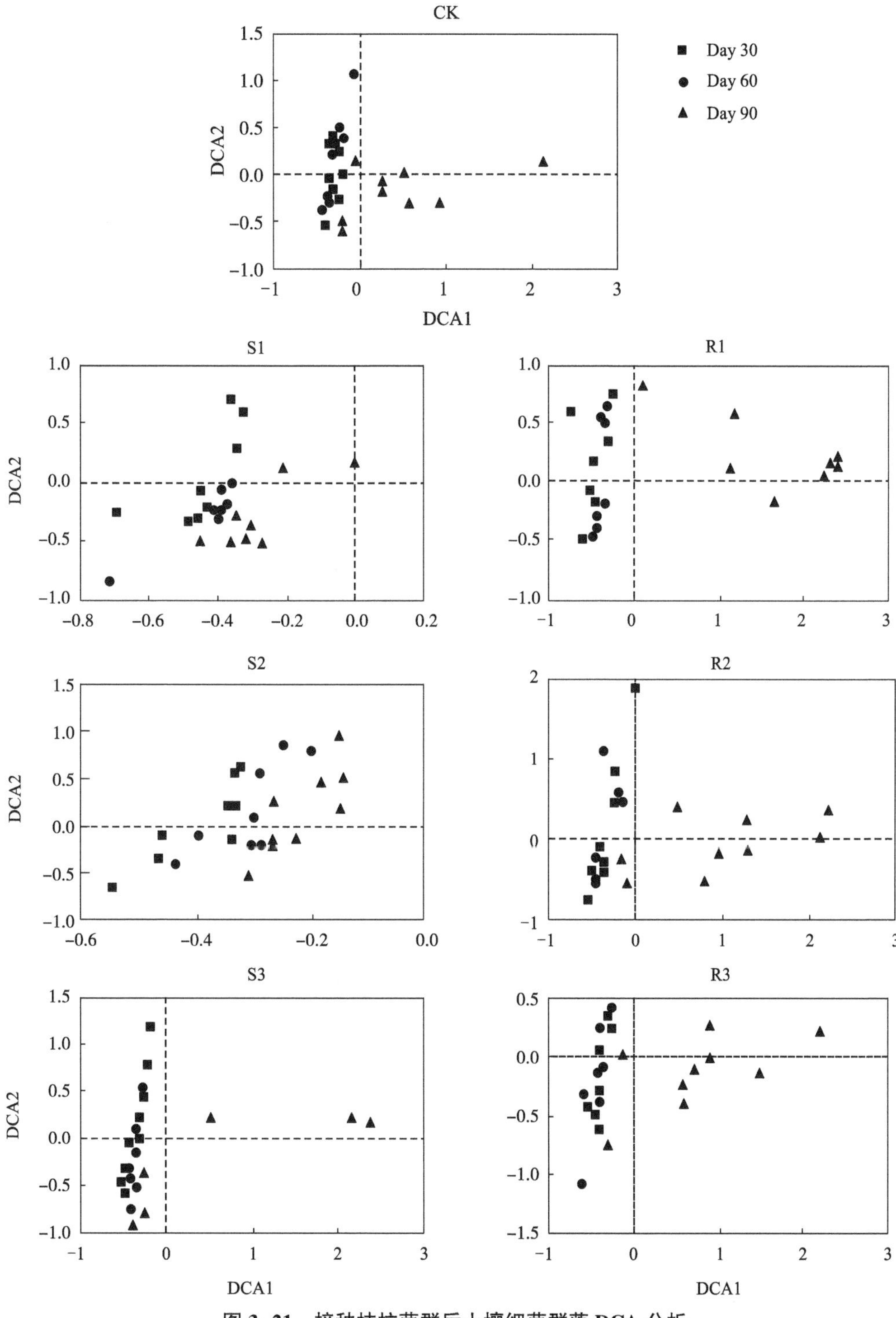

图 3-21　接种拮抗菌群后土壤细菌群落 DCA 分析

尽管在第 30 天[图 3-22(a)]和第 60 天[图 3-22(b)]，不同组中的样本没有明显地聚集在一起，但在第 90 天，采用根系拮抗菌群处理(R1、R2 和 R3)、土壤拮抗菌群处理(S1、S2 和 S3)和 CK 组的样本彼此相对分离[图 3-22(c)]。

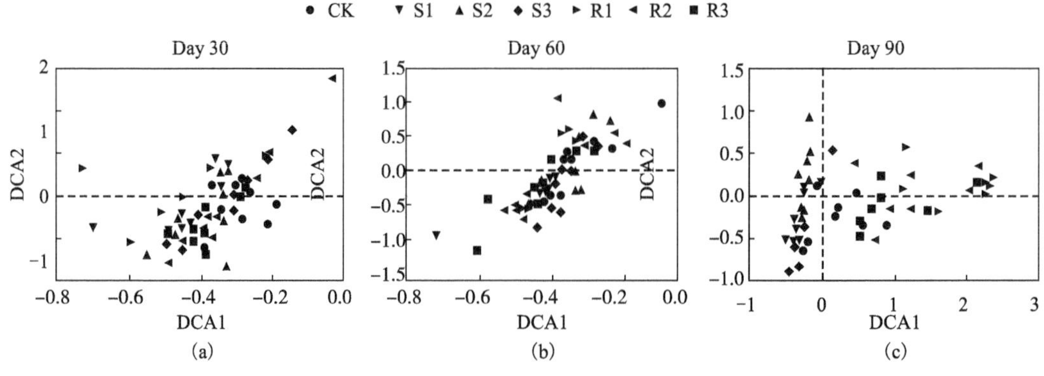

图 3-22　施用拮抗菌群不同时间土壤细菌群落 DCA 分析

多样性指数在植物生长过程中不断变化，并且在不同的类群中变化也不相同[图 3-23(a)和图 3-23(c)]。CK 组和 S 组的微生物多样性随着时间的推移而不断增加。R 组的多样性先升高后降低。在第 90 天，与对照组(6.812 和 3599)和 S 组(6.857 和 3433)相比，R 组(5.996 和 2805)的香农多样性指数和物种多样性值显著降低($P<0.05$)。CK 组与 S 组各项指标无显著性差异。为了探讨土壤细菌多样性与其抑制黑胫病的关系，进行了线性回归分析[图 3-23(b)和图 3-23(d)]。结果表明，在第 30 天，防治效果与物种多样性指数呈弱而显著的正相关($R^2=0.155$，$P=0.001$)，但在第 60 天($R^2=0.0641$，$P=0.045$)和第 90 天($R^2=0.364$，$P<0.001$)，防治效果与香农多样性指数呈弱而显著的负相关。同样，在第 60 天($R^2=$

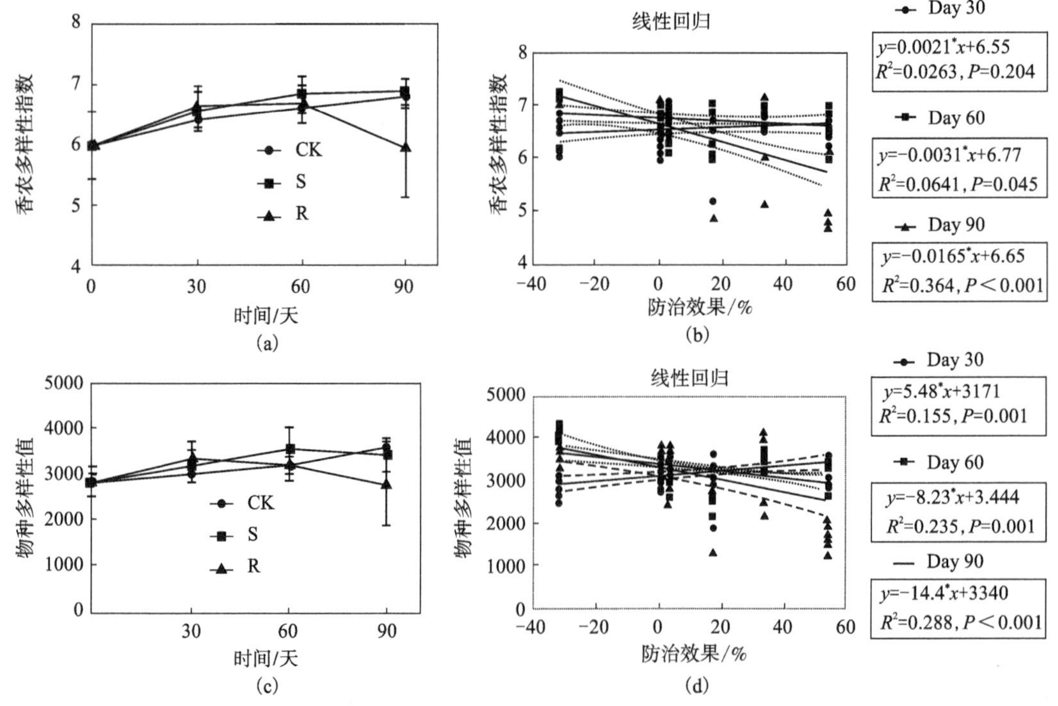

图 3-23　接种菌群后土壤细菌群落与病情指数相关性分析

0.235, $P<0.001$）和第 90 天（$R^2=0.288$, $P=0.001$），防治效果与物种多样性呈弱而显著的负相关。这些结果表明，在烟草生长过程中，某些功能根或土壤菌群可能在土壤中定殖，并在防治黑胫病中起重要作用。

（六）拮抗菌株的定殖与多样性分析

分离筛选出 18 株拮抗菌株，分属不动杆菌（*Acinetobacter*）、柠檬酸杆菌（*Citrobacter*）、嗜麦芽窄食单胞菌（*Stenotrophomonas*）、肠杆菌（*Enterobacter*）和芽孢杆菌（*Bacillus*）5 个属，比较这 5 个属的定殖和多样性。结果表明，在土壤样品 16S rRNA 测序数据中，未检测到柠檬酸杆菌，不动杆菌有 11 个 OTU，芽孢杆菌有 16 个 OTU，寡养单胞菌有 2 个 OTU，肠杆菌有 2 个 OTU。不动杆菌属［图 3-24（a）］和肠杆菌属［图 3-24（b）］的种群动态相似。不动杆菌和肠杆菌在 CK 组随着时间的推移而减少，但与 CK 组的持续减少相比，在大田期，土壤/根微菌群处理组的相对丰度先降低后升高［图 3-24（a）和图 3-24（b）］。芽孢杆菌属［图 3-24（c）］和寡养单胞菌属［图 3-24（d）］的种群动态相似。CK 组芽孢杆菌和寡养单胞菌的相对丰度先降低后升高再降低。在根际菌群处理组中，芽孢杆菌和寡养单胞菌的相对丰度持续下降；而在土壤菌群处理组中，芽孢杆菌和寡养单胞菌的相对丰度缓慢增加。

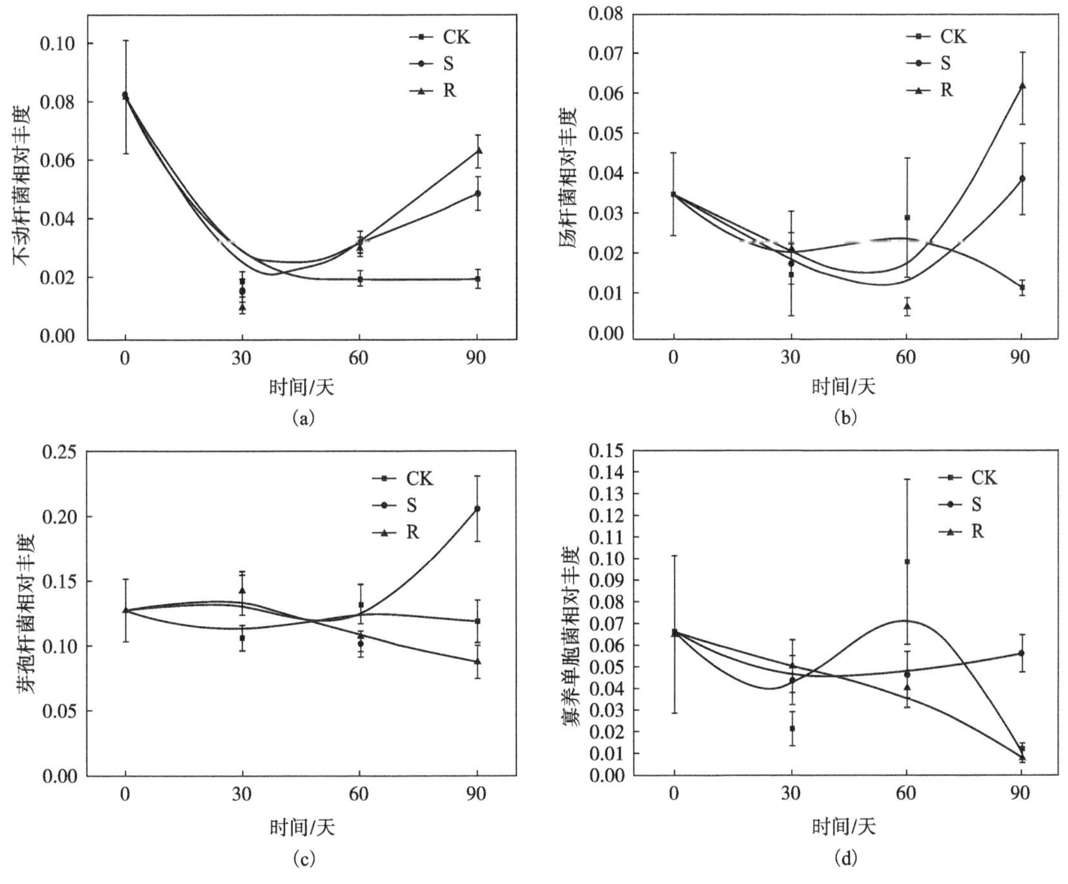

图 3-24　拮抗菌株的定殖与多样性分析

(七) 拮抗菌株/属与黑胫病菌防治关系

为了探讨黑胫病抑制与上述 4 个分离的潜在功能属之间的关系，在属和 OTU 水平上进行了 Pearson 相关性分析。Pearson 相关性分析显示，在第 30 天，不动杆菌的 3 个 OTU(OTU_1936、OTU_3797 和 OTU_3074)的相对丰度显著负相关($P<0.05$)；而不动杆菌和 3 个 OTU(OTU_1196、OTU_11902)的相对丰度显著负相关，在第 60 天，2 个 OTU(OTU_1196 和 OTU_11902)的相对丰度显著正相关。在第 90 天，13 个 OTU 和 4 个属的相对丰度与黑胫病的抑制显著相关($P<0.05$)。其中不动杆菌 5 个 OTU，肠杆菌 2 个 OTU，芽孢杆菌 1 个 OTU，计数与对黑胫病的抑制作用呈正相关；芽孢杆菌 4 个 OTU，肠杆菌 2 个 OTU，不动杆菌 1 个 OTU 呈负相关(表 3-13)。

表 3-13　拮抗菌株与黑胫病菌防治的相关性分析

属/OTU		Day 30		Day 60		Day 90	
		r	*p*	*r*	*p*	*r*	*p*
不动杆菌	OTU_481	0.014	0.913	0.105	0.412	−0.630	0.000
	OTU_1936	−0.393	0.002	0.005	0.967	0.549	0.000
	OTU_1809	−0.021	0.872	0.199	0.117	−0.101	0.469
	OTU_3797	−0.383	0.003	0.000	1.000	0.749	0.000
	OTU_1587	0.000	1.000	0.000	1.000	0.567	0.000
	OTU_3074	−0.257	0.048	−0.068	0.595	0.000	1.000
	OTU_5227	0.000	1.000	0.000	1.000	0.491	0.000
	OTU_14667	0.000	1.000	0.000	1.000	0.000	1.000
	OTU_3184	0.000	1.000	−0.086	0.501	0.000	1.000
肠杆菌	OTU_1369	−0.093	0.480	−0.156	0.223	0.254	0.064
	OTU_6599	0.047	0.721	−0.034	0.794	0.601	0.000
芽孢杆菌	OTU_374	0.108	0.411	−0.013	0.918	−0.239	0.082
	OTU_1196	0.122	0.352	0.375	0.003	−0.356	0.008
	OTU_6478	0.153	0.242	0.000	0.998	0.351	0.009
	OTU_549	−0.225	0.084	0.025	0.848	−0.447	0.001
	OTU_1419	0.017	0.900	0.098	0.445	−0.353	0.009
	OTU_596	0.090	0.495	−0.053	0.683	−0.259	0.058
	OTU_2660	0.107	0.418	0.100	0.438	−0.231	0.092
	OTU_2463	0.089	0.499	−0.055	0.671	0.073	0.602
	OTU_13019	0.098	0.455	−0.094	0.465	−0.192	0.165
	OTU_2825	0.042	0.748	−0.115	0.370	−0.256	0.061
	OTU_5995	0.102	0.440	0.037	0.776	−0.100	0.471
	OTU_8477	0.025	0.853	−0.111	0.389	−0.059	0.673
	OTU_2909	0.237	0.069	0.023	0.857	−0.047	0.734
	OTU_11902	0.204	0.119	0.249	0.049	−0.361	0.007
	OTU_2977	−0.075	0.569	−0.038	0.770	0.000	1.000
	OTU_7076	0.000	1.000	0.000	1.000	−0.055	0.696

续表3-13

属/OTU		Day 30		Day 60		Day 90	
		r	p	r	p	r	p
寡养单胞菌	OTU_341	−0.005	0.971	−0.055	0.670	−0.315	0.020
	OTU_322	0.139	0.288	−0.092	0.471	−0.325	0.017
不动杆菌		−0.423	0.001	0.119	0.353	0.382	0.004
肠杆菌		0.009	0.944	−0.107	0.406	0.487	0.000
芽孢杆菌		0.081	0.538	0.098	0.446	−0.281	0.040
寡养单胞菌		0.027	0.836	−0.090	0.484	−0.339	0.012

三、讨论

尽管植物组织和土壤中的细菌群落结构和组成不同，但可以观察到或分离出类似的功能物种，然而，之前的研究主要集中在土壤细菌群落组成与作物病害发病率之间的关系。目前尚不确定哪种方法对植物病害的防治、植物组织分离的菌群和土壤中分离的菌群更有效。本节发现，与土壤菌群相比，根系菌群在植物生长过程中对土壤细菌群落的结构、多样性和组成有较大的影响，根系菌群对黑胫病的防治效果较好。

RFM 和 SFM 的群落结构和组成有所不同，但有些功能菌是共同的，包括不动杆菌和寡养单胞菌，还有一些独特的功能菌，包括柠檬酸杆菌和芽孢杆菌。根据先前的研究，根际微生物群落改变可以引起植物抗病性的变化，内生菌也可以诱导植物防御机制，且植物内生菌和周围土壤微生物在抗病性中都起着重要作用，然而，对于哪种方法能更有效地应用于实践，目前还没有定论。结果显示，在培养的根样品(40 个根样中有 31 个，74 个菌株中有 12 个)中发现了比培养的根土壤样品(40 个根土壤样品中有 18 个，74 个菌株中有 6 个)更多的功能菌群和菌株。三种选择的 RFM 比三种选择的 SFM(抑制分数为-32.1%~2.6%)对黑胫病有更大的抑制作用(抑制分数为 16.7%~53.9%)。这表明根内生菌的应用可能比根际土壤微生物更有效。

定殖决定了有益土壤或内生微生物是否能在植物生长过程中防治黑胫病，这可能是因为有必要尽量减少生态位空缺，有效地填补空缺生态位。在我们的结果中，接种 RFM 和 SFM 培养物都改变了土壤细菌群落的结构、组成和多样性，表明已经发生了定殖。我们进一步观察到，与 CK 组相比，在接种 SFM 和 RFM 后的第 30 天，功能属芽孢杆菌和寡养单胞菌的相对丰度增加，而在接种 SFM 和 RFM 后的第 90 天，功能属不动杆菌和肠杆菌的相对丰度显著增加。但 RFM 的影响在 241 个属的数量上比 SFM 的 192 个属的数量大，两者均显著不同于 CK 组，且多样性指数明显下降。推测 RFM 的微生物可能比 SFM 更多，它们在土壤中定殖并取代一些土著微生物。

此外，相对于土壤微生物，根内生菌可能更接近植物。土壤微生物可能与植物和土壤一起调节和影响植物生长。根际土壤微生物受植物根系分泌物和土壤性质(如 pH、温度、湿度和空气)的影响。相反，在已经存在于土壤中的土壤微生物中添加有益的土壤微生物可以改善土壤微生物群落的结构、组成和多样性，以优化土壤环境、最大限度地吸收植物养分、加快植物生长、增强对非生物胁迫的抵抗力和抑制病害，然而，土壤微生物具有高度的变异性，易受外界自然环境和人为因素的影响，导致其功能不稳定。根内生菌虽然也受自然环境和人为因素的影响，但主要受植物内部环境和生长需要的控制。最近的研究很多都集中在植物内生菌及其潜在的应用上，如提高产量、植物修复有机污染物或重金属、抗病性和耐胁迫性。因此，根内生菌应用于农业可能比土壤微生物更有效。

近年来，许多生防菌被分离出来用于植物病害的防治。在我们的研究中，与不动杆菌属、肠杆菌属、芽孢杆菌属、寡养单胞菌属和柠檬酸杆菌属相关的 18 个功能菌株对烟草赤霉病病原菌的生长具有抑制作用。在以往的许多研究中，有报道称这 5 个属的一些菌株能够抑制植物病原菌。Liu 等发现一株鲍曼不动杆菌 LCH001 对辣椒疫霉菌、禾谷镰刀菌和立枯丝核菌等几种植物病原菌表现出较强的生长抑制作用；Xue 等发现了两种细菌，Xa6（不动杆菌属）和 Xy3（肠杆菌属），它们能抑制青枯病，提高番茄产量。Chernin 等获得了三株能对抗多种真菌植物病原体的集聚肠杆菌，发现它们能够产生和分泌具有几丁质醇降解活性的蛋白质。Han 等报道枯草芽孢杆菌 Tpb55 对控制黑胫病的效果与抑制菌丝生长和成功定殖植物根的能力相关。在本节中，虽然在植物生长期间土壤中没有检测到柠檬酸杆菌，但检测到了其他四个功能属。Person 相关性分析表明，一些芽孢杆菌可能在早期控制黑胫病的发生，而不动杆菌和肠杆菌可能在后期发挥作用，部分不动杆菌、肠杆菌和芽孢杆菌可能是防治黑胫病的潜在生防菌。

四、结论

本节从根和根际土壤分离获得对烟草黑胫病有拮抗作用的菌群和菌株，根系菌群或菌株比来自土壤的有更好的防治黑胫病的效果；拮抗菌群显著改变了土壤细菌群落的结构和组成，降低了微生物多样性指数，拮抗菌群通过增强微生物多样性在植物生长过程中定殖和发挥作用。

第五节　烟草疫霉菌拮抗细菌 M10-4 的筛选及其生防效果

近年来，为减少化学杀菌剂的使用，环境安全友好、无毒无残留的生物防治手段越来越受到研究者们的关注。张蒙蒙等发现从病株根际中分离出的贝莱斯芽孢杆菌 YCYM-09 菌株对烟草黑胫病的室内防效为 61.5%；李苗苗等研究发现三种芽孢杆菌 GY1、GY10、GY12 混合施用对烟草疫霉菌的平板抑菌率为 86.9%，盆栽防效为 74.53%，比单独施用效果要好。章舸从根际土壤中筛选得到的放线菌 H-3 对烟草疫霉菌的抑菌率达 81.90%。生防菌除了可以防治病害，还有益于植物的生长发育，可以作为微生物肥料使用。吴风光等发现用芽孢杆菌 A03 制成的菌肥对烟草角斑病、赤星病有较好的拮抗作用，能提高土壤中的矿质元素，从而使烤烟增产。王典等发现哈茨木霉 CGMCC23294 在田间对烟草黑胫病的防治效果最高达 83.6%，同时促进烟株根系发育和茎叶生长，提高了上等烟比例。目前对防治烟草黑胫病的生防菌筛选主要集中在芽孢杆菌、放线菌等，但由于烟叶种植制度和土壤生态环境的差异，需要不断挖掘和发现新的土著生防菌。目前，对伯克霍尔德氏菌作为烟草黑胫病生防菌的研究鲜有报道，研究其防效及促进生长作用，对丰富烟草病害生防菌株种类和开发可用于实际生产的、安全高效的生物菌剂具有重要意义。

本节从烟草根际土壤中分离筛选出一株对烟草黑胫病有拮抗作用的生防细菌，开展了形态学、生理生化特征和分子生物学鉴定，以测定抑菌谱以及促生特性，以期为生防资源的开发及烟草黑胫病的生物防治提供理论支撑。

一、材料与方法

（一）供试材料

1. 供试菌株

烟草疫霉菌及抑菌谱测定用的辣椒疫霉菌（*Phytophthora capsici*）、小麦赤霉病菌（*Fusarium graminearum*）、烟草赤星病菌（*Alternaria alternata*）、烟草靶斑病菌（*Rhizoctonia solani*）均保存于湖南农业大学植物保护学院农业微生物基因组学研究室。

2. 培养基

LB 液体培养基（1 L）：胰蛋白胨 10 g，酵母提取物 5 g，氯化钠 10 g（LB 固体培养基只需要在 LB 液体培养基的基础上加入 15 g 琼脂粉）。

马铃薯琼脂固体培养基 PDA（1 L）：去皮新鲜马铃薯 200 g，葡萄糖 20 g，琼脂粉 15 g。

燕麦培养基（1 L）：燕麦片 30 g，琼脂粉 15 g。

Salkowski 比色液：15 mL 浓硫酸中加入 25 mL 超纯水，加入 0.75 mL 的 0.5 mol/L 的 $FeCl_3 \cdot 6H_2O$。

（二）烟草黑胫病生防菌的分离筛选

采用稀释涂布法分离菌株。将取得的烟草根际土壤除杂过筛，称取 10 g 放入 250 mL 锥形瓶中，无菌水定容至 90 mL，于 30℃下在 180 r/min 的摇床中充分振荡混匀 20～30 min。将土壤悬浮液稀释成 10^{-6}～10^{-2} 五个稀释倍数的菌悬液。在超净台中用移液枪吸取各梯度的土壤溶液 0.1 mL 至 LB 平板上涂布，各稀释倍数的菌悬液设置 3 个重复，28℃恒温培养。2 d 后观察菌落生长情况，挑取菌落特征不同的单菌落多次平板划线纯化，甘油保存备用。

采用平板对峙法筛选生防菌株。将培养 5 d 的烟草疫霉菌 PDA 平板用打孔器（直径 5 mm）打取菌饼，作为靶标菌放置在新的 PDA 平板中央，用无菌枪头将分离的菌株发酵液对称点接在距烟草疫霉菌菌饼 2 cm 处，以未接菌株的为空白对照，每个重复 3 次。于 28℃恒温培养箱中倒置暗培养 5～7 d，待对照黑胫病菌丝长满平板再测量处理菌落直径，并计算抑菌率。按以下公式计算抑菌率：

$$抑菌率=\frac{(对照组菌落生长直径-处理组菌落生长直径)}{(对照组菌落生长直径-菌饼直径)}\times 100\%$$

（三）菌株 M10-4 的鉴定

1. 形态学鉴定

将菌株 M10-4 划线于 LB 固体平板，30℃恒温培养箱中培养 1～2 d，观察菌落大小、形态、颜色、光滑程度等特征。挑取单菌落进行革兰氏染色，在光学显微镜下观察颜色。用电镜观察芽孢、荚膜、鞭毛等菌体特征。

2. 生理生化鉴定

参照《常见细菌系统鉴定手册》和《伯杰细菌鉴定手册》进行生理生化特性测定。

3. 分子鉴定

挑取菌株 M10-4 单菌落置于 10 μL 无菌水中，重悬混匀，利用细菌扩增通用引物 27F (5′-AGAGTTTGATCCTGGCTCA-3′) 和 1492R(5′-GGTTACCTTGTTACGACTT-3′) 进行扩增，PCR 扩增体系(20 μL)为 Mix 10 μL、ddH_2O 8.2 μL、引物 1492R 0.4 μL、引物 27F 0.4 μL、模板 DNA 1 μL；反应条件为 94℃ 预变性 5 min，94℃ 变性 30 s，55℃ 退火 45 s，72℃ 延伸 90 s，35 个循环，72℃ 延伸 5 min，保存于 4℃ 环境中。PCR 产物送至生工生物工程(上海)股份有限公司进行基因序列测定，将所测得的序列在 NCBI 上进行 Blast 比对。以大肠杆菌为外群，利用 Magax 软件，采用 neighbor-joining 法构建拮抗菌株的系统发育树。

(四) 菌株 M10-4 抑菌谱测定

采用平板对峙法分别对峙培养辣椒疫霉病菌、小麦赤霉病菌、烟草赤星病菌、烟草靶斑病菌与 M10-4，操作及抑菌率计算方法同前。

(五) 菌株 M10-4 发酵滤液对烟草疫霉菌的抑制效果

将生防菌接入 LB 液体培养基中发酵 48 h 后分装到 50 mL 离心管中，以 7000 r/min 离心 15 min，用 0.22 μm 的过滤器过滤后加入 55℃ 左右的燕麦培养基中，摇匀后倒板。配成滤液浓度为 10%、30% 的平板，以不加滤液的平板为空白对照，每组 3 个重复。在平板中央接入 5 mm 烟草疫霉菌菌饼，于 28℃ 恒温培养 5~7 d，待空白对照长满后，采用十字交叉法测量处理组菌落直径，挑取菌丝在光学显微镜下观察形态。

(六) 菌株 M10-4 的促生作用

1. 产 IAA 能力测定

在 100 mL 的 LB 液体培养基中加入 10 mg L-色氨酸，待完全溶解后接种菌株 M10-4，然后将其放入 30℃、180 r/min 的摇床中培养 48 h。

定性观察：将培养 48 h 后的菌液分装至 2 mL 离心管中，离心取上清液，加入等量 Salkowski 比色液，避光静置 30 min，观察颜色变化。

定量测定：在 LB 液体培养基中加入吲哚乙酸，配制成含吲哚乙酸 0 mg/L、10 mg/L、20 mg/L、30 mg/L 的标准溶液，各取 1 ml 至 2 mL 离心管，加入等量 Salkowski 比色液，严格避光静置 30 min，分别测定 OD_{530} 值，制作标准曲线。测定加入 Salkowski 比色液的无菌发酵液 OD_{530} 值，代入标准曲线计算菌株 M10-4 所产的 IAA 量。

2. 溶钾溶磷能力测定

将钾长石培养基、无机磷培养基倒平板，9 mm 打孔器在中央打孔后，用移液枪在孔内加入 50 μL(OD_{600}=2.0) 菌液，于 30℃ 恒温培养箱中培养 6~7 d 后观察有无溶钾、溶磷圈产生。

3. 产胞外蛋白酶、纤维素酶测定

将脱脂奶粉培养基、CMC-Na 培养基、CAS 培养基分别倒于平板上，9 mm 打孔器在中央打孔后，用移液枪在孔内加入 50 μL(OD_{600}=2.0) 菌液，于 30℃ 恒温培养箱中培养 3 d 后观察有无透明圈产生。纤维素酶试验：用刚果红染色 10 min 后，再用 1 mol/L NaCl 洗脱，观察有无透明圈产生。

4. 盆栽促生试验

待烟草（品种为云烟 87）长出 3～4 片真叶时，挑选大小相近的烟苗移栽至盆中，用 M10-4 发酵液（浓度 1×10^8 CFU/mL）灌根，以 LB 液体培养基作为对照，每个处理重复 3 次，每次重复 5 株烟。每隔 7 d 灌根一次，共灌根 3 次，30 d 后测量根、茎、叶的各项指标。

（七）数据处理

使用 Excel 2019 进行数据处理、结果计算及标准曲线的绘制，利用 SPSS Statistics 25 对各组数据进行差异显著性分析。

二、结果与分析

（一）菌株对烟草疫霉菌的拮抗效果

从烟草根际土壤中共分离得到 66 株细菌，对烟草疫霉菌有拮抗作用的有 M10-4、MX-4、YFZ-8、DL-3、MCL-11、LJH-11 等 6 株菌株（表 3-14），其中 M10-4 的拮抗效果最好，抑菌率为 56.69%。图 3-25 为菌株 M10-4 对烟草疫霉菌的拮抗作用。

表 3-14　烟草疫霉菌的不同拮抗细菌的抑制作用

菌株编号	抑菌圈直径/mm	抑菌率/%
M10-4	38.51±0.99[e]	56.69±0.01[a]
MX-4	40.30±0.39[de]	54.30±0.01[ab]
YFZ-8	41.42±0.79[d]	52.82±0.01[b]
DL-3	43.84±1.20[c]	49.59±0.02[c]
MCL-11	47.47±0.73[b]	44.76±0.01[d]
LJH-11	50.60±1.60[a]	40.58±0.02[e]

注：不同小写字母表示处理间的差异显著（$P<0.05$）。

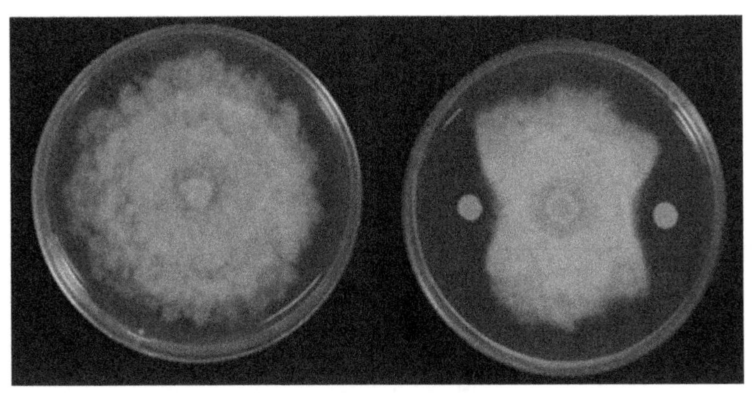

图 3-25　菌株 M10-4 对烟草疫霉菌的拮抗作用

(二)菌株 M10-4 的鉴定

1. 形态学特征

菌株 M10-4 在 LB 平板上于 30℃下培养 48 h 后菌落呈不透明乳白色，圆形，黏稠状，表面光滑湿润，边缘平滑[图 3-26(a)]。革兰氏染色为红色[图 3-26(b)]，菌体大小为 0.3 μm×0.6 μm~0.5 μm×1.2 μm，短杆状，无荚膜，无芽孢，无鞭毛[图 3-26(c)]。

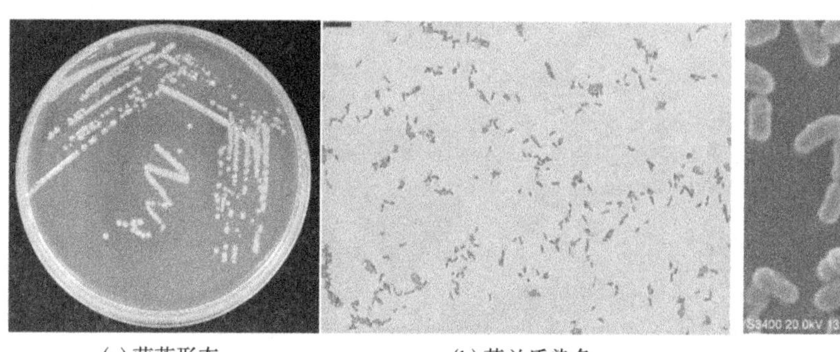

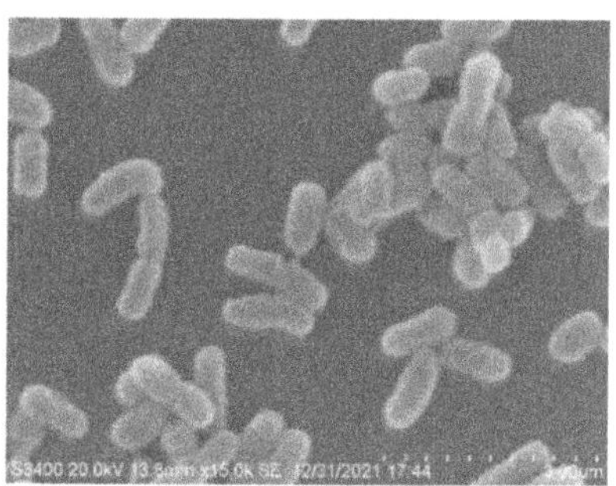

(a)菌落形态　(b)革兰氏染色　(c)电镜下菌体形态

图 3-26　菌株 M10-4 的形态学特征

2. 生理生化特性

菌株 M10-4 不能水解淀粉，V-P 反应、甲基红反应、吲哚反应、明胶液化、纤维素水解、脲酶反应均为阴性；硝酸盐还原为阳性，具有运动性，可利用柠檬酸盐(表 3-15)。

表 3-15　菌株 M10-4 的生理生化特性

生化指标	结果	生化指标	结果
淀粉水解	-	纤维素水解	-
V-P 反应	-	运动性	+
甲基红反应	-	柠檬酸盐利用	+
吲哚反应	-	脲酶反应	-
明胶液化	-	硝酸盐还原	+

注："+"，阳性；"-"，阴性。

3. 16S rRNA 基因序列分析

对菌株 M10-4 16S rRNA 序列进行 PCR 扩增，得到长度 1500 bp 左右的 PCR 产物条带。将序列在 NCBI 数据库进行 Blast 检索比对，结果显示其与吡咯伯克霍尔德氏菌(*Burkholderia pyrrocinia*)同源性最高，达到 98%。利用 MEGAX 软件构建系统发育树，发现菌株 M10-4 与吡咯伯克霍尔德氏菌(登录号为 CP094459.1)处于同一分支簇(图 3-27)。结合形态学和生理生化特性鉴定结果，将菌株 M10-4 鉴定为吡咯伯克霍尔德氏菌。

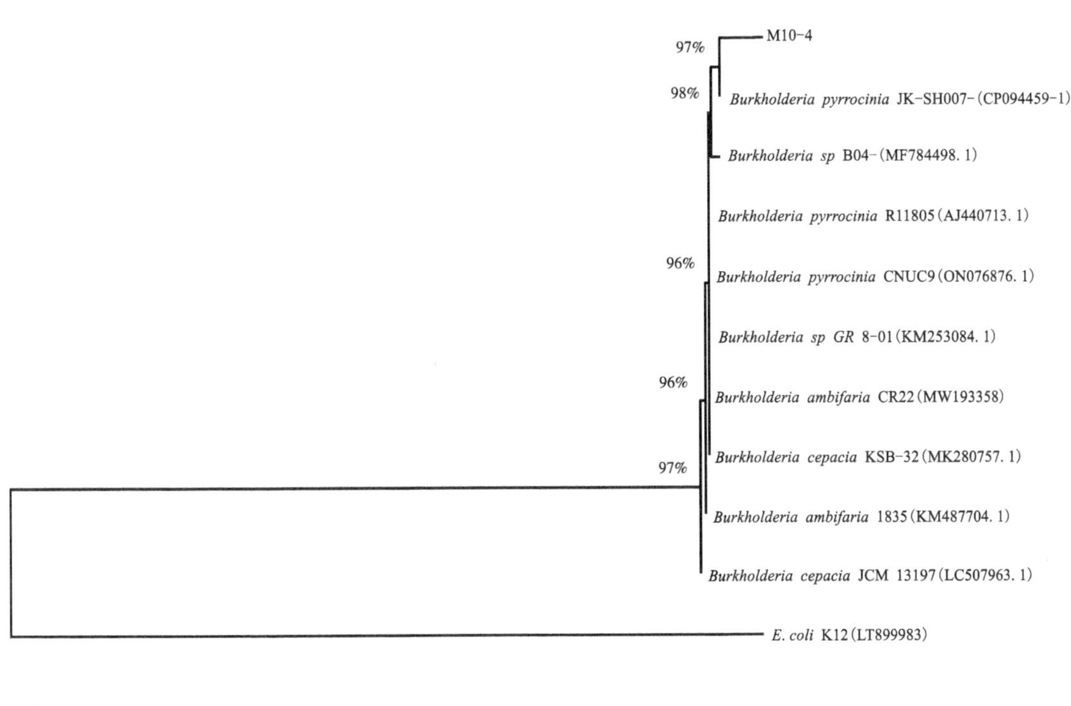

图 3-27　基于菌株 M10-4 的 16S rRNA 基因序列构建的系统发育树

(三)菌株 M10-4 的抑菌谱

菌株 M10-4 对辣椒疫霉病菌、小麦赤霉病菌、烟草赤星病菌、烟草靶斑病菌均有拮抗作用(图 3-28),抑菌率分别为 47. 25%、40. 23%、38. 81%、38. 77%(表 3-16)。

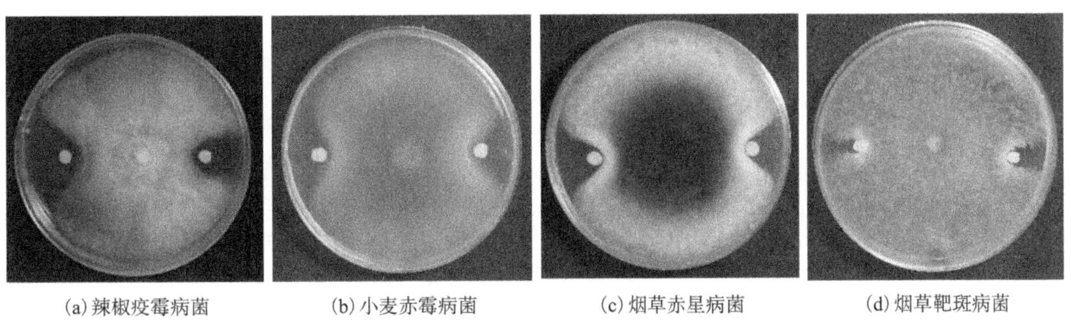

(a)辣椒疫霉病菌　(b)小麦赤霉病菌　(c)烟草赤星病菌　(d)烟草靶斑病菌

图 3-28　M10-4 对 4 种植物病原菌的抑制效果

表 3-16 菌株 M10-4 对其他病原菌的抑制作用

病原菌	抑菌圈直径/mm	抑菌率/%
辣椒疫霉病菌	44. 22±0. 57[c]	47. 25±0. 01[a]
小麦赤霉病菌	52. 03±0. 90[a]	40. 23±0. 02[ab]
烟草赤星病菌	50. 31±0. 73[b]	38. 81±0. 01[b]
烟草靶斑病菌	50. 57±0. 74[b]	38. 77±0. 02[c]

注：不同小写字母表示处理间的差异显著($P<0.05$)。

(四)菌株 M10-4 发酵滤液对烟草疫霉菌的抑制效果

菌株 M10-4 的发酵滤液对烟草疫霉菌有明显抑制作用，浓度越高，抑制效果越好，浓度为 30%时烟草疫霉菌生长明显受抑制(图 3-29)。浓度为 10%的菌株 M10-4 发酵滤液可抑制烟草疫霉菌菌丝生长，菌丝肿大、畸形、粗细不一，原生质分布不均(图 3-30)。

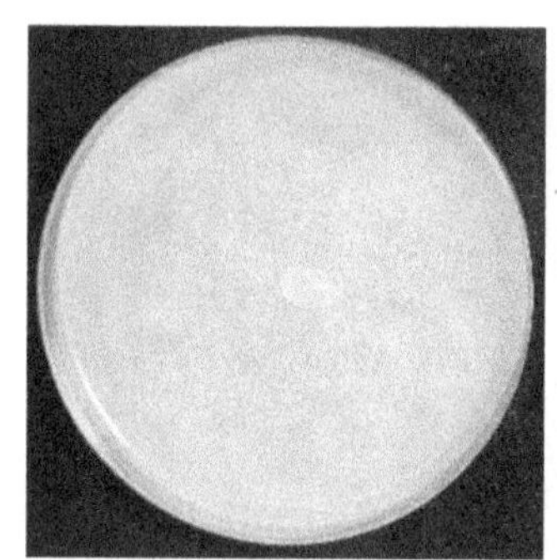
(a)未加发酵滤液

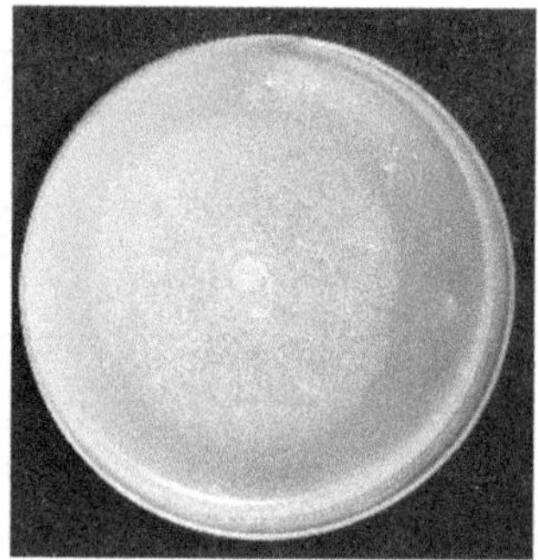
(b)10%发酵滤液

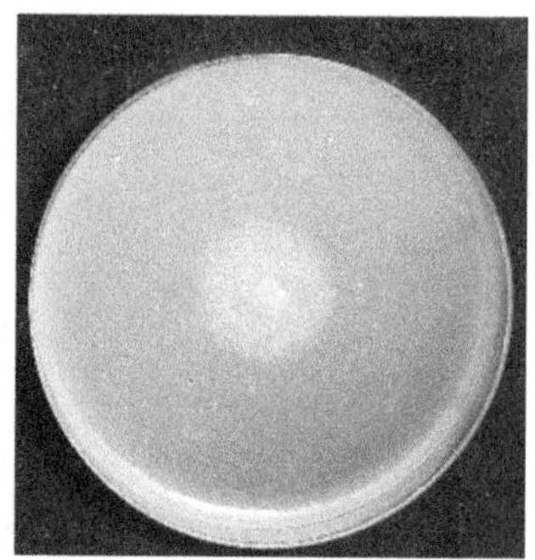
(c)30%发酵滤液

图 3-29 不同浓度 M10-4 发酵滤液对烟草疫霉菌的抑制效果

(a)正常烟草疫霉菌菌丝

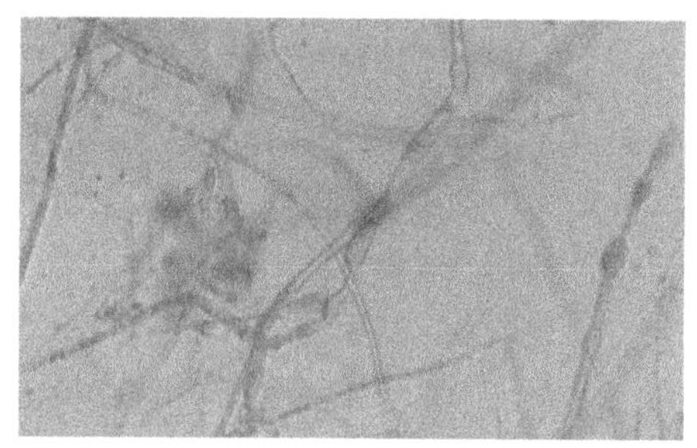
(b)受抑制的烟草疫霉菌菌丝

图 3-30 烟草疫霉菌菌丝的形态

(五)菌株 M10-4 的促生效果

1. 产 IAA 能力测定

在 LB 培养基中加入 Salkowski 比色液避光静置 30 min 后，肉眼可见颜色由淡黄色变成浅粉色，证明菌株 M10-4 可以产生长素(IAA)(图 3-31)。用紫外分光光度计测得比色后的发酵滤液 OD_{530} 值为 0.058，用 4 个梯度的吲哚乙酸标准溶液的 OD_{530} 绘制标准曲线($y=0.0061x+0.0168$，$R^2=0.9784$)，由此计算出 IAA 产量为 6.754 mg/L。

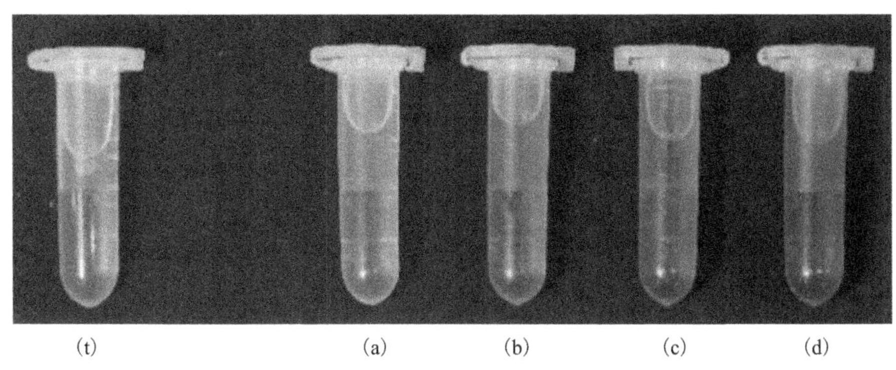

(t)M10-4；(a)0 mg/L；(b)10 mg/L；(c)20 mg/L；(d)30 mg/L。

图 3-31　菌株 M10-4 产 IAA 能力比色测定

2. 菌株 M10-4 的促生特性

菌株 M10-4 培养 6~7 d 后，在溶钾、溶磷、脱脂奶粉培养基平板上可以明显观察到透明圈，CMC-Na 培养基、CAS 培养基平板无变化，表明菌株 M10-4 具有溶钾、溶磷、产蛋白酶的能力，无纤维素酶产出(图-32)。

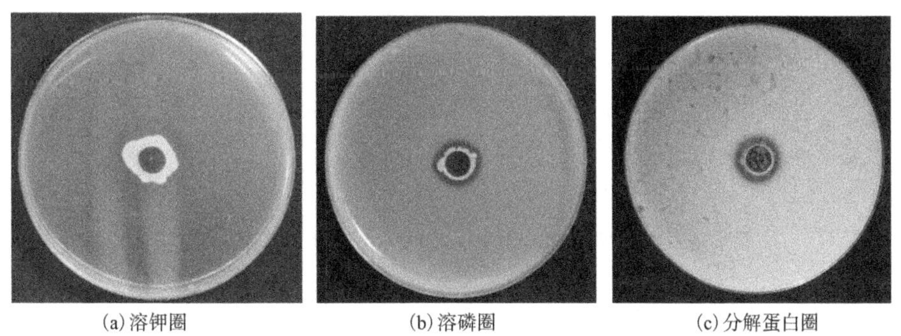

(a)溶钾圈　(b)溶磷圈　(c)分解蛋白圈

图 3-32　菌株 M10-4 的促生特性

(六)菌株 M10-4 对烟株的促生作用

与对照组相比，经 M10-4 灌根处理过的烟株长势更好(图 3-33)。处理组的株高、最大叶长、总鲜重、总干重、株干重均有显著提升，增长率分别为 115.22%、88.68%、70.88%、94.65%、96.13%。最大叶宽、根长、根鲜重、根干重也有一定的增加，增长率分别为 18.35%、14.92%、18.89%、50.00%(表 3-17)。

图 3-33　菌株 M10-4 对烟株的促生作用

表 3-17　M10-4 处理对烟草生长发育的促进效果

处理	株高/mm	最大叶长/mm	最大叶宽/mm	根长/mm	总鲜重/g	根鲜重/g	总干重/g	根干重/g	株干重/g
CK	32.435±3.303[b]	115.30±16.76[b]	91.23±11.250[b]	66.557±11.760[b]	7.060±1.000[b]	0.090±0.012[b]	0.374±0.062[b]	0.012±0.002[b]	0.362±0.060[b]
M10-4	69.808±3.641[a]	217.543±7.897[a]	107.967±2.352[a]	76.490±4.577[a]	12.064±0.900[a]	0.107±0.007[a]	0.728±0.048[a]	0.018±0.003[a]	0.710±0.046[a]

注：不同小写字母表示处理间的差异显著($P<0.05$)。

三、讨论

生防菌是生物防治的重要方法之一，分离和筛选优质生防菌株是丰富烟草生防资源的重要手段。烟草根际土壤中有很多可以用作生防的微生物，其中包括芽孢杆菌属(*Bacillus*)、假单胞菌属(*Pseudomonas*)、链霉菌属(*Streptomyces*)等具有相对优势的菌属。本节从烟草根际土壤中分离得到的有拮抗效果的菌株 M10-4，经形态学、生理生化及分子鉴定其为吡咯伯克霍尔德氏菌(*Burkholderia pyrrocinia*)。

目前已有伯克霍尔德氏菌作为生防菌防治植物病害的报道。解星丽等研究发现多噬伯克霍尔德氏菌(*Burkholderia multivorans*)WS-FJ9 对林木病原菌具有很好的生防潜力。许萌杏等分离得到洋葱伯克霍尔德氏菌(*Burkholderia cepacia*)JX-1，其温室防治番茄青枯病的防效达80.89%。任嘉红、闵莉静等研究发现吡咯伯克霍尔德氏菌 JK-SH007 对杨树溃疡病有防治及促进植株生长的作用。刘璐等报道的吡咯伯克霍尔德氏菌 S377 对棉花黄萎病具有良好的生防潜力。于晓庆等从烟草根际分离得到吡咯伯克霍尔德氏菌 Lyc2 对棉苗立枯病的温室防效达 48.8%，Wang 等的研究表明抗真菌糖肽是 Lyc2 菌株抗真菌活性的重要成分。本节发现 M10-4 的无菌发酵液对烟草黑胫病病原菌有很好的抑制作用，使菌丝无法正常生长，发生畸形、肿大等变化，对烟草赤星病菌、辣椒疫霉病菌、烟草靶斑病菌、小麦赤霉病菌均有不同程度的抑制作用。

植物根际促生菌(plant growth promoting rhizobacteria，PGPR)是指对作物具有促进生长、

防治、增产作用的微生物。可以增强植物对土壤中矿物质的吸收，比如一些不易被吸收的磷和钾会被转化为可吸收的形式，从而减少对化肥的依赖；能够分泌铁载体，充分利用环境中含量较低的铁元素，具备产生植物激素、固氮、产生抗生素等功能。伯克霍尔德氏菌可以作为 PGPR 菌种，在 NCBI 数据库中查询到全基因组序列的吡咯伯克霍尔德氏菌有 15 种，其中对植物有益处的菌株为 DSM 10685、mHSR5、Hargis、Lyc2、CH-67。韩超等研究发现吡咯伯克霍尔德氏菌 A12 对烟草根的生长、叶绿素含量、光合作用及蒸腾速率均有促进作用。Li 等分离得到了 2 株具有良好溶磷、固氮、产 IAA 和铁载体的吡咯伯克霍尔德氏菌 ZJ9 和 ZJ174。Han 等研究表明在盐胁迫条件下接种吡咯伯克霍尔德氏菌 P10 能促进花生幼苗的生长。本节发现菌株 M10-4 具有产 IAA、溶磷、溶钾及产蛋白酶的能力，对温室内盆栽烟草具有促进生长作用，能显著提升株高、最大叶长、总鲜重、总干重、株干重，有作为 PGPR 研究的潜力。

以上结果表明，吡咯伯克霍尔德氏菌 M10-4 在病害防治、促进生长方面均表现较好，具有较大的研究意义及应用前景。由于田间的环境较为复杂，存在许多不可控因素，因此在下一步的研究中，应着重于田间防治及促进生长的效果，除此之外还需要评估其生物安全性，研究其是否会产生污染环境及影响土壤微生物的物质。考虑到实际生产需要，还要更深入地研究生防菌株的发酵条件及其所生的抑菌、促进生长的物质。

第六节　防治烟草黑胫病的药剂筛选

目前防治烟草黑胫病的各种方法中，利用化学药剂或者生物制剂防治烟草黑胫病仍然是重要手段之一。因此，筛选出生产上应用效果较好的药剂，进行了几种不同类型药剂的药效试验，旨在为烟草黑胫病的有效防治提供依据。

一、材料与方法

（一）供试药剂

53%金雷多米尔-锰锌水分散颗粒剂（金雷多米尔），先正达公司；58%甲霜灵锰锌可湿性粉剂（宝大森），江苏宝灵化工股份有限公司；10 亿克芽孢杆菌可湿性粉剂（百抗），云南星耀生物制品有限公司；50%烯酰吗啉可湿性粉剂（安克），德国巴斯夫公司；58%甲霜灵锰锌可湿性粉剂，浙江温州农药厂；48%霜霉 · 络铜水剂（东旺黑达），北京市东旺农药厂；活性菌肥（拮抗菌类），湖南农业大学研制；72%甲霜灵锰锌可湿性粉剂，江苏宝灵化工股份有限公司 8 种药剂。

（二）试验地点及供试品种

试验地点在近年来黑胫病发病较重的安仁县平背乡朴塘村。供试烟草品种为云烟 87，试验地土壤肥力中等，前作为水稻。12 月 28 日播种，3 月 25 日移栽，大田施肥与管理按照郴州市优质烟叶技术操作规程进行。

(三)试验处理

设9个处理，重复4次，共计36个小区，每小区面积37 m^2，为单向随机区组排列，4周设置保护行。各处理分别为：①金雷多米尔，1000倍液灌根处理；②宝大森，700倍液灌根处理；③百抗，800倍液灌根处理；④安克，2200倍液灌根处理；⑤58%甲霜灵锰锌可湿性粉剂，700倍液灌根处理；⑥东旺黑达，1200倍液灌根处理；⑦活性菌肥，每株50 g，栽前穴施；⑧72%甲霜灵锰锌，700倍液灌根处理；⑨以清水为对照(CK)。

所有处理在移栽当天即3月25日施药1次，在发病初期即5月3日施第2次药，15 d后(5月19日)再施药1次，共施药3次，每株用100 mL淋蔸。

(四)病害严重度分级标准

按烟草行业标准《烟草病害分级及调查方法》(YC/T 39—1996)进行病害严重度分级。0级——全株无病；1级——茎部病斑不超过茎围的1/2，或半数以下叶片轻度萎蔫，或下部少数叶片出现病斑；2级——茎部病斑超过茎围的1/2，或半数以上叶片凋萎；3级——茎部病斑环绕茎围，或1/3以上叶片凋萎；4级——病株全部叶片调萎或枯死。

(五)调查方法

以烟株为单位，在第3次施药10 d后(5月29日)进行第1次病害调查，在第3次施药20 d后(6月9日)进行第2次调查，采用五点取样法，每小区调查30株，按照烟草黑胫病分级标准调查各小区的病株数，计算发病率、病情指数及防治效果。

$$发病率=(发病株数/调查总株数)\times 100\%$$

$$病情指数=[\sum(各级病株数\times 各级级数)/(调查总株数\times 4)]\times 100$$

$$防治效果=[(对照区病情指数-处理区病情指数)/对照区病情指数]\times 100\%$$

(六)数据处理

数据采用DPS软件进行方差分析。

二、结果与分析

表3-18结果表明，供试的药剂对烟草黑胫病均有一定的防治效果。从5月29日调查发病率的情况来看，对照组的发病率为49.17%，安克的发病率最低为11.67%，其次为宝大森、58%甲霜灵锰锌、东旺黑达、活性菌肥，发病率均为13.33%，再次为金雷多米尔和72%甲霜灵锰锌发病率均为15%，百抗的发病率最高为15.83%；供试的药剂中以安克的防治效果最好，其他依次分别为东旺黑达、活性菌肥、宝大森、72%甲霜灵锰锌、58%甲霜灵锰锌、百抗和金雷多米尔。

6月9日调查结果中，各处理的发病率和病情指数较5月29日调查结果均有不同程度升高，发病率最低的为东旺黑达，为29.17%，其次为宝大森、58%甲霜灵锰锌和72%甲霜灵锰锌发病率均为31.67%，再次为安克和活性菌肥发病率为33.33%，百抗的发病率较高为35%；从防治效果来看，各供试药剂的防治效果均比5月29日调查结果有不同程度下降，其中以东旺黑达的防治效果最好，其他依次为宝大森、58%甲霜灵锰锌、72%甲霜灵锰锌、活性菌肥、安克、金雷多米尔和百抗。

由于受移栽后期长期低温天气和大田生长中后期高温高湿天气的影响，烟草黑胫病在生长后期迅速地发展蔓延，烟株发病高峰期比往年推迟。因此，6 月 9 日发病高峰期调查中各处理对黑胫病的防治效果也均有不同程度下降，相对而言，东旺黑达和宝大森的防治效果持续性较好，安克药剂的防效没有很好地维持。

方差分析结果(表 3-19)表明，供试药剂对烟草黑胫病的防治效果中，东旺黑达与金雷多米尔、百抗间的防治效果差异显著，其他处理间的防治效果差异均不显著。

表 3-18　不同药剂对烟草黑胫病的防治效果

处理	5 月 29 日调查结果			6 月 9 日调查结果		
	病情指数	发病率/%	防治效果/%	病情指数	发病率/%	防治效果/%
金雷多米尔	3.96	15.00	73.77	9.79	34.17	64.10
宝大森	3.33	13.33	77.84	9.17	31.67	66.38
百抗	3.96	15.83	74.02	10.00	35.00	62.63
安克	3.13	11.67	79.31	9.58	33.33	64.86
58%甲霜灵锰锌	3.75	13.33	74.96	9.38	31.67	65.66
东旺黑达	3.33	13.33	77.93	8.75	29.17	68.75
活性菌肥	3.33	13.33	77.93	9.38	33.33	64.91
72%甲霜灵锰锌	3.75	15.00	75.05	9.58	31.67	65.00
对照	15.21	49.17		26.88	69.17	

表 3-19　不同药剂防治效果的差异显著性比较

处理	防治效果/%	5%水平	1%水平
东旺黑达	67.48	a	A
宝大森	65.85	ab	A
58%甲霜灵锰锌	65.13	ab	A
活性菌肥	65.11	ab	A
72%甲霜灵锰锌	64.34	ab	A
安克	64.33	ab	A
金雷多米尔	63.44	b	A
百抗	62.71	b	A

注：不同小写字母表示存在显著差异($P<0.05$)。

三、结论与讨论

供试药剂对烟草黑胫病的防治效果中，东旺黑达、宝大森、58%甲霜灵锰锌、活性菌肥、

72%甲霜灵锰锌、安克等药剂的防治效果相对较好，在第 3 次施药 10 d 后防治效果分别达到了 77.93%、77.84%、74.96%、77.93%、75.05%、79.31%；在发病高峰期的防治效果分别达到了 67.48%、65.85%、65.13%、65.11%、64.34%、64.33%，其中东旺黑达的防效最好，微生物类农药百抗和活性菌肥对烟草黑胫病的发生和危害也具有一定的控制作用。

宝大森、72%甲霜灵锰锌、金雷多米尔、58%甲霜灵锰锌 4 种药剂的有效成分均为甲霜灵系列的内吸性杀菌剂与代森锰锌保护性杀菌剂的混配制剂，在此次试验中 4 种药剂的防效均在 63%以上，除金雷多米尔外，其他 3 种药剂与东旺黑达间均无显著差异。因此，在烟叶生产中宝大森、72%甲霜灵锰锌和 58%甲霜灵锰锌可与药效好的药剂交替轮换使用。

百抗属于微生物活体农药，广谱杀菌剂，对烟草黑胫病的防治效果较好；活性菌肥也属于微生物农药，但由于活性菌肥等生物农药在田间的防治效果会受到许多因素的影响，其中最重要的是生态环境，在一定的程度上影响了防治效果，因此，活性菌肥防治效果的稳定性还有待进一步验证。此外，生物农药的应用还要根据当地的生态环境条件，制定合理的用药方案，才能取得有效的防治效果。

第四章 烟草青枯病防控技术

烟草青枯病(tobacco bacterial wilt)又称半边疯、烟瘟，是由青枯雷尔氏菌(*Ralstonia solanacearum*)引起的一种毁灭性的土传病害。在中国，烟草青枯病已经广泛分布，逐渐向北和高海拔冷凉地区迁移，病害越来越严重，其中广东、福建、四川、重庆、湖北、湖南、江西、贵州、云南烟区的病害更为严重，造成重大损失，已经成为烟草生产中亟待解决的关键流行性病害。烟草青枯病是典型的维管束病害，植株感病属系统性侵染，防治十分困难，必须借助于微生态调控理论，明确病原特性，进行监测预警，借助各方力量，开展绿色生态防控，实现持续有效控制。

第一节 湖南烟草青枯菌演化型及生化变种鉴定

青枯菌的寄主范围广泛，可侵染54个科、450余种植物。青枯菌变异性及适应性较强，不同地区和不同寄主来源的青枯菌有明显的生理分化或菌系多样性。传统的分类框架将青枯菌分为生理小种和生化变种两类，根据青枯菌对不同寄主植物种类的致病性差异分为Race 1、Race 2、Race 3、Race 4、Race 5等5个生理小种，根据利用3种双糖和3种己醇的能力差异分为Biovar Ⅰ、Biovar Ⅱ、Biovar Ⅲ、Biovar Ⅳ、Biovar Ⅴ等5个生化变种。随着分子生物学技术的广泛应用，Fegan等以演化型分类框架区分种以下的差异，将青枯菌划分为Phylotype Ⅰ、Phylotype Ⅱ、Phylotype Ⅲ、Phylotype Ⅳ等4个演化型，证实青枯菌的种下分化与地理起源密切相关，并鉴定出了亚洲分支、美洲分支、印尼分支和非洲分支。王敏、徐进、刘颖等分别鉴定出我国云南、福建、重庆等地烟草青枯菌均属于演化型Ⅰ，郑向华、方树民、刘海龙等分别对广东省、福建省、湖北省青枯菌进行了鉴定，发现三省青枯菌均属于生化变种Ⅲ。湖南省作为我国烟草主产区，烟草种植面积居国内前列。烟草青枯病在湖南省各主产烟区普遍发生，给烟叶生产造成了巨大的经济损失，且由于环境、气候和种植结构调整等因素的影响，烟草青枯病危害呈逐年上升趋势。湖南烟区仅有王国平等对致病性及生物型进行了分析，发现了湖南烟区生物型生化变种Ⅲ(Ⅲ-1、Ⅲ-2、Ⅲ-3和Ⅲ-4)。经过20多年的演化，且湖南烟区主栽品种已由过去的K326改为云烟87，湖南烟区青枯菌的演化型和生化变种是否发生变化尚不可知。因此，重新鉴定湖南青枯菌株演化型和生化变种很有必要，对有效防控烟草青枯病也具有重要意义。本节对湖南主要产烟县的烟草青枯菌群体进行了演化型和生化变种鉴定研究，旨在揭示湖南烟草青枯病菌菌系分化情况，为烟草青枯病的抗病育种提供理论依据。

一、材料与方法

(一)菌株的分离

2018 年 5—8 月从湖南湘西土家族苗族自治州花垣县和凤凰县、永州市江永县和宁远县等地田间采集了云烟 87、K326 等烟草品种的疑似青枯病茎秆 50 余份。用无菌水将采集的烟草青枯病发病茎节冲洗干净，于超净工作台中用 75%酒精擦拭病株病斑处，用灭菌刀片切开病健交界处表皮，用力挤压茎节切口使其溢出白色菌脓，用无菌接种环蘸取菌脓，在 TTC 培养基上划线分离，观察分离结果。在 30℃恒温培养箱中培养 24 h 后，挑取中央淡红色且具有较宽白色边缘的流动性单菌落，转接于 NA 培养平板于 30℃下培养 48 h 后，挑菌室温条件下保存于灭菌去离子水中备用。

(二)供试菌株 DNA 提取

对纯化的菌落提取 DNA，采用已报道的鉴定青枯菌的特异性引物 759F/760R(引物序列见表 4-1)对分离的菌落进行 PCR 鉴定。将鉴定结果为阳性的菌株保存于-80℃，另用试剂盒(EasyPure Bacteria Genomic DNA Kit，北京全式金生物技术有限公司)提取各个菌株的 DNA 备用。

(三)演化型鉴定

根据 Fegan 等(2005 年)演化型分类框架所设计的复合 PCR 引物对青枯菌株进行扩增检测，根据 PCR 扩增结果确定青枯菌株的演化型分类归属。引物序列见表 4-1，由生工生物工程(上海)股份有限公司合成。PCR 扩增体系(25 μL)如下：2×Easy *Taq* PCR Mix 12.5 μL，引物 759F、760R 各加 0.4 μL，引物 Nmult21：1F、Nmult21：2F、Nmult23：AF、Nmult22：InF、Nmult22：RR 各加 0.6 μL，DNA 模板 0.6 μL，无菌水 8.1 μL。反应程序为：96℃预变性 5 min；94℃变性 15 s，59℃退火 30 s 和 72℃延伸 30 s，30 个循环；最后 72℃延伸 10 min，于 4℃下保存。取 5 μL PCR 产物，经 1.2% 琼脂糖凝胶电泳，并通过凝胶成像仪观察结果。

表 4-1　引物序列

引物名称	序列(5′—3′)	扩增片段分类归属	片段大小/bp
Nmult21：1F	CGTTGATGAGGC GCGCAATTT	演化型Ⅰ	144
Nmult21：2F	AAGTTATGGAC GGTGGAAGTC	演化型Ⅱ	372
Nmult23：AF	ATTACSAGAGC AATCGAAAGATT	演化型Ⅲ	91

续表4-1

引物名称	序列(5′—3′)	扩增片段分类归属	片段大小/bp
Nmult22：InF	ATTGCCAAGA CGAGAGAAGTA	演化型Ⅳ	213
Nmult22：RR	TCGCTTGACCC TATAACGAGTA	青枯菌特异性	—
759F	GTCGCCGTCA ACTCACTTTCC		280
760R	GTCGCCGTCAGCA ATGCGGAATCG		—

(四)生化变种鉴定

参照 Hayward 等的方法测定青枯菌生化变种。生化变种测定基本培养基配制如下：每1 L培养基含 $NH_4H_2PO_4$ 1.0 g，$MgSO_4 \cdot 7H_2O$ 0.2 g，酵母提取物 1.0 g，KCl 0.2 g，1%溴百里香酚蓝水溶液 6.0 mL，琼脂粉 1.5%，pH 7.2，121℃灭菌 20 min。

分别将乳糖、麦芽糖、纤维二糖、甘露醇、山梨醇和甜醇配制成浓度为10%的溶液，用孔径为0.22 μm的细菌过滤器过滤乳糖、麦芽糖和纤维二糖的水溶液除菌，甘露醇、山梨醇和甜醇的水溶液用121℃高压蒸汽灭菌 20 min。将已除菌的溶液分别加入已灭菌的生化变种测定基本培养基中，至最终浓度为1%，然后分别倒入已灭菌的具塞塑料试管中，制作斜面培养基。

将分离纯化后的青枯菌株划线活化后，分别划线接种于含3种双糖(乳糖、麦芽糖、纤维二糖)和3种己醇(甘露醇、山梨醇、甜醇)的生化变种测定斜面培养基上，30℃恒温箱中培养21 d后，记载培养基颜色变化。根据菌株对3种双糖和3种己醇的利用情况，即培养基的颜色(若有利用则培养基颜色从蓝变黄，无利用则颜色不变)，确定各菌株的生化变种类型，生化型测定划分标准见表4-2。

表4-2　生化型测定划分标准

检测项目	生化型分类						
	Ⅰ	Ⅱ	Ⅲ-1	Ⅲ-2	Ⅲ-3	Ⅳ	Ⅴ
乳糖	N	Y	Y	Y	Y	N	Y
麦芽糖	N	Y	Y	Y	N	N	Y
纤维二糖	N	Y	Y	Y	Y	N	Y
甘露醇	N	N	Y	Y	Y	Y	Y
山梨醇	N	N	Y	Y	Y	Y	N
甜醇	N	N	Y	N	N	N	N

注："Y"表示可以利用，"N"表示不可利用。后同。

二、结果与分析

(一)青枯菌的分离

2018 年于永州、湘西土家族苗族自治州田间烟草品种 K326、云烟 87 上分离获得 13 株青枯菌菌株(表 4-3),典型的青枯菌野生型菌落于 TTC 培养基上培养 48 h 后,菌落中央呈粉红色、外缘为白色的奶油状,形状不规则(图 4-1)。

表 4-3 从烟草上分离出的青枯菌菌株

编号	菌株号	来源地	生化型	演化型
1	JY-1	永州江永县	Ⅲ-2	Ⅰ
2	JY-2	永州江永县	Ⅲ-1	Ⅰ
3	NY-1	永州宁远县	Ⅲ-2	Ⅰ
4	NY-2	永州宁远县	Ⅲ-1	Ⅰ
5	HY-1	湘西花垣县	Ⅲ-1	Ⅰ
6	HY-2	湘西花垣县	Ⅲ-1	Ⅰ
7	FH-1	湘西凤凰县	Ⅲ-2	Ⅰ
8	FH-2	湘西凤凰县	Ⅲ-2	Ⅰ
9	FH-3	湘西凤凰县	Ⅲ-1	Ⅰ
10	FH-4	湘西凤凰县	Ⅲ-2	Ⅰ
11	FH-5	湘西凤凰县	Ⅲ-1	Ⅰ
12	FH-6	湘西凤凰县	Ⅲ-2	Ⅰ
13	FH-7	湘西凤凰县	Ⅲ-2	Ⅰ

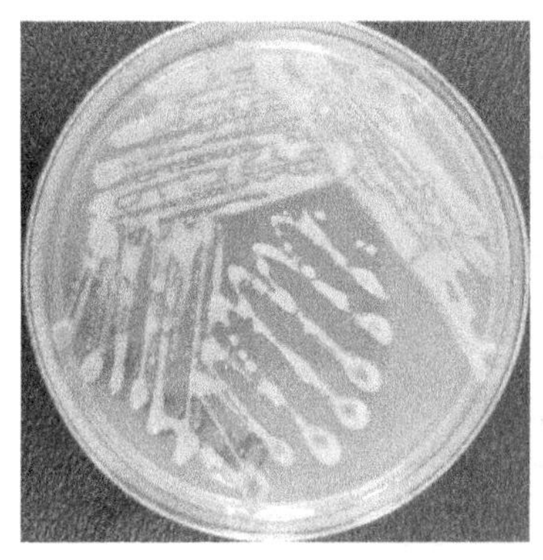
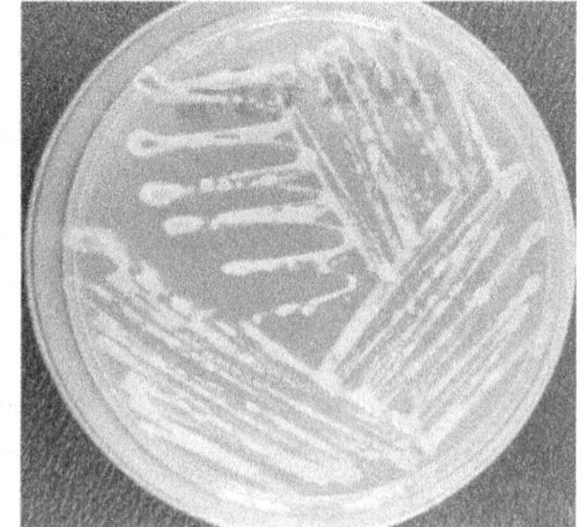

图 4-1 平板培养 48 h 后青枯菌分离株的菌落形态

(二)演化型鉴定

根据 Fegan 等(2005 年)提出的青枯菌演化型分类框架，采用复合 PCR 检测体系对 13 株青枯菌菌株进行检测，结果表明：13 个青枯菌菌株均可同时扩增得到片段大小分别为 144 bp 和 280 bp 的 2 条特异性片段(图 4-2)，其中大小为 144 bp 的片段为演化型Ⅰ的特异性扩增条带；280 bp 片段为青枯菌特异性扩增条带。由此表明新分离获得的 13 个菌株均系演化型Ⅰ。

(三)生化变种鉴定

对 3 种双糖和 3 种己醇的利用情况进行测定后(图 4-3)，其结果表明：13 株烟草青枯菌菌株均能利用 3 种双糖和 3 种己醇，鉴定为生化变种Ⅲ，其中 HY-1、HY-2、JY-2、NY-2、FH-3 和 FH-5 共 6 株菌株属于生化型Ⅲ-1，JY-1、NY-1、FH-1、FH-2、FH-4、FH-6 和 FH-7 共 7 株菌株属于生化型Ⅲ-2(表 4-4)。同一地区生化变种的亚型不同，永州地区 4 个菌株各有 2 株分属Ⅲ-1 和Ⅲ-2，湘西地区 9 株菌株中分别有 4 株菌株和 5 株菌株分别属于Ⅲ-1 和Ⅲ-2。

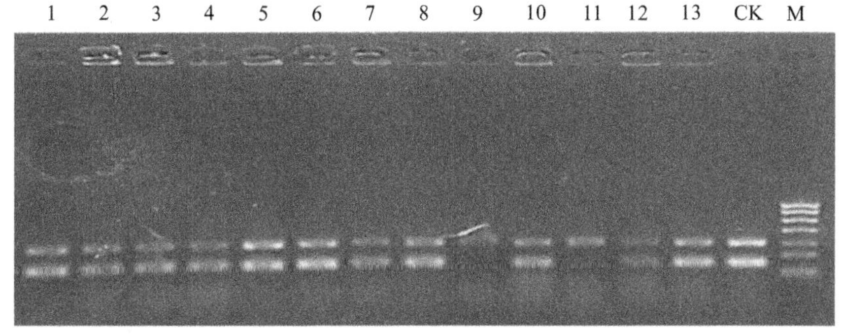

1~13 为经分离获得的烟草青枯菌；CK 为已确定的青枯菌阳性对照；M 为 DL DNA 700 bp marker。

图 4-2　复合 PCR 鉴定青枯病菌演化型

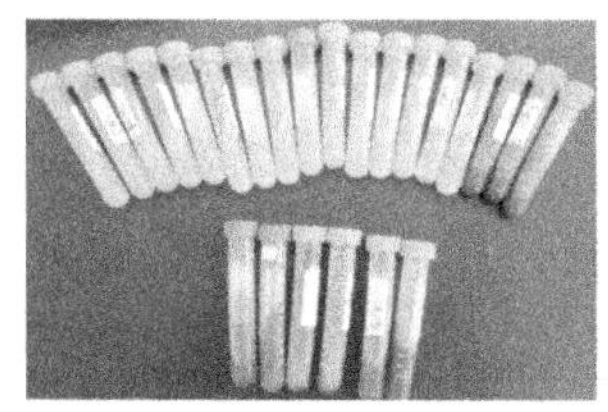 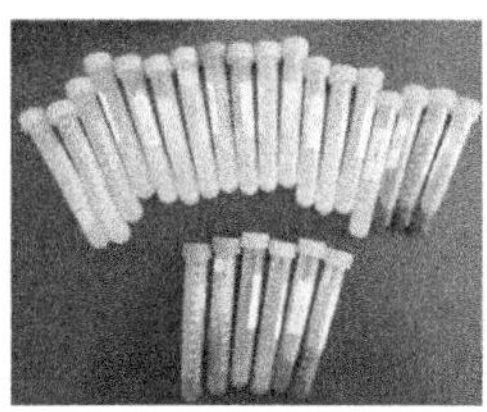 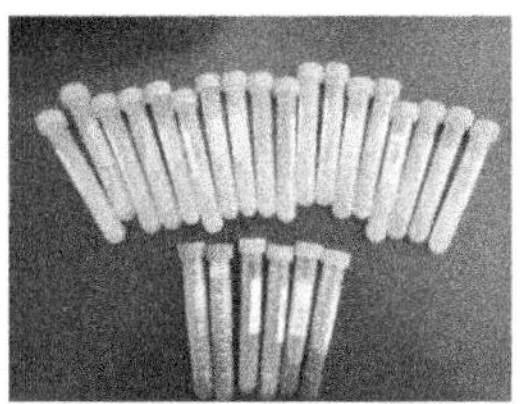 

图 4-3　部分菌株生化变种鉴定结果

表 4-4　分离菌株的生化型鉴定结果

菌株	检测物质						生化型
	乳糖	麦芽糖	纤维二糖	甘露醇	山梨醇	甜醇	
HY-1	Y	Y	Y	Y	Y	Y	Ⅲ-1
HY-2	Y	Y	Y	Y	Y	Y	Ⅲ-1
JY-1	Y	Y	Y	Y	Y	N	Ⅲ-2
JY-2	Y	Y	Y	Y	Y	Y	Ⅲ-1
NY-1	Y	Y	Y	Y	Y	N	Ⅲ-2
NY-2	Y	Y	Y	Y	Y	Y	Ⅲ-1
FH-1	Y	Y	Y	Y	Y	N	Ⅲ-2
FH-2	Y	Y	Y	Y	Y	N	Ⅲ-2
FH-3	Y	Y	Y	Y	Y	Y	Ⅲ-1
FH-4	Y	Y	Y	Y	Y	N	Ⅲ-2
FH-5	Y	Y	Y	Y	Y	Y	Ⅲ-1
FH-6	Y	Y	Y	Y	Y	N	Ⅲ-2
FH-7	Y	Y	Y	Y	Y	N	Ⅲ-2
空白对照(CK)	N	N	N	N	N	N	—

三、结论与讨论

Fegan 等提出的演化型分类框架表明青枯菌的种下分化与地理起源密切相关。总体来看，我国的烟草青枯菌属于演化型Ⅰ。Xu 等分析我国青枯菌遗传多样性时发现 9 株分离自烟草的菌株属于演化型Ⅰ，与美国的烟草青枯菌演化型Ⅱ(美洲分支)属于不同的地理起源。本节从湖南两个烟区分离出 13 株青枯菌株，均系青枯菌演化型 I，即亚洲分支菌株，研究结果与云南、福建、重庆等地研究结果基本一致。

青枯菌自身稳定性较差，极易受到不同的寄主或环境等因素的影响，导致青枯菌生理分化现象明显。Wang 等发现我国烟草青枯菌属于生化变种Ⅲ，本节自湖南烟区分离得到的 13 株青枯菌株均属于生化变种Ⅲ，在 13 株菌株中有 6 株属于生化型亚型Ⅲ-1，7 株菌株属于生化型亚型Ⅲ-2，同一地区生化变种的亚型不同。本节结果与王国平等发现湖南烟区生物型生化变种Ⅲ结果一致，也与湖南周边省份江西省的青枯菌生化型为Ⅲ-1 的结果类似。但未发现王国平等研究中的Ⅲ-3 和Ⅲ-4 两种亚型，这可能与取样的范围和数量有关，也有可能生化变种亚型已经发生了变化，这些还需要进行更深入的研究。

青枯菌寄主范围广、侵染来源复杂，迄今为止尚无有效的药剂能防治烟草青枯病，选育抗病品种是防治病害极为经济有效的手段之一。但因为青枯菌不断演化和菌系地区差异，品种抗性在各个烟区间的表现差异较大，因此摸清青枯菌菌系特征对选育抗性品种具有重要意义。我国烟草青枯病抗性种质资源大多来自美国和津巴布韦，两国烟草青枯病菌株多为演化型Ⅱ和Ⅲ，生化变种为美洲分支和非洲分支的生化变种Ⅰ。我国烟草青枯病菌均属于演化型Ⅰ(亚洲分支)和生化变种Ⅲ，从国外引进的抗病品种多是针对青枯菌演化型Ⅱ或Ⅲ菌株的，这可能是造成引进品种抗性减弱甚至抗性丧失的主要原因之一。因此，我国引进国外青枯病抗性品种及改良引进品种时，应该考虑青枯菌演化型和生化变种差异，以便更好地提高品种抗性。

分离自湖南烟草青枯病主要发生区的烟草青枯菌属于演化型Ⅰ(亚洲分支)和生化变种Ⅲ，同一地区生化变种的亚型不同，具有一定的遗传分化和地理区域特性。该研究将有助于在分子水平上解析抗病品种存在地域差异的现象，为筛选抗病品种提供理论依据。

第二节　烟草青枯菌特异性引物筛选及快速检测

由于青枯菌的异源性，其组成类型复杂，制备特异性 DNA 探针检测青枯病菌的技术难度大，故应用受到限制。因此，开发快速、有效、准确、简便的青枯病检测技术是防治青枯病蔓延亟待解决的问题。目前，关于烟草青枯菌的检测方法包括传统分离培养法、血清学方法和分子生物学方法等。青枯病菌传统的鉴定方法是对分离纯化的单菌落菌株进行一系列的生化试验，一般需要几周才可完成，且灵敏度较低。应用血清学方法时血清的制备过程耗时耗力，且可能存在交叉反应，造成检测结果的假阳性。最近，一些新技术如新陈代谢图谱、计算机辅助的脂肪酸图谱等发展起来了，虽然一定程度上加快了鉴定速度，但仍然需要对病原菌进行分离纯化，耗力、耗时。分子生物学方法具有快速灵敏等特点，大大提高了植物青枯菌检测的效率。PCR 技术在青枯病诊断及病原菌鉴定方面的应用已有报道，如 Lee 等利用 RAPD 技术获得青枯病菌特异性片段，经克隆测序后，设计特异性引物进行 PCR 扩增，从而对土壤中的青枯病菌进行特异性检测。Bouzadin 等应用 PCR 技术扩增青枯病菌 16S rDNA 序列进行亚群分析。应用分子生物学方法检测青枯菌关键是设计出特异性引物，青枯菌已有多个菌株的全基因组序列被公布，为从基因组水平筛选特异性引物提供了基础。应用分子生物学的方法，针对烟草青枯菌设计了 9 对特异性引物，筛选得到了 3 对青枯菌特异性引物，应用该特异性引物进行 PCR 扩增检测，可简便、快速检测出样品中是否含有青枯菌。

一、材料与方法

(一)试验材料

标准青枯菌株 GMI1000 由中国农业科学院蔬菜花卉研究所病害组提供。大肠杆菌和已鉴定青枯菌菌株 LY8、QK1、QK2、QK3、QK4、QK5，以及已鉴定为芽孢杆菌的菌株 FQ1、FQ2、FQ3、FQ4、FQ5 均由湖南农业大学植物病理实验室保存。

(二)青枯菌全基因组比对与引物设计

从 GenBank 下载已公布的 5 个青枯菌全基因组序列(表 4-5)，用 Mauve 进行全基因组比对，挑选保守区域用 Primer 3 设计引物，然后用 blastn 检验每一对引物的特异性，笔者设计的 9 对引物信息见表 4-6。

表 4-5 青枯菌基因组序列信息

青枯菌株	生理小种类型	收录号	序列长度/bp
GMI1000	1 号	NC_003295	3716413
		NC_003296	2094509
PSI07	1 号	NC_014311	3520618
		NC_014310	2085000
CMR15	1 号	FP885895	3596030
		FP885896	1959334
CFBP2957	1 号	NC_014307	3417386
		NC_014309	2163376
Po82	3 号	CP002819	3481091
		CP002820	1949172

表 4-6 引物序列及扩增靶标基因

引物编号	正向引物	反向引物	靶标基因
RS	GTGCCTGCCTCCAAAACGACT	GACGCCACCCGCATCCCTC	*lpxC*
RS1	GATCGTCAAACCGATGAAGTC	GATATGACTCGTTCCGCAAAA	*rpsS*
RS2	CCTTCTGGTTCAGGATCTGG	AGAAGGTGCTCGTGACCAAG	*rplW*
RS3	GGTAGCGCGCAAAGAAGTC	CCAAGACCTGGACCATGC	*kefC*
RS4	CAGGATCTTGTCGTGGAACA	GTTCCTGGTGGTGAAGATCG	*kefC*
RS5	CGATTCCGTTGTGGTTCTG	ATGCCGATTTCGTTGATCC	假定蛋白
RS6	GGACTTCCAGAAGCTGGTCA	CGTAGACGCTGATGTTGCTG	富丝氨酸蛋白
RS7	AGGACGACATCGACAAGACC	AATCGATGCTGTCGACATAGG	转乙酰酶
RS8	GCTGCTGGGGATCCTGAA	TCACGTAGGCCAGGTGGT	非核糖体肽合成酶

注：引物序列由生工生物工程(上海)股份有限公司合成。

(三)土壤总 DNA 的提取

参照周集中等的方法提取土壤总 DNA，主要包括：液氮研磨 3 次；加入 13.5 mL 的抽提缓冲液(100 mmol/L Tris-HCl，100 mmol/L sodium EDTA，100 mmol/L sodium phosphate，1.5 mol/L NaCl，1% CTAB，pH 8.0)和 50 μL 蛋白酶 K(10 mg/mL)混合，在 225 r/min 摇床上于 37℃下温育 30 min。摇匀，加入 1.5 mL 20%的 SDS，于 65℃下水浴 2 h，每隔 15~20 min 轻轻颠倒几次；室温下以 6000 r/min 离心 30 min，收集上清液，并将其转移到 50 mL 的离心管中。剩下的土壤中加入 4.5 mL 的抽提缓冲液和 0.5 mL 的 20% SDS，涡旋 10 s，65℃水浴 10 min，如上离心操作，再将这 2 个循环的抽提物与上清液混合。加入等体积的氯

仿，混匀，室温下以10000 r/min离心30 min，吸取上层液，加入0.6倍体积的异丙醇，室温下培养2 h或过夜。室温下以10000 r/min离心30 min获得DNA，用70%的乙醇洗涤，以10000 r/min离心10 min，待充分干燥后用无菌的去离子水定量。

（四）土壤中青枯菌不同浓度梯度设置

将GMI1000放在30℃摇床上摇一夜，以1 mL OD_{620}为0.4的细菌悬浮液中含10^8青枯菌为标准，梯度稀释细菌悬浮液，形成10^9 CFU/mL、10^8 CFU/mL、10^7 CFU/mL……10 CFU/mL梯度细菌悬浮液。吸取1 mL菌液加入5 g已灭菌土壤中，过夜。按前述方法提取土壤总DNA，并电泳检测提取的DNA。由于从土壤中提取DNA易含杂质，故先将提取获得的DNA分别稀释，再进行PCR。

（五）PCR扩增

将设计好的9对引物对提取的DNA进行扩增。反应总体积为20 μL，包括：1×PCR Buffer，2 mmol/L $MgCl_2$，0.2 mmol/L dNTP，25 pmol Primer，1 U Taq酶，50 ng DNA。反应程序为94℃预变性5 min；94℃变性40 s，退火40 s，72℃延伸90 s，30个循环；72℃延伸5 min。反应结束后，取6 μL反应产物，经1.2%琼脂糖凝胶电泳，在凝胶成像系统中观察拍照。

二、结果与分析

（一）引物筛选

将设计好的9对引物均用GMI1000、LY8、*E. coli*进行检测，其中GMI1000为青枯菌标准菌株，LY8为已鉴定的烟草青枯菌，*E. coli*作为阴性对照。结果如图4-4所示。

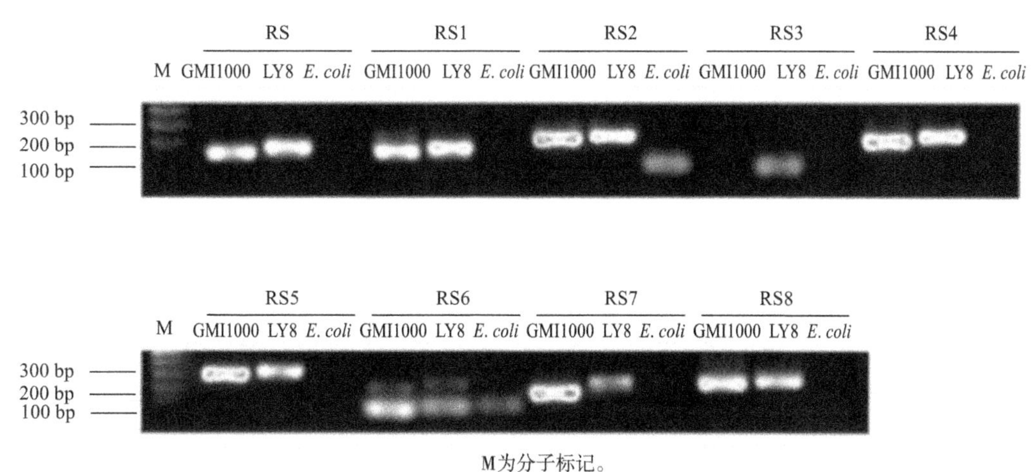

M为分子标记。

图4-4　烟草青枯菌特异性引物筛选结果

从图4-4可以看出，除了引物RS3和RS6未扩增出清晰的条带外，引物RS、RS1、RS2、RS4、RS5、RS7、RS8均扩增出了单一清晰的条带，而阴性对照*E. coli*均未扩增出条带。

（二）引物特异性检验

用 *E. coli*、GMI1000、QK1、QK2、QK3、QK4、QK5、FQ1、FQ2、FQ3、FQ4、FQ5 检验上述筛选的 7 对引物的特异性，*E. coli* 为阴性对照，GMI1000 为阳性对照，结果如图 4-5 所示。

从图 4-5 可以看出，已鉴定青枯菌菌株的 QK1、QK2、QK3、QK4、QK5 及 GMI1000 均扩增出了特异性条带，鉴定为芽孢杆菌的 FQ1、FQ2、FQ3、FQ4、FQ5 及 *E. coli* 未扩增出特异性条带。因此，可以确定筛选的特异性引物是准确可行的。RS、RS1、RS4 在青枯菌中特异性扩增出单一条带，而在非青枯菌中无扩增条带，这可用于其后的分子检测。

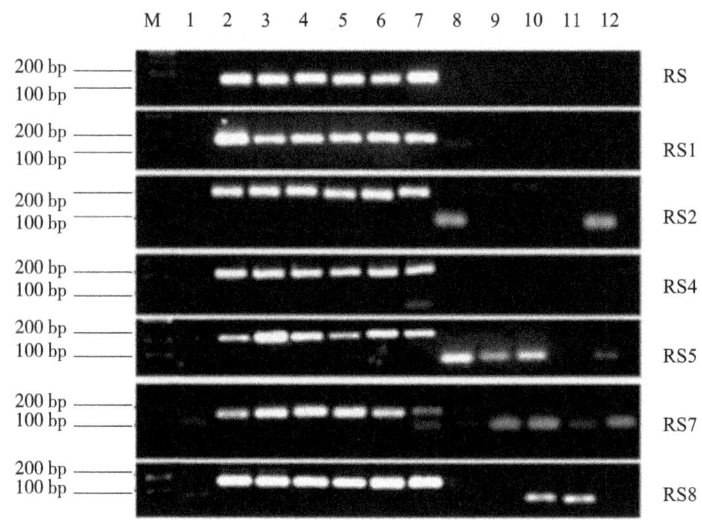

M为分子标记；1~12依次为*E.coli*、GMI1000、QK1、OK2、OK3、QK4、QK5、FQ1、FQ2、FQ3、FQ4、FQ5。

图 4-5　引物特异性检验结果

（三）青枯菌菌液检出最低浓度测定

将分别稀释成 10^9 CFU/mL、10^8 CFU/mL、10^7 CFU/mL……10 CFU/mL、0 CFU/mL 这 10 个梯度数量级浓度的 GMI1000 菌液取 1 μL 进行 PCR，引物为 RS，结果如图 4-6 所示，能检测到的青枯菌最低浓度为 10^5 CFU/mL。

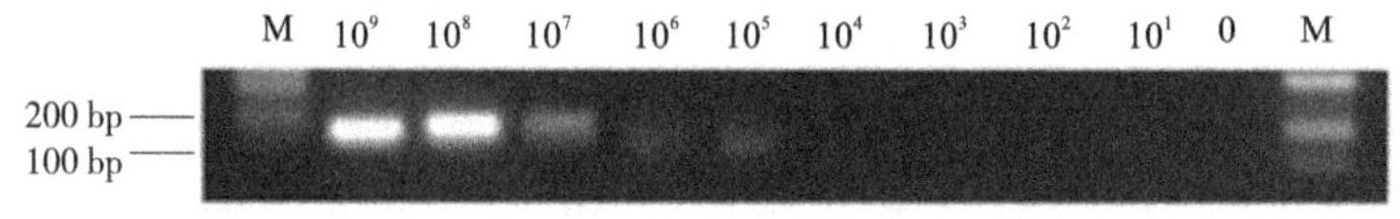

图 4-6　不同浓度梯度菌液 PCR 结果

（四）土壤中青枯菌分子检测

从每克土菌含量为 2×10^8 CFU/g、2×10^7 CFU/g、2×10^6 CFU/g、2×10^5 CFU/g、2×10^4 CFU/g、2×10^3 CFU/g 这 6 个浓度梯度的土壤中提取 DNA，用琼脂糖凝胶电泳法进行检测，

以验证 DNA 提取情况。将提取的 DNA 稀释至 50 倍，用 16S rDNA 通用引物进行 PCR 扩增，提取结果如图 4-7 所示。

从图 4-7 中可以看出，这 6 个梯度中，前 3 个梯度（2×10^8 CFU/g、2×10^7 CFU/g、2×10^6 CFU/g）菌含量的土壤中 DNA 被提出来，后 3 个梯度的土壤 DNA 没有提出来，并且浓度依次减弱。从图 4-7 中可看出有扩增出条带的是 2×10^8 CFU/g、2×10^7 CFU/g、2×10^6 CFU/g 菌含量的土壤 DNA，2×10^5 CFU/g、2×10^4 CFU/g、2×10^3 CFU/g 浓度的未扩增出任何条带。同样，特异性引物 RS 进行特异性扩增的结果与 16S rDNA 通用引物扩增结果一致。因此，从含青枯菌菌量为 2×10^8 CFU/g、2×10^7 CFU/g、2×10^6 CFU/g 浓度的土壤中能够提取得到 DNA，并能够通过青枯菌特异性引物检测。进而初步确定，利用该方法对土壤青枯菌最低检出率为 2×10^6 CFU/g 土壤。

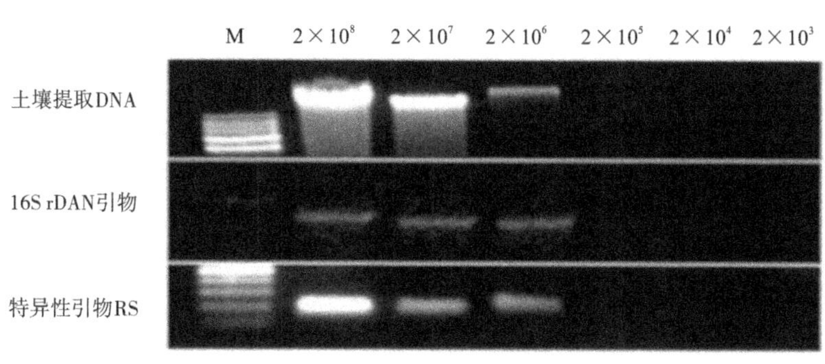

M为分子标记。

图 4-7　土壤中青枯菌分子检测结果

三、讨论

从土壤中提取 DNA 可以快速灵敏地检测土壤中是否含有青枯菌，该方法简便可行，只需要从烟草种植地定期采取土样进行检测，从而大体预测青枯菌的流行趋势，进而及时做好预防准备，使烟草青枯病危害减小到最低。但是，从笔者试验结果可以看出，特异性引物可以检测到青枯菌的最低浓度为 10^5 CFU/mL，而从土壤中却只能提到 2×10^6 CFU/g 浓度的 DNA，同样，也只能检测到该浓度的青枯菌。造成菌量含量浓度低的土壤中提取不出 DNA 的原因主要有两点：①加入该数量级浓度的菌当中可能包括死菌，此外在加入土壤的过程中也会造成一定数量的细菌死亡，于是最终的活菌数量减少，而土壤中，死菌的 DNA 很容易降解，所以笔者从中提取的 DNA 量也减少；②从土壤中提取 DNA 的方法还不够精确，造成低浓度含菌量的土壤中提取不到 DNA。因此，如何高效地从土壤中提取 DNA 是这一技术广泛应用的关键。

此外，这些特异性引物除了可以用于土壤中青枯菌的检测，还可以直接用于植物样品的检测。采集目标植物的茎叶，从中提取 DNA，再用特异性引物进行 PCR 扩增，就可直接检测出茎叶中是否含有青枯菌。

青枯菌的检测方法包括半选择培养基上培养以及利用血清学的方法等，前者所需时间较长，并且青枯菌能进入存活不可培养状态，导致细菌量被低估甚至不能检测到细菌，后者由于与类似的细菌具有交叉反应从而产生假阳性。用不同方法检测青枯菌的比较结果表明，基于 PCR 的检测方法最为灵敏。用分子生物学方法检测青枯菌虽然简便易行，但是容易出现假阳性的结果，而且用 PCR 检测时，对阴性结果的解释也是比较困难的，可能是由于样品没有病原，也可能是 DNA 提取失败或者由于植物组织和土壤中抑制物质的干扰。因此，青枯菌的检测应该是集传统方法、免疫学方法、分子生物学方法等多种方法为一体的综合检测体系，并根据实际情况和需要选择最适合的方法。免疫学方法和分子生物学方法可用于灵敏快速检测青枯菌，必要时以传统的分离方法作为验证和补充，以得到完整、准确的检测结果。

第三节　内生解淀粉芽孢杆菌 Xe01 的鉴定及其发酵条件优化

生物防治是一种环境友好和具有良好发展潜力的防治手段，有益微生物利用已成为防控烟草青枯病的研究热点。植物内生细菌与植物高度亲和，内生菌作为生物防治菌株不仅能避免因使用化学农药给人类健康和环境带来的风险，还可减少对植物根际土壤微生态平衡的破坏，在防治植物病害上具有很大应用前景。目前，已从水稻、番茄等植株内分离筛选到具有良好拮抗作用的内生细菌。国内外针对烟草青枯病也筛选了一些内生细菌，如舒翠华等、易有金等从烟草根内筛选到对烟草青枯菌有较好抑制效果的内生拮抗细菌（如假单胞杆菌、短芽孢杆菌和枯草芽孢杆菌）。此外，为更好地将生防菌应用到生产，发酵培养基和培养条件的筛选和优化必不可少。梁艳琼、刘京兰等通过单因素和正交试验方法分别对解淀粉芽孢杆菌 JNC2 和 CC09 液体发酵的最适发酵培养基成分及发酵条件进行了筛选优化，优化后发酵滤液中抑菌活性物质的产量显著提高。由于烟叶种植制度和土壤生态环境的差异，生防菌在大田的应用效果不够稳定，菌种本身所具有的优良遗传性状也可能发生变异退化，因此，有必要不断挖掘和发现新的生防菌，并优化其发酵条件，为生防菌应用提供基础。从烟草根内筛选分离得到一株对烟草青枯菌有显著抑制作用的拮抗菌株，通过形态观察、生理生化检测及 16S rRNA 基因序列分析初步鉴定其种属，盆栽和小区试验考察防治效果。采用单因素试验及正交设计优化菌株发酵培养基及发酵条件，以期为后续生产应用提供理论支撑。

一、材料与方法

（一）试验材料

内生拮抗菌寄生植物样品于 2014 年取自湖南省永州市江永县和江华县青枯病发病较重烟田的健康烟株，烟草品种为云烟 87。供试病原菌烟草青枯病菌（*Ralstonia solanacearum*）、烟草疫霉菌（*Phytophthora parasitica var. nicotianae*）、烟草赤星病菌（*Alternaria alternata*）、辣椒炭疽病菌（*Colletotrichum capsici*）、辣椒疫霉菌（*Phytophthora capsici*）、柑橘炭疽病菌（*Colletotrichum gloeosprioides*）、稻瘟病菌（*Pyricularia oryzae*）和西瓜灰霉病菌（*Cladosporium cucumerinum*）均由湖南农业大学植物病虫害生物学与防控湖南省重点实验室提供。

拮抗细菌的分离、培养用 NA 培养基，烟草青枯菌培养用 LB 培养基，烟草黑胫病菌的培养用燕麦培养基，其他病原菌的培养用 PDA 培养基。拮抗细菌总 DNA 提取、16S rRNA 片段扩增所用试剂均购自天根生化科技（北京）有限公司。

(二)根内细菌的分离

剪取 1 g 清洗干净的烟草根系样品，依次用 75%乙醇浸泡 1 min、无菌水冲洗 3 次、5% NaClO 浸泡 6 min、无菌水冲洗 5 次，之后在无菌研钵中加入 10 mL 无菌水研磨，取 1 mL 研磨液涡旋振荡 10 min。采用稀释平板涂布法，制备 10^{-2} CFU/mL、10^{-3} CFU/mL、10^{-4} CFU/mL、10^{-5} CFU/mL、10^{-6} CFU/mL 梯度稀释液，各取 0.1 mL 涂布在固体 NA 平板上，于 28℃下培养 48 h。挑取培养特征明显不同的单菌落，于 NA 平板进行划线纯化，将纯化好的菌株于 4℃下保存备用。

(三)拮抗菌株的筛选

1. 拮抗菌株的初筛

参照夏艳等方法，制备烟草青枯病菌浓度为 1×10^{8} CFU/mL 的菌悬液，取 1 mL 加入 45℃左右的 LB 培养基，摇匀，待培养基凝固后，用灭菌牙签挑取前述中备用菌株单菌落点接于培养基上，每板测试 4 株菌株，每菌株重复 3 次，30℃条件下培养 48 h，用十字交叉法测量抑菌圈直径，求平均值。

2. 拮抗菌株的复测

选取有拮抗活性的菌株，接种于 NA 培养基中，28℃、180 r/min 条件下培养 48 h。取发酵液 10 mL，以 10000 r/min 离心 10 min，用 0.22 μm 的微孔滤膜过滤其上清液，得无菌发酵滤液。按前述的方法制备青枯菌平板，在平板四周用直径 8 mm 的打孔器打孔，孔内注入 0.1 mL 无菌发酵滤液，30℃条件下培养 48 h，用十字交叉法测量抑菌圈直径，求平均值。

(四)拮抗菌株的鉴定

1. 形态观察

将筛选到有明显拮抗作用的菌株从冰箱取出，NA 平板划线，于 28℃培养 48 h 后挑取单菌落，在新的 NA 平板上划线于 28℃培养 60 h，观察并记录菌落的颜色、形态等特征，并通过光学显微镜和革兰氏染色观察细胞形态。

2. 生理生化特征鉴定

参照文献进行生理生化试验，每个处理重复 3 次。

3. 16S rRNA 鉴定

拮抗细菌 16S rRNA PCR 扩增参考周鑫钰等的方法。将 16S rRNA 的 PCR 扩增产物回收纯化后送生工生物工程(上海)股份有限公司测序，测序结果在 NCBI 上进行 Blast 比对分析，选择同源性比较高的序列用 neighbor-joining 法构建系统发育树。

(五)拮抗菌株的抑菌谱测定

以 7 种病原菌为靶标，于 9 cm PDA 或燕麦培养基平板中心接种直径 5 mm 的靶标菌菌饼，用接种环挑取拮抗菌株划线接种在距平板中央 3 cm 处，同时以单独接种病原菌作为对照，每个处理重复 3 次。于 28℃下恒温培养 4 d，测量对照和处理的靶标菌菌落直径，计算抑菌带宽度，计算公式为：

$$抑菌带宽度=(对照菌落直径-处理菌落直径)/2$$

(六)拮抗菌株对烟草青枯病的防治效果

通过温室盆栽和田间试验考察拮抗菌株对烟草青枯病的防治效果。设 3 个处理，处理 1 为拮抗菌株 Xe01；处理 2 为 3%中生菌素 WP(福建凯立生物制品有限公司生产)；处理 3 为清水(对照)。每个处理重复 3 次。盆栽试验每次重复 20 盆，每盆栽烟 1 株，田间试验每小区面积为 67 m^2(植烟 100 株)，随机排列。

盆栽试验在湖南省永州市烟叶生产技术中心试验基地温室进行。取 5~6 片真叶烟苗移栽于装有灭菌土的花盆中，移栽后按处理分别灌根拮抗菌 Xe01 发酵液(菌量为 1×10^8 CFU/mL)、3%中生菌素 WP(500 倍液)和清水各 20 mL/株，24 h 后灌根接种烟草青枯菌菌悬液(1×10^8 CFU/mL)10 mL/株。置于温室(28~32℃)条件下，常规管理。观察烟株发病情况，始见病株后，每 7 天调查一次病害发生情况，共调查 3 次。病情分级标准按国家行业标准《烟草病虫害分级及调查方法》(GB/T 23222—2008)，统计发病率、病情指数和防治效果。

田间小区试验在湖南省永州市江永县夏层铺镇东铺村旱土烟田进行。选择烟草青枯病发生较重且连作 3 年以上的田块，移栽时和移栽后的第 30 天分别用拮抗菌 Xe01 发酵液(1×10^8 CFU/mL)、3%中生菌素 WP(500 倍液)和清水灌根，每株 200 mL。在田间烟草青枯病始发期开始调查，调查统计方法同盆栽试验。

(七)发酵培养基成分优化

1. 单因素筛选优化

最佳碳源、氮源、无机盐种类筛选：分别以玉米粉、乳糖、蔗糖、麦芽糖、甘油、可溶性淀粉替换 NA 培养基中的葡萄糖；分别以蛋白胨、酵母粉、大豆蛋白胨、尿素、硝酸铵、硫酸铵替换 NA 培养基中的牛肉膏；分别以氯化钙、磷酸氢二钾、氯化锰替换 NA 培养基中的氯化钠。

最佳碳源、氮源、无机盐浓度筛选：分别设定葡萄糖 6.0 g/L、7.0 g/L、8.0 g/L、9.0 g/L、10.0 g/L、11.0 g/L、和 12.0 g/L，牛肉膏 1.0 g/L、2.0 g/L、3.0 g/L、4.0 g/L 和 5.0 g/L，氯化钙 1.0 g/L、2.0 g/L、3.0 g/L、4.0 g/L 和 5.0 g/L。

以上试验每组处理设 3 组重复，在 28℃、150 r/min 条件下培养 24 h，测定菌体量(OD_{600})，按前述方法测抑菌圈直径，确定最佳碳源、氮源和无机盐种类和浓度。

2. 正交优化

根据以上单因子筛选的基础上，选择葡萄糖、牛肉膏、氯化钙为考察因素，按照正交设计表 $L_9(3^3)$设计 3 个因素、3 个水平的正交试验，确定最适配比。

(八)培养条件的优化

1. 培养条件单因素优化

采用最适培养基配方，依次进行以下条件的优化，每次都将上一优化结果应用于下一因素的优化。初始 pH 为 4.0、5.0、6.0、7.0、8.0、9.0 和 10.0；温度为 26℃、28℃、30℃、32℃、34℃、36℃和 38℃；转速为 140 r/min、160 r/min、180 r/min、200 r/min、220 r/min 和 240 r/min；发酵时间为 36 h、40 h、44 h、48 h、52 h、56 h 和 60 h。每个处理重复 3 次，测定菌体量(OD_{600})，按前述方法测抑菌圈直径。

2. 正交优化

根据单因素的优化结果，选择发酵培养初始 pH、温度、转速和发酵时间为考察因素，按照正交设计表 $L_9(3^4)$ 设计 4 个因素、3 个水平的正交试验，确定最佳发酵培养条件组合。

二、结果与分析

(一) 拮抗菌株的分离和筛选

采用平板梯度稀释法共分离出 96 株形态不同的菌株，经平板对峙法初筛和复筛，得到 15 株对烟草青枯病菌具有拮抗效果的菌株，其中 JH24、JY46、JY38、JY05、JY22、JH23、JY37、JH35 等菌株的抑菌效果较好，拮抗菌株发酵滤液抑菌圈直径在 20 mm 以上，菌株 JY16 的拮抗效果最好，抑菌圈直径达到 30. 5 mm(表 4-7 和图 4-8)。在转移 5 代后，菌株 JY16 抑菌效果表现稳定，将其命名为 Xe01，并进行深入研究。

表 4-7 拮抗菌株发酵滤液对烟草青枯病菌的拮抗效果

菌株编号	抑菌圈直径/mm	菌株编号	抑菌圈直径/mm
JY16	30.5 ± 1.23^{a}	JH35	20.9 ± 1.26^{bc}
JH24	23.6 ± 1.32^{ab}	JH17	19.3 ± 1.19^{c}
JY46	21.8 ± 1.10^{b}	JY25	19.1 ± 1.34^{c}
JY38	21.6 ± 1.35^{b}	JY29	17.3 ± 1.16^{d}
JY05	21.5 ± 1.45^{b}	JY03	17.2 ± 1.47^{d}
JY22	21.5 ± 1.12^{b}	JH04	15.2 ± 1.23^{e}
JH23	21.4 ± 1.17^{b}	JH11	13.6 ± 1.08^{f}
JY37	21.4 ± 1.34^{b}	—	—

注：同列数据后不同小写字母表示差异显著($P<0.05$)。

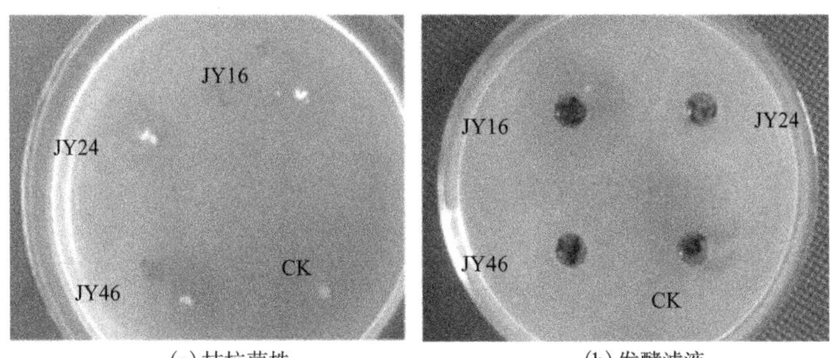

(a) 拮抗菌株　　(b) 发酵滤液

图 4-8 拮抗菌株和发酵滤液对烟草青枯病菌的拮抗效果

(二) 拮抗菌株的形态特征

对划线后长出的单菌落进行观察，菌株 Xe01 在 NA 培养基上呈灰白色，不透明，表面干燥皱缩，边缘不规则，具有较强的黏附性[图 4-9(a)]；革兰氏染色呈阳性，周生鞭毛，有芽孢，呈杆状[图 4-9(b)]。

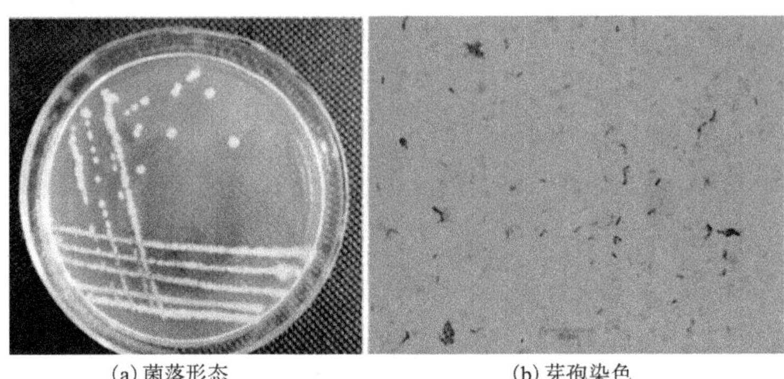

(a) 菌落形态　　(b) 芽孢染色

图 4-9　拮抗菌株 Xe01 的菌落形态(a)与芽孢染色(b)

(三)生理生化特征

生理生化试验测定表明(表 4-8)，菌株 Xe01 好氧，明胶液化试验、淀粉水解试验、酪朊水解试验、接触酶反应、硝酸盐还原反应、V-P 反应结果为阳性；硫化氢试验结果为阴性。根据形态观察并结合生理生化结果，初步确定菌株 Xe01 为芽孢杆菌属(*Bacillus*)。

表 4-8　拮抗菌株 Xe01 生理生化试验结果

项目	反应结果
厌氧生长试验	-
明胶液化试验	+
淀粉水解试验	+
酪朊水解试验	+
接触酶反应	+
硝酸盐还原反应	+
V-P 反应	+
硫化氢试验	-

注：+表示阳性；-表示阴性。

(四)16S rRNA 鉴定

测序结果与 GenBank 中已知序列比对，菌株 Xe01 的 16S rRNA 序列(GenBank 登录号为 JX477175)与解淀粉芽孢杆菌(*Bacillus amyloliquefaciens*)的 16S rRNA 序列同源性高达 100%。系统发育树结果表明(图 4-10)，菌株 Xe01 与解淀粉芽孢杆菌(JQ916086)处于同一个分支，因此将该菌鉴定为解淀粉芽孢杆菌。

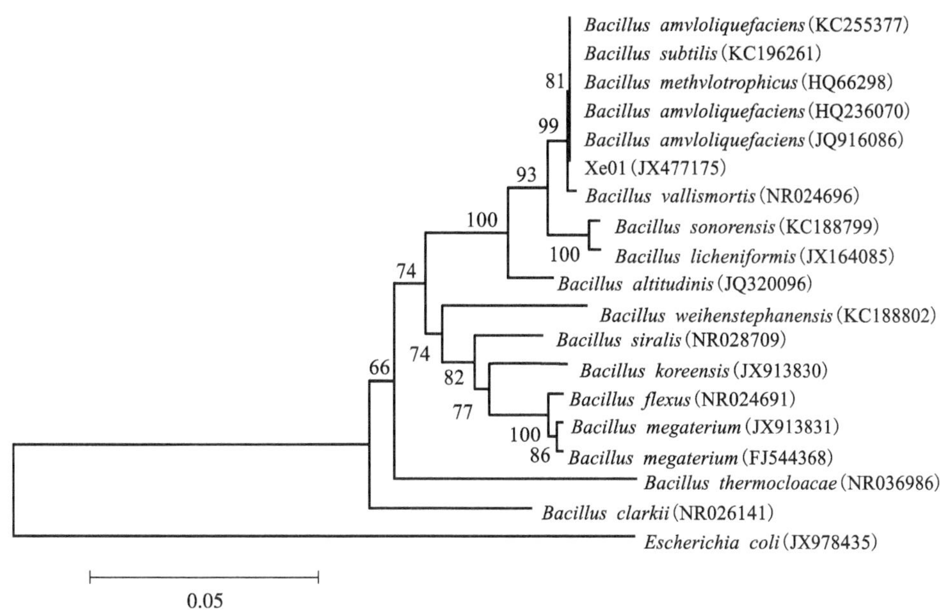

图 4-10　菌株 Xe01 16S rRNA 系统发育树

(五)拮抗菌株的抑菌谱

抑菌谱测定结果表明(表 4-9)，拮抗菌株 Xe01 对烟草黑胫病菌、烟草赤星病菌、辣椒炭疽病菌、辣椒疫霉病菌、柑橘炭疽病菌、稻瘟病菌和西瓜灰霉病菌均具有抑制作用，其中对烟草黑胫病菌的抑制作用最强，抑菌带宽度达 15. 1 mm。由此说明，Xe01 的抑菌谱广，具有较好的应用前景。

(六)拮抗菌对烟草青枯病的防治效果

温室盆栽和小区试验结果表明(表 4-10)，拮抗菌对烟草青枯病有明显防治效果，施用拮抗菌株 Xe01 显著降低了烟草青枯病的发病率和病情指数，温室盆栽试验拮抗菌 Xe01 对烟草青枯病的防效为 56. 32%，小区试验防效为 61. 46%，防效均好于药剂防治。

表 4-9　拮抗菌株 Xe01 对不同病原菌的拮抗效果

病原菌	抑菌带宽度/mm
烟草黑胫病菌	15. 1±1. 2[a]
烟草赤星病菌	9. 7±0. 9[c]
辣椒炭疽病菌	11±1. 3[b]
辣椒疫霉病菌	5. 6±0. 3[e]
西瓜灰霉病菌	7. 5±1. 1[d]
柑橘炭疽病菌	9. 2±1. 3[c]
稻瘟病菌	6. 4±0. 5[de]

表 4-10 拮抗菌 Xe01 对烟草青枯病的防治效果

处理	盆栽试验			小区试验		
	发病率	病情指数	防治效果/%	发病率	病情指数	防治效果/%
Xe01	36.67±1.37[c]	10.0±0.67[c]	56.32±1.28[a]	12.11±0.88[c]	6.52±0.27[b]	61.46±2.35[a]
3%中生菌素	45.56±3.45[b]	11.48±0.33[b]	49.75±2.27[b]	15.89±0.68[b]	7.31±0.33[b]	57.51±1.07[b]
清水(CK)	64.44±1.33[a]	21.48±1.33[a]	—	23.33±1.33[a]	14.89±0.67[a]	—

注：同列数据后不同小写字母表示差异显著($P<0.05$)。

(七)发酵培养基的优化

1. 单因素筛选　碳源、氮源、无机盐种类筛选

不同碳源、氮源和无机盐对 Xe01 的菌体量和抑菌活性影响较大，以葡萄糖为碳源时菌体量达到最大($OD_{600}=1.29$)，抑菌圈也最大(31.5 mm)[图 4-11(a)]；以牛肉膏为氮源时菌体量达到最大($OD_{600}=1.3$)，抑菌活性也最大(抑菌圈直径 31.6 mm)[图 4-11(b)]；以氯化钙为无机盐时菌体量达到最大($OD_{600}=1.43$)，抑菌圈也最大(33.7 mm)[图 4-11(c)]。因此，葡萄糖、牛肉膏和氯化钙为最适碳源、氮源和无机盐组分。

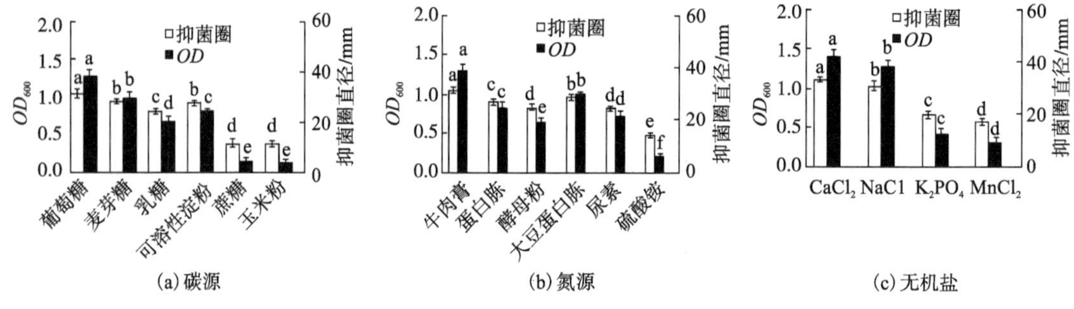

图 4-11　不同碳源、氮源和无机盐对 Xe01 菌体量和抑菌活性的影响

葡萄糖、牛肉膏和无机盐浓度筛选：不同浓度葡萄糖、牛肉膏和氯化钙对 Xe01 菌体量和抑菌活性影响有显著影响。随着浓度的增加，Xe01 菌体量和抑菌活性先随之增加，达到高峰后，随着浓度增加 Xe01 菌体量和抑菌活性反而下降。在葡萄糖 10 g/L 时菌体量($OD_{600}=1.53$)和抑菌活性(抑菌圈直径 33.7 mm)最大[图 4-12(a)]，牛肉膏 3 g/L 时菌体量($OD_{600}=1.54$)和抑菌活性(抑菌圈直径 33.8 mm)最大[图 4-12(b)]，氯化钙 2 g/L 时菌体量($OD_{600}=1.56$)和抑菌活性(抑菌圈直径 33.9 mm)最大[图 4-12(c)]。因此，葡萄糖 10 g/L、牛肉膏 3 g/L、氯化钙 2 g/L 为 Xe01 菌株发酵最佳浓度。

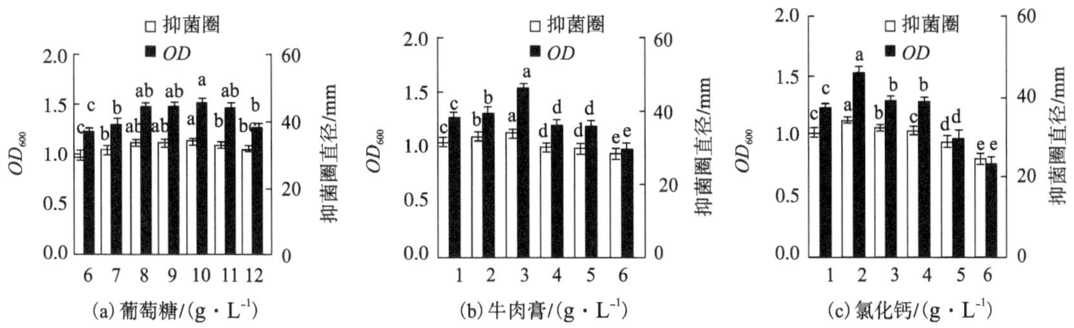

图 4-12 不同浓度葡萄糖、牛肉膏和氯化钙对 Xe01 菌体量和抑菌活性的影响

2. 正交优化

根据上述单因素试验结果，采用 L9(3^3)正交表，设计了 3 因素 3 水平的正交试验，进一步确定影响 Xe01 菌株抑菌活性的最佳组合，结果见表 4-11。由极差 R 值的大小($R_C>R_A>R_B$)可以看出，影响 Xe01 菌株抑菌活性的因子强度由强到弱依次为 C(氯化钙)>A(葡萄糖)>B(牛肉膏)，氯化钙浓度是影响 Xe01 菌株抑菌活性的最重要因子。结合 K 值，适合 Xe01 菌株发酵的最优组合为 $A_1B_3C_3$，即葡萄糖 9.0 g/L、牛肉膏 3.0 g/L，氯化钙 4.0 g/L。在此培养基条件下，菌株 Xe01 发酵滤液对烟草青枯病菌的抑菌直径达到 36.1 mm，比基础培养基培养的抑菌圈直径(30.5 mm)增加了 18.4%。

表 4-11 菌株 Xe01 发酵培养基中各营养成分正交试验结果

试验号	葡萄糖/(g·L⁻¹)	牛肉膏/(g·L⁻¹)	氯化钙/(g·L⁻¹)	抑菌圈直径/mm
	A	B	C	
1	1(9)	1(1)	1(2)	32.7
2	1(9)	2(2)	2(3)	35.2
3	1(9)	3(3)	3(4)	36.1
4	2(10)	1(1)	2(3)	32.1
5	2(10)	2(2)	3(4)	34.6
6	2(10)	3(3)	1(2)	30.8
7	3(11)	1(1)	3(4)	32.1
8	3(11)	2(2)	1(2)	29.4
9	3(11)	3(3)	2(3)	33.2
K_1	34.21	32.02	32.31	
K_2	33.74	33.12	33.67	
K_3	32.05	33.86	34.02	
R	2.43	1.12	3.21	
主次顺序	$R_C>R_A>R_B$			
优水平	A1	B3	C3	

(八)发酵培养条件的优化

1. 单因素筛选

初始 pH(图 4-13):在 pH 7 时的菌体量达到最高(OD_{600} = 1. 61),抑菌活性最高为 pH = 6 和 pH = 7 时,抑菌圈直径分别为 37. 0 mm 和 37. 6 mm,低于或高于该 pH,抑菌活性则显著降低。可见,Xe01 菌株发酵的最佳 pH 为 6~7。

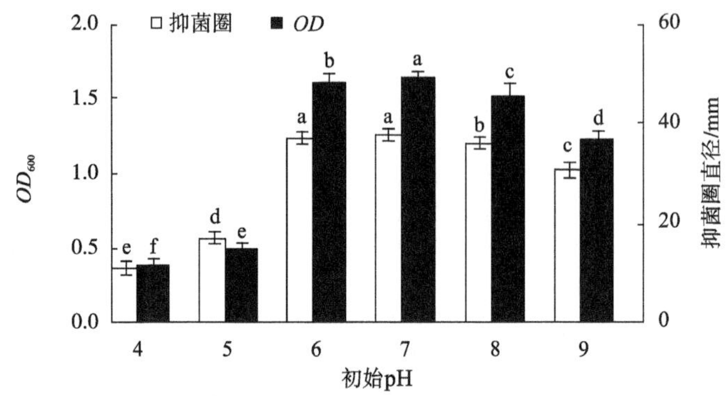

图 4-13 初始 pH 对 Xe01 菌体量和抑菌活性影响

培养温度(图 4-14):在 32℃发酵条件下,Xe01 菌体量最高(OD_{600} = 1. 60),低于或高于此温度,均不利于 Xe01 菌株的生长,而在 32~34℃时抑制活性最高。可见,Xe01 菌株发酵最佳温度为 32~34℃。

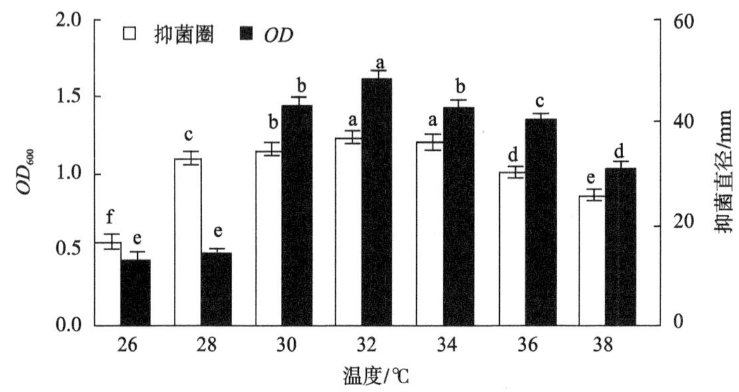

图 4-14 不同发酵温度对 Xe01 菌体量和抑菌活性影响

转速(图 4-15):摇床转速在 180 r/min 时 Xe01 菌体量和抑制活性均达到最大(OD_{600} = 1. 66,抑菌圈直径 37. 5 mm),转速高于或低于 180 r/min,Xe01 菌株的菌体量和抑制活性均显著下降。因此,Xe01 菌株发酵最佳转速为 180 r/min。

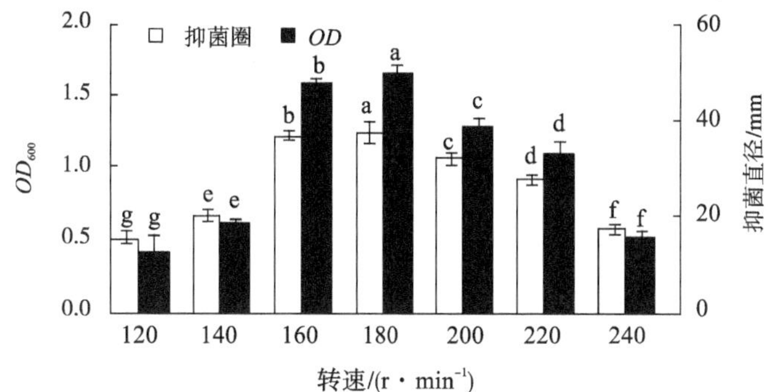

图 4-15 不同转速对菌株 Xe01 菌体量和抑菌活性影响

发酵时间(图 4-16)：在发酵时间 48 h 和 56 h 时菌体量达到最高，在 52 h 和 56 h 时抑菌圈直径达最大，然后逐渐减少。因此，Xe01 菌株发酵最佳发酵时间为 48~56 h。

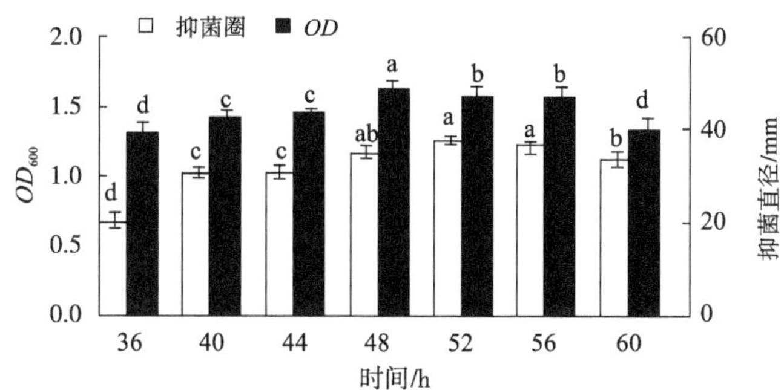

图 4-16 不同发酵时间对菌株 Xe01 菌体量和抑菌活性影响

2. 正交优化

根据上述单因素试验结果，采用 L9(3^4)正交表，设计 4 因素 3 水平的正交试验，进一步确定影响 Xe01 菌株抑菌活性的最佳发酵条件组合，结果见表 4-12。由极差 R 值可见，4 种因素对 Xe01 菌株抑菌活性影响力的强弱顺序为 A(pH)>B(温度)>C(转速)>D(培养时间)。结合 K 值，最优发酵条件组合为 $A_3B_1C_2D_2$，即 pH 7.0，30℃，180 r/min，培养 52 h。在此培养条件下，验证对烟草青枯病菌的抑制活性，抑菌圈直径达到 42.5 mm，比初始培养条件抑菌圈直径(30.5 mm)增加了 39.34%。

表 4-12 菌株 Xe01 培养条件正交试验结果

试验号	pH	温度/℃	转速 /(r · min^{-1})	时间 /h	抑菌圈直径/mm
	A	B	C	D	
1	1(6.0)	1(30)	1(160)	1(48)	34.1
2	1(6.0)	2(32)	2(180)	2(52)	34.9
3	1(6.0)	3(34)	3(200)	3(56)	32.1
4	2(6.5)	1(30)	2(180)	3(56)	35.9

续表4-12

试验号	pH	温度/℃	转速 /(r·min^{-1})	时间 /h	抑菌圈直径/mm
	A	B	C	D	
5	2(6.5)	2(32)	3(200)	1(48)	35.5
6	2(6.5)	3(34)	1(160)	2(52)	33.8
7	3(7.0)	1(30)	3(200)	2(52)	37.9
8	3(7.0)	2(32)	1(160)	3(56)	37.1
9	3(7.0)	3(34)	2(180)	1(48)	35.6
K_1	33.91	37.21	35.37	35.18	
K_2	35.36	36.78	36.74	35.35	
K_3	37.23	33.67	34.35	35.04	
R	3.51	2.43	1.19	0.54	
主次顺序	A>B>C>D				
优水平	A3	B1	C2	D2	

三、结论与讨论

传统的生防菌种大多来自土壤，从土壤中筛选出的拮抗细菌通过抑制土传病原菌的繁殖达到防病的效果。内生拮抗细菌能进入植物组织，与病原菌竞争空间与营养，可在植物内部抑制病原菌的繁殖，能更好地防治病原菌，较传统的土壤细菌更有优势，已成为防治植物病害的一个重要菌种资源。本节通过稀释涂布平板对峙法从烟草根内筛选获得一株具有较强抑菌活性的拮抗细菌(Xe01)，通过形态观察、生理生化检测及16S rRNA基因序列分析初步鉴定其种属，初步鉴定为解淀粉芽孢杆菌(*Bacillus amyloliquefaciens*)。拮抗菌株对烟草青枯病菌具有较好的抗菌活性，还可以抑制烟草黑胫病菌、烟草赤星病菌和辣椒炭疽病菌等常见病原菌，抑菌范围比较广泛，应用前景良好。

优化生防菌培养液组分可以提高菌体的菌体量和抑菌活性物质的产量，进而提高生防效果。本节将Xe01的菌体量及抑菌活性作为主要考量指标，发现培养基碳源、氮源和无机盐种类及浓度为葡萄糖9.0 g/L、牛肉膏3.0 g/L、氯化钙4.0 g/L时，菌体量最大，抑菌活性最佳，但抑菌活性物质含量的变化暂未分析。初始pH、培养温度、转速和发酵时间影响其活菌数量以及对病原菌的抑制效果，它们之间互相作用、互相影响，高产发酵需要各因素之间的最佳组合。因此，解淀粉芽孢杆菌发酵条件的优化除采用单因素外，同时还需要考虑多因素及其交互作用。本节通过单因素和正交试验优化了培养条件，发现pH 7.0，30℃，180 r/min，培养52 h时抑菌圈直径达42.5 mm，比优化前的抑制圈直径增加了39.34%。本节只是在摇床条件下对菌株Xe01培养条件进行优化，今后还需要验证和完善发酵工艺，获得适合发酵罐的发酵工艺，在实际工业化生产中对发酵条件的控制方法也有待于进一步研究，为下一步抑菌活性物质的分离鉴定以及田间实际应用提供理论参考。

解淀粉芽孢杆菌不仅能够产生多种抗菌物质，抑制植物病原菌生长，而且能促进植物生长和诱导植物产生系统抗性。权春善、林巧玲等分离筛选的解淀粉芽孢杆菌Q-12对植尖孢镰刀菌具有较好抑制作用，解淀粉芽孢杆菌 SH-27 能显著降低大豆疫病的病情指数，促进根系生长。本节筛选的拮抗菌株解淀粉芽孢杆菌 Xe01 对烟草青枯病菌具有较好的抑菌活性，温室盆栽和小区试验对烟草青枯病的防治效果为 50%以上，防治效果与姜乾坤、易有金等筛选的生防菌相当。但拮抗菌株 Xe01 如何发挥作用，是否还具有促进植物生长和诱导植物抗性等作用暂不明确，后续将对 Xe01 的生防机制及其抑菌物质的分离纯化等方面进行更深入的研究。

本节筛选获得一株对烟草青枯菌具有较好抑制作用的解淀粉芽孢杆菌 Xe01，盆栽和小区试验对烟草青枯病的防治效果良好。优化了发酵培养基和发酵条件，优化培养后抑菌活性提高了 39.34%，为解淀粉芽孢杆菌 Xe01 防治烟草青枯病及生防菌剂的开发应用提供了理论基础。

第四节　贝莱斯芽孢杆菌 F10 对烟草促生作用以及对烟草青枯病的防治效果

植物根际促生菌（plant growth promoting rhizobacteria，PGPR）是土壤中可直接或间接有益于植物生长的微生物，对病原菌具有拮抗能力，可以诱导系统抗性（induced systemic resistance，ISR），已成为生物防治的重要资源。在水稻、小麦、番茄等粮食作物和蔬菜瓜果上的 PGPR 的研究与应用较多，并已发现假单胞菌属（*Pseudomonas spp.*）、链霉菌（*Streptomyces spp.*）、芽孢杆菌属（*Bacillus spp.*）等多个种属的土壤微生物具有促生潜能。在烟草上也发现了芽孢杆菌（*Bacillus spp.*）、假单胞菌（*Pseudomonas spp.*）等多种具有防治烟草青枯病的植物根际促生菌。贝莱斯芽孢杆菌（*Bacillus velezensis*）作为芽孢杆菌的一个新种被广泛关注，该菌具有广谱抑菌活性和促生作用，是一种具有广阔应用前景的植物根际促生菌，被广泛应用于植物病害的生物防治。如贝莱斯芽孢杆菌 FZB42 已经被商业化应用，作为生物肥料和生物防治剂在农业领域被广泛使用。目前这些研究大多集中在拮抗菌的防病效果，对贝莱斯芽孢杆菌作为植物根际促生菌在烟草上的促生、抗病及对烟草生理指标的影响等方面研究仍少见报道。

本节以前期获得的植物根际促生菌贝莱斯芽孢杆菌（*Bacillus velezensis*）F10 为材料，通过盆栽和小区试验考察其对烟草的促生作用和对烟草青枯病的防治效果，为拮抗菌的大田应用提供理论基础。

一、材料与方法

（一）材料

供试菌种：贝莱斯芽孢杆菌（*Bacillus velezensis*）F10（保藏号：CBMB205）为前期研究所筛选，对茄科雷尔氏菌（*Ralstonia solanacearum*）具有较强的拮抗作用。烟草青枯菌由本实验室分离保存。

供试烟草：品种为云烟 87，在育苗基质中培育至 5~6 片真叶，备用。

培养基：拮抗菌 F10 培养用 NA 培养基，烟草青枯病菌用 LB 培养基。

盆栽试验土壤：供试土壤来自湖南省宁乡市喻家坳乡三民村附近农田，土壤类型为水稻土。土壤性质：有机质 38. 24 g/kg、全氮 2. 12 g/kg、碱解氮 165. 48 mg/kg、速效钾 204. 13 mg/kg。

(二) 拮抗菌对烟草生长的影响

1. 拮抗菌对烟草根系生长的影响

盆栽试验在湖南省宁乡市喻家坳乡三民村烟草育苗基地温室进行。设置三个处理，处理一：拮抗菌 F10；处理二：25%溴菌 · 壬菌铜；处理三：对照。每个处理重复 3 次，每次重复 20 株烟。选择长势一致的 5~6 片真叶期烟苗，移栽于装有灭菌土的花盆中，移栽后立即于根际灌根接种活化后的拮抗菌 F10(浓度 1×10^8 CFU/mL) 菌液和溴菌 · 壬菌铜(稀释 1000 倍)，每株约 50 mL，对照接入等量 NA 培养基。

在移栽后 10 d、20 d、30 d 各处理随机取 3 株烟苗，小心将烟苗整株挖出，用清水洗净，测量根鲜重、总根长、总根表面积和总根体积，采用 TTC 法测定根系活力。将根放置于烘箱中 105℃杀青 30 min，60℃继续烘干 48 h，取出测根干重。

2. 拮抗菌对烟草地上部分生长的影响

在移栽后 10 d、20 d、30 d 各处理随机取 3 株烟苗，自然条件下风干后，参照文献方法测量整株鲜重、株高、茎围、叶数和最大叶面积等农艺性状。将烟株置于烘箱中 105℃杀青 30 min，60℃继续烘干 48 h，取出测整株干重。

3. 拮抗菌对烟草叶片生理指标的影响

移栽后 10 d、20 d、30 d 各处理随机取 3 株烟，每处理取烟株中部 3 片叶，剪碎混合均匀后，参照文献测定过氧化物酶(POD)、超氧化物歧化酶(SOD)，采用过氧化氢分解量法测定过氧化氢酶(CAT)，测量 3 次取平均值。

(三) 拮抗菌对烟草青枯病的防治效果

通过盆栽和小区试验考察拮抗菌对烟草青枯病的防治效果。处理 24 h 后，将烟草青枯菌悬液(1×10^8 CFU/mL)接种于各处理烟苗根际，每株 5 mL。将烟株置于 30℃左右的温室中保温保湿，观察发病情况，始见病株后，每 7 d 调查一次病害发生情况，共调查 3 次。病害调查依据《烟草病虫害分级及调查方法》(GB/T 23222—2008)，统计发病率、病情指数和防治效果，计算公式：发病率=发病株数/调查总株数×100%；病情指数=(Σ 各级病株数×病级)/(调查总株数×最高病级)×100；防治效果=(对照病情指数-处理病情指数)/对照病情指数×100%。

小区试验在湖南省江永县夏层铺镇东铺村旱土烟田进行，选取连年青枯病发病较重的烟田，处理设置同盆栽试验，每小区面积 67 m^2(约 100 株)，随机排列，小区之间设置隔离行，小区边缘设置保护行。移栽时和移栽后 30 d 分别用拮抗菌 F10 发酵液(1×10^8 CFU/mL)和溴菌 · 壬菌铜(稀释 1000 倍液)灌根，每株 200 mL，对照用等量 NA 培养基灌根。田间管理同当地优质烟叶生产技术规程。在田间烟草青枯病始发期开始调查，每 7 d 调查一次病害发生情况，共调查 3 次，调查统计方法同盆栽试验。

(四) 拮抗菌对大田烟株农艺性状和经济性状的影响

小区试验评价拮抗菌对大田烟株农艺性状和经济性状的影响。团棵期(移栽后 40 d)、旺长期(移栽后 60 d)和成熟期(移栽后 80 d) 在各小区选取有代表性的未发病烟株 10 株，参照《烟草农艺性状调查测量方法》(YC/T 142—2010)调查记载烤烟株高、茎围、叶数和最大叶面积。

烟叶成熟后，分小区采收、编竿，用密集式烤房、三段五步式烘烤工艺进行烘烤，按照国家烤烟分级标准 GB 2635—92 进行分级，并计算烟叶的产量、上中等烟比例和产值。

(五)数据统计

采用 Microsoft Excel 2010 和 SPSS 18.0 软件进行数据统计分析，在 0.05 水平上分析差异显著性($P<0.05$)。

二、结果与分析

(一)拮抗菌对烟草根系发育的影响

拮抗菌对烟株生长发育影响明显，处理后 30 d，F10 处理烟株的根系发育显著优于溴菌·壬菌铜处理和对照。从根鲜重[图 4-17(a)]来看，不同时期 F10 处理均显著大于溴菌·壬菌铜处理和对照，移栽后 30 d F10 处理比对照高 58.72%；从根干重来看[图 4-17(b)]，移栽后 10 d 和 20 d F10 处理显著高于溴菌·壬菌铜处理和对照，在移栽后 30 d，F10 处理比对照重 58.55%；从总根长[图 4-17(c)]来看，移栽后 10 d 和 20 d F10 处理比溴菌·壬菌铜处理和对照显著长，移栽后 30 d F10 处理比对照长 50.18%；从总根表面积(图 4-7d)和总根体积[图 4-17(e)]来看，在不同时期 F10 均显著高于溴菌·壬菌铜处理和对照；从根系活力来看[图 4-17(f)]，F10 处理在不同时期均显著大于其他处理，移栽后 30 d F10 根系活力比对照高 35.65%。

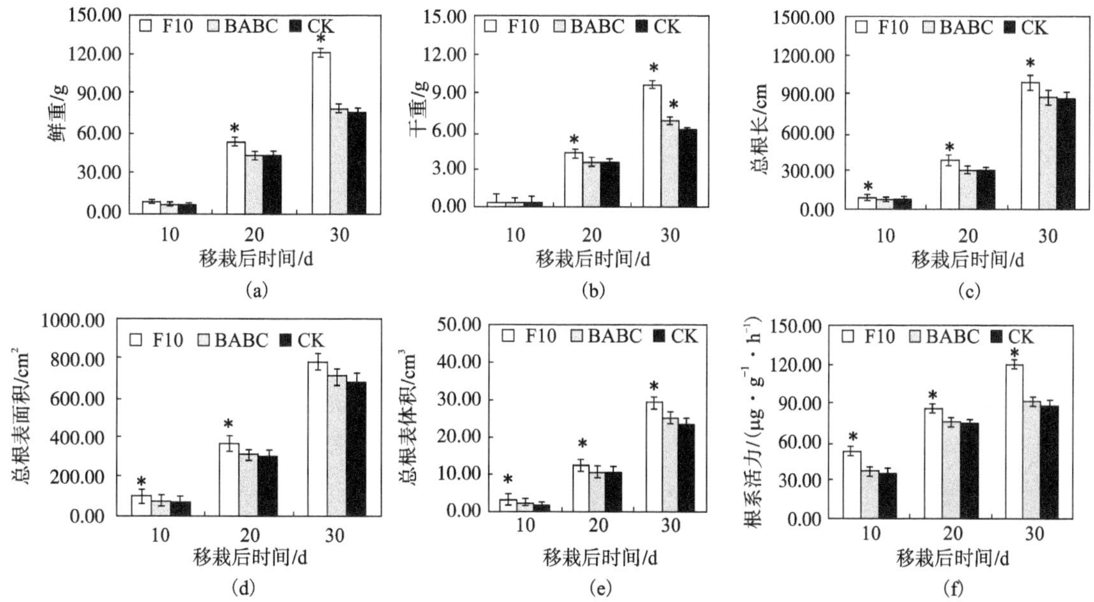

图 4-17　不同处理对烟草根系发育的影响

(二)拮抗菌对烟株地上部分生长的影响

拮抗菌对烟株地上部分生长影响明显，处理后 30 d，拮抗菌 F10 处理烟株的长势显著优于溴菌·壬菌铜处理和对照，其中株高和叶面积最为明显(图 4-18)。

图 4-18　不同处理对烟株地上部分生长的影响(移栽后 30 d)

从鲜重[图 4-19(a)]和干重[图 4-19(b)]来看，各处理烟株移栽后 10 d 差异不明显，移栽后 20 d F10 处理均显著大于溴菌·壬菌铜和对照，移栽后 30 d F10 处理显著大于其他处理，F10 处理鲜重和干重分别比对照高出 34.38%和 38.93%。从株高来看[图 4-19(c)]，F10 处理在不同生长时期显著高于溴菌·壬菌铜处理和对照，移栽后 30 d F10 处理比对照高 33.02%；从茎围来看[图 4-19(d)]，F10 处理在不同时期均显著大于其他处理，随着时间的推移，相差越来越大，移栽后 30 d F10 处理较对照高 51.20%；从叶数来看[图 4-19(e)]，不同处理之间的叶片数的差异不明显；从最大叶面积来看[图 4-19(f)]，F10 处理在不同时期均显著大于其他处理，移栽后 30 d F10 最大叶面积比对照高 43.12%。

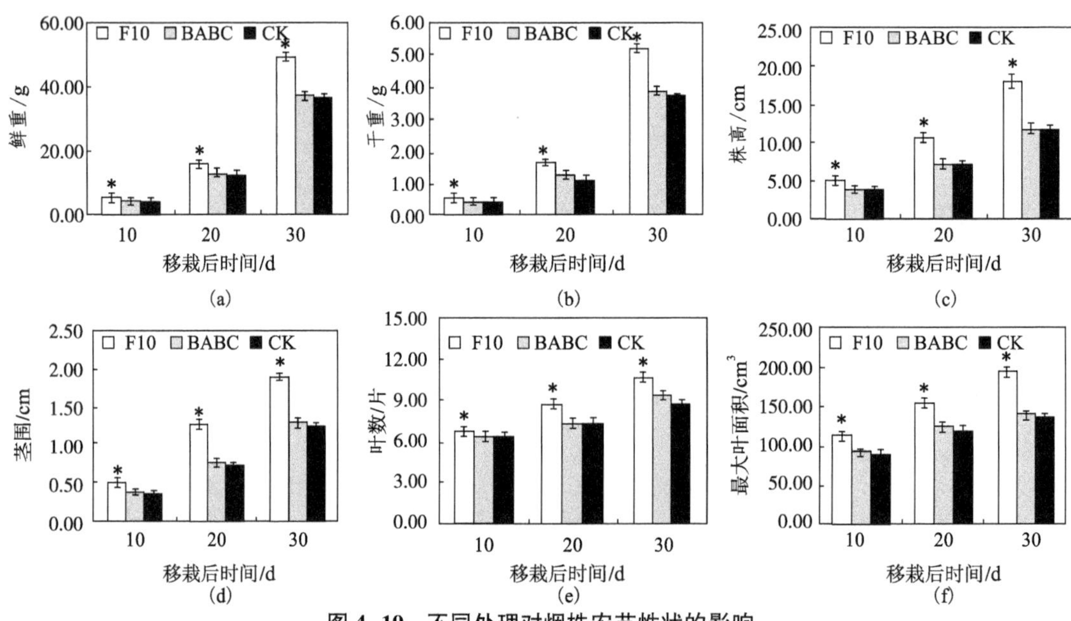

图 4-19　不同处理对烟株农艺性状的影响

(三)拮抗菌对烟草叶片生理指标的影响

接种拮抗菌 F10 可明显提高过氧化物酶(POD)、超氧化物歧化酶(SOD)和过氧化氢酶(CAT)三种酶的活性(图 4-20)。从过氧化物酶活性来看，3 个处理的过氧化物酶活性均呈增加趋势，F10 处理和溴菌·壬菌铜与对照之间存在显著性差异，F10 处理活性最高，移栽后 30 d，F10 处理过氧化物酶活性比对照高 25.32%；从超氧化物歧化酶活性来看，F10 和溴菌·壬菌铜处理酶活性均高于对照，不同时期 F10 处理超氧化物歧化酶活性均为最高；从过氧化氢酶活性来看，F10 处理后过氧化氢酶活性的影响在第 10 d、20 d 和 30 d 表现不尽相同，呈先下降后上升的趋势，但酶活性均显著高于对照。

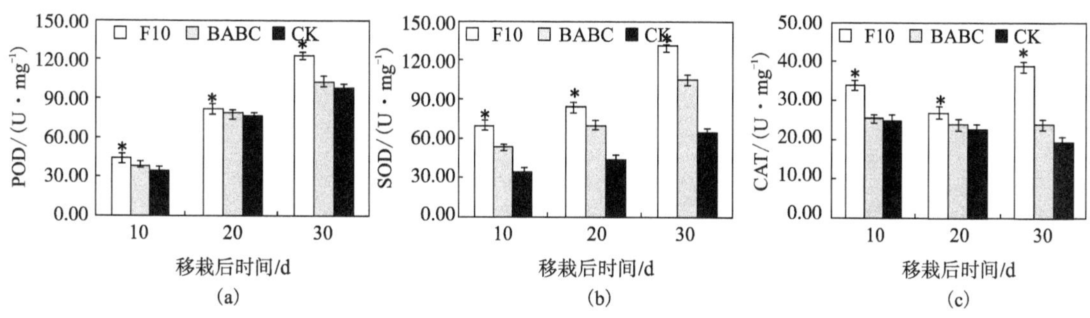

图 4-20　拮抗菌对烟草叶片生理指标的影响

(四)拮抗菌对烟草青枯病的防治效果

温室盆栽和小区试验(表 4-13)结果表明，拮抗菌 F10 对烟草青枯病有明显防治效果，温室盆栽试验拮抗菌 F10 对烟草青枯病防效达到 60.49%，防效好于化学药剂溴菌·壬菌铜(55.37%)；小区试验拮抗菌 F10 对烟草青枯病防效为 54.91%，防效好于化学药剂溴菌·壬菌铜(51.45%)。

表 4-13　拮抗细菌对烟草青枯病的防治效果

处理	温室盆栽试验			小区试验		
	发病率	病情指数	防治效果/%	发病率	病情指数	防治效果/%
F10	23.33±1.67[c]	8.1±0.67[c]	60.49±1.28[a]	22.67±0.78[c]	7.80±0.37[b]	54.91±1.33[a]
溴菌·壬菌铜(BABC)	25±1.0[b]	9.15±0.43[b]	55.37±2.27[b]	24±0.67[b]	8.40±0.53[b]	51.45±1.07[b]
对照	48.33±1.33[a]	20.55±1.11[a]	—	46±1.23[a]	17.34±0.87[a]	—

注：同列不同小写字母表示处理间差异显著($P<0.05$)。

(五)拮抗菌对大田烟株农艺性状和经济性状的影响

1. 拮抗菌对大田烟株农艺性状的影响

不同生长时期，不同处理烟株农艺性状差异显著(表 4-14)。施加拮抗菌 F10 可以显著改善烤烟的农艺性状，烤烟的株高、茎围、叶片数和最大叶面积均高于溴菌·壬菌铜和对照处理。团棵期拮抗菌 F10 处理较对照株高、茎围、叶片数和最大叶面积分别提高了 11.02%、3.80%、2.06%和 1.02%；旺长期拮抗菌 F10 处理较对照株高、茎围、叶片数和最大叶面积提高了 2.18%、0.37%、5.16%和 3.31%；成熟期拮抗菌 F10 处理较对照株高、茎围、叶片数和最大叶面积分别提高了 3.51%、3.76%、5.42%和 4.51%。

表 4-14　不同时期各处理烟株农艺性状

生育期	处理	株高/cm	茎围/cm	叶片数/cm	最大叶面积/cm^2
团棵期	F10	31.83±1.03^{a}	5.46±0.13^{a}	9.9±0.33^{a}	866.47±5.45^{a}
	溴菌·壬菌铜	29.87±1.33^{b}	5.2±0.16^{b}	9.7±0.45^{a}	819.86±8.45^{b}
	对照(CK)	28.67±1.41^{b}	5.26±0.23^{b}	9.8±0.67^{a}	835.33±9.23^{ab}
旺长期	F10	120.03±3.53^{a}	8.07±0.24^{a}	16.3±0.33^{a}	1397.29±10.79^{a}
	溴菌·壬菌铜	119.33±4.13^{a}	7.91±0.25^{a}	15.7±0.67^{b}	1356.92±14.37^{b}
	对照(CK)	117.47±4.23^{b}	8.04±0.23^{a}	15.5±1.33^{b}	1352.59±16.73^{b}
成熟期	F10	129.73±2.17^{a}	8.55±0.33^{a}	17.5±1.03^{a}	1232.25±15.98^{a}
	溴菌·壬菌铜	125.33±2.45^{b}	8.42±0.16^{a}	16.9±0.77^{ab}	1175.96±21.47^{b}
	对照	125.33±3.27^{b}	8.24±0.13^{b}	16.6±0.89^{b}	1179.04±25.29^{b}

注：同列不同小写字母表示处理间差异显著($P<0.05$)。

2. 拮抗菌对烟叶经济性状的影响

施用拮抗菌 F10 能显著提高烤烟各项经济指标，烟叶的产量、产值、均价和烟叶等级比例均高于溴菌·壬菌铜和对照处理(表 4-15)，与对照相比，亩产量、亩产值、均价、上等烟比例和中上等烟比例分别提高了 11.82%、27.11%、13.68%、31.46%和 13.17%。表明施用拮抗菌 F10 有助于提高烤烟的经济效益。

表 4-15　各处理烟叶经济性状

处理	产量/($kg\cdot667m^{-2}$)	产值/(元$\cdot667m^{-2}$)	均价/(元$\cdot kg^{-1}$)	上等烟比例/%	中上等烟比例/%
F10	151.59±3.66^{a}	3994.52±10.89^{a}	26.35±1.73^{a}	53.95±0.93^{a}	93.60±0.87^{a}
溴菌·壬菌铜	150.08±4.78^{a}	3784.97±12.47^{b}	25.22±1.25^{b}	49.88±0.87^{b}	92.22±0.94^{a}
对照	135.57±4.26^{b}	3142.55±15.36^{c}	23.18±0.78^{c}	41.04±0.65^{c}	82.71±0.59^{b}

注：同列不同小写字母表示处理间差异显著($P<0.05$)。

三、结论与讨论

贝莱斯芽孢杆菌(*Bacillus velezensis*)是芽孢杆菌属的一个新种，主要通过分泌脂肽类抗生素、聚酮类化合物和抗菌蛋白等产生抑菌作用，能有效防控多种植物病害。贝莱斯芽孢杆菌不仅对植物病原菌具有良好的拮抗作用，还能促进植物生长。Kim 等报道贝莱斯芽孢杆菌GH1-13 能促进水稻根系生长，Meng 等研究发现贝莱斯芽孢杆菌 BAC03 能促进甜菜、胡萝卜、黄瓜等作物生长。本节发现根际接种贝莱斯芽孢杆菌 F10 能够促进烟草根系生长发育，烟株根系鲜重、干重和根系活力等指标显著优于对照，促进烟草地上部分的生长发育，对烟株茎围、株高和叶面积的影响尤其明显。F10 能够促进烟株生长，推断可能是通过促进根的生长，增大根重，有效提高了幼苗的根系功能，从而更高效地促进烟苗对水分和养分的吸收，进而促进了叶片的光合作用，使得烟苗茎直径增加，鲜重增加。贝莱斯芽孢杆菌菌株促进植物生长，与其能够释放促进植物生长有关的植物激素和挥发性化合物有关。下一步将对贝莱斯芽孢杆菌 F10 促进生长相关物质及作用机制进行研究，揭示其促生作用机理，为生产应用提供理论基础。

诱导植物抗性是植物根际促生菌生防作用的重要机制之一，可以通过 JA/ET 信号通路诱导植物 ISR，通过活性氧爆发、细胞壁的强化、防御相关酶的累积以及抗菌物质的产生等诱导植物细胞的防御反应。活性氧具有双重作用，在激发寄主抗病反应的同时，活性氧的积累超过一定量时也会使寄主本身细胞受到伤害，植物可通过 SOD、POD 和 CAT 等抗氧化酶来清除活性氧的危害。本节发现烟草根际接种拮抗菌 F10 后，叶片 SOD、POD 和 CAT 等几种防御酶活性均显著高于对照，移栽 60 d 时各项指标与对照间差异最为显著，以上结果表明生防细菌 F10 可诱导烟草产生系统抗性，可能与增强烟草对烟草青枯病的抵抗力有关。贝莱斯芽孢杆菌能产生的多种次级代谢产物，但这些抑菌物质激发宿主的主要免疫应答机制尚不清楚，且本节测定的防御酶也有局限性，下一步将扩大防御酶测定范围，定向研究某一种或某一类抑菌物质对宿主的生防作用，利用多组学分析贝莱斯芽孢杆菌与宿主相互作用时的应答机制。

Lee 等研究表明贝莱斯芽孢杆菌 YP2 可有效抑制茎点霉(*Phoma spp.*)、灰葡萄孢石竹变种(*Botrytis cinerea*)和油菜菌核病菌(*Sclerotinia scleotiorum*)的菌丝生长，温室试验中，施用 *B. velezensis* YP2 防治红叶芥菜白粉病效果 40. 9%～70. 6%。本节结果表明，烟草根际接种贝莱斯芽孢杆菌(*Bacillus velezensis*)F10 显著降低了烟草青枯病发病率和病情指数，温室和小区试验相对防效分别达到 60. 49%和 54. 91%，防效好于化学药剂溴菌・壬菌铜。PGPR 菌剂能促进烟株大田生长，有效改善烟叶品质，提高中上等烟叶产量，增加烟叶的经济价值。本节发现施加拮抗菌 F10 可以显著改善烤烟的农艺性状，烤烟的株高、叶片数、茎围和叶面积均高于对照处理。施用拮抗菌 F10 菌剂能显著提高烤烟各项经济指标，经济效益显著。本节仅评价了烟株大田农艺性状和烤后经济性状，下一步将对烟叶外观质量和内在品质进行研究，为生产应用提供依据。

第五章 烟草赤星病防控技术

烟草赤星病是一种危害叶部的真菌性病害，发生在烟草生长中后期。20 世纪 90 年代以来，该病在我国发展迅速，势头迅猛，每年赤星病发病面积大约在 10 万公顷，造成的经济损失超 1 亿元，赤星病成为危害我国烟叶生产的第二大烟草病害，仅次于烟草病毒病。赤星病的根本危害在于感病植株叶片含水量下降，连成一片的病斑在干燥的状态下有时会裂开或脱落，使烤烟的叶片残破不堪，导致烟叶外观质量和内在品质不协调，工业使用价值大大降低，为烤烟种植者带来经济损失。烟草赤星病的防治方法主要有化学、农业和生物防治，其中化学防治应用广泛且实用，但带来的农药残留、病原菌产生抗药性等问题越来越突出。农业防治存在耗时耗力，操作烦琐等情况。因此，低成本、无残留、无毒且高效的生物防治是目前防治烟草赤星病研究的热点。

第一节 烟草赤星病病原菌比较基因组分析

一、材料与方法

(一) 基因组测序

分别提取烟草赤星病菌 DZ12 和 Y1 两个菌株的总 DNA，经质控合格后进行 Nanopore 建库测序，同时基于 Illumina 进行二代测序，二代测序主要用于基因组组装后基因组单碱基纠错和打磨，基因组框架图基于纯三化序列进行组装。原始测序 reads 经质控后，合格数据用于后续组装及分析。

(二) 基因组组装

经质控后得到干净的测序数据，基于 Nanopore 测序数据用 netcat 进行基因组组装，然后用 NextPolish 进行基因组打磨纠错。然后将测序原始 reads 比对到基因组上，计算其 reads 覆盖度，检查是否存在明显低覆盖区域。

(三)基因组注释

从 Uniprot 下载所有真菌蛋白序列，用 maker2 进行基因结构预测，第一轮基因预测基于同源蛋白序列进行基因结构预测，然后选择得分值较高的基因结构训练 augustus 和 snap 两个从头预测基因软件，得到预测模型文件后，再进行 maker2 第二轮基因结构预测，最后经检查、过滤后得到最终的基因组注释 gff 文件。

(四)基因功能注释

蛋白基因功能注释基于以下几个功能信息：①InterProScan 注释结果；②EggNOG 注释结果；③与 SwissProt 和 nr 蛋白库进行 BlastP 搜索，e－value < 1e－7；④Pfamscan (https://www.ebi.ac.uk/Tools/pfa/pfamscan)注释结果。综合以上注释信息，提取每个基因的 GO、KEGG、COG、Pfam 和 IPR 信息等。

(五)全基因组比对与查看

全基因组比对基于 last 和 minimap2 进行，last 比对产生 maf 比对文件，minimap2 比对产生 paf 和 sam 比对文件，然后用 IGV 查看比对结果，检查未比对上的基因组区域内的基因是否在其他真菌中存在同源基因，特别是在其他链格孢真菌中是否存在同源基因。

(六)基于全基因组构建系统进化树

从 NCBI 下载 Alternaria 其他菌株的基因组序列，用 JolyTree 基于全基因组序列构建系统进化树，进化树用 iTOL 显示并作图。

(七)次生代谢产物合成基因簇分析

用 antiSMASH 进行全基因组次生代谢产物合成基因簇预测和分析，选择 antiSMASH 真菌模式，上传基因组序列 fasta 文件和基因注释 GFF 文件，预测得到次生代谢产物合成基因簇。比较 DZ12 和 Y1 两个菌株次生代谢产物合成基因簇的差异。

(八)菌株特异序列分析

从 NCBI 下载 Alternaria 其他菌株的全基因组序列，将这些菌株的基因组序列用 minimap2 比对到 DZ12 和 Y1 基因组上，选择长度大于 1 kb 的比对作为可靠的同源片段比对。然后选择没有其他菌株基因组覆盖的基因组区域作为菌株特异片段序列，比较特异片段区域内的基因功能和来源，选取特异片段内的序列到 NCBI 进行 blastn 和 blastx 比对，选择 nt/nr 序列库，分析相似序列的物种信息。

二、结果与分析

(一)基因组测序与组装

基于 Nanopore 和 Illumina 测序策略对两个烟草赤星病菌 DZ12 和 Y1 菌株基因组进行全基因组测序，分别得到了 10.57 GB 和 15.99 GB 的 Nanopore 测序数据，测序深度分别为

302 X 和 457 X，其读段(reads)的 N50 分别为 28.7 kB 和 28.9 kB。基于 Nanopore 数据，用 necat 对两个菌株基因组进行组装，组装结果显示，两个菌株均组装成了 10 条染色体和 1 个线粒体基因组序列。然后用 NextPolish 进行基因组纠错，最后组装得到 DZ12 和 Y1 两个菌株全基因组序列，基因组大小分别为 34123881 bp 和 33440124 bp(表 5-1)。核基因组 GC 含量均为 50.9%，而线粒体基因组大小分别为 50253 bp 和 50393 bp，GC 含量均为 29.2%。染色体长度为 1.85~6.76 MB，两个菌株染色体大小基本一致。

表 5-1　烟草赤星病菌 DZ12 和 Y1 染色体长度

项目	DZ12		Y1	
	长度/Mb	GC 含量/%	长度/Mb	GC 含量/%
Chr_1	6758660	0.512	6758480	0.512
Chr_2	5492789	0.511	5556816	0.511
Chr_3	3421654	0.506	3297550	0.510
Chr_4	3145054	0.509	3098176	0.509
Chr_5	3028043	0.510	2839110	0.510
Chr_6	2821308	0.510	2624087	0.509
Chr_7	2574819	0.509	2508377	0.510
Chr_8	2515753	0.509	2441557	0.509
Chr_9	2465333	0.506	2402631	0.510
Chr_10	1850215	0.509	1862947	0.509
MT	50253	0.292	50393	0.292

(二)基因组注释

用 GeneMark 对 DZ12 和 Y1 两个菌株基因组进行基因预测，分别预测得到了 12460 和 12227 个蛋白编码基因(表 5-2)，经 eggNOG、Pfam、InterProScan、SwissProt 和 nr 库进行功能注释，DZ12 和 Y1 分别有 11257 和 11157 个基因具有功能注释信息(图 5-1)。

表 5-2　基因组注释信息

项目	DZ12	Y1
蛋白编码基因数	12460	12227
具有 GO 功能注释的基因数	3890	3860
具有 KEGG 功能注释的基因数	4543	4515
具有 KOG 功能注释的基因数	9183	9125

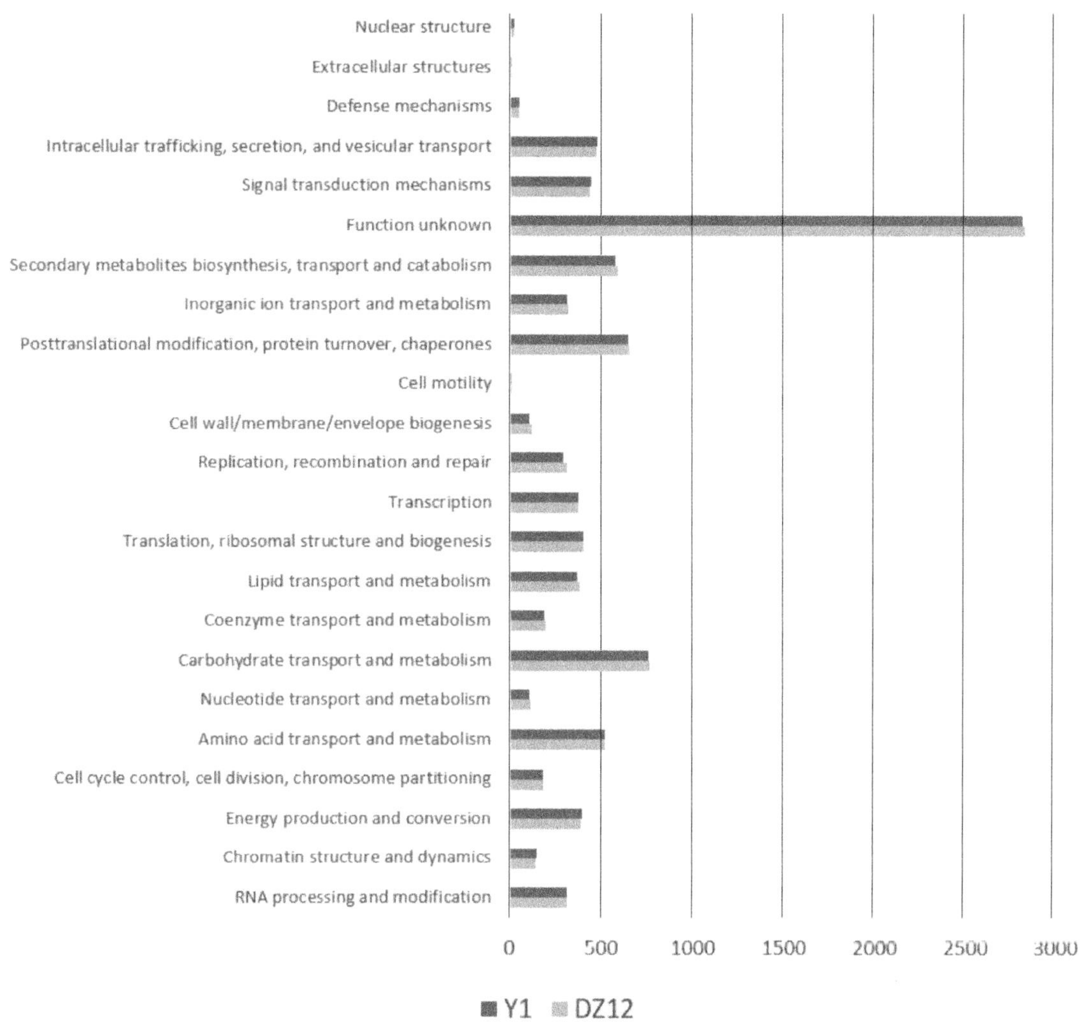

图 5-1 COG 功能注释

(三) DZ12 与 Y1 全基因组比对

菌株 DZ12 与 Y1 基因组均含有 10 条染色体，两个基因组大部分地方是在对角线上，表明两个菌株的基因组在染色体水平上大部分地方是一致的，但在 DZ_ctg03 和 DZ_ctg08 存在染色体片段移位，DZ_ctg03 与大部分能与 YZ_09 比对上，还有一部分位于 YZ_03 末端，另外 DZ_ctg08 也分成了两部分，大部分能与 YZ_03 比对上，末端有小部分与 YZ_09 比对上。

(四) 链格孢菌基因组特征

目前在 NCBI 中公布了全基因组序列的链格孢包含 11 个种，共 38 个菌株，主要是互隔交链格孢(*Alternaria alternata*)(13 个)，细极链格孢(*Alternaria tenuissima*)(8 个)、乔木链格孢(*Alternaria arborescens*)(6 个)。除了菌株甘肃链格孢(*Alternaria gansuensis*) LYZ1412 外，其他基因组大小为 29. 54～36. 06 Mb，GC 含量为 49. 9%～51. 4%。而 *Alternaria gansuensis* LYZ1412 比较特殊，基因组大小为 75 Mb，明显比 *Alternaria* 其他种的基因组要大，且 GC 含

量相差也较大，为37.2%。

表5-3　用于比较基因组分析的38株 *Alternatia* 菌株基因组信息

物种	菌株	组装号	基因组大小/Mb	GC含量/%
Alternaria alternata	SRC1lrK2f	GCA_001642055.1	32.99	51.4
Alternaria alternata	NAP07	GCA_009932595.1	35.84	51.0
Alternaria alternata	JS-1623	GCA_009650635.1	33.67	50.9
Alternaria alternata	PN2	GCA_011420565.1	33.52	51.0
Alternaria alternata	PN1	GCA_011420445.1	33.76	51.0
Alternaria alternata	JS-0527	GCA_011420255.1	33.80	50.8
Alternaria alternata	ATCC 34957	GCA_001443195.1	33.49	51.0
Alternaria alternata	EV-MIL-31	GCA_016097525.1	34.96	51.0
Alternaria alternata	B3	GCA_014154925.1	33.83	51.0
Alternaria alternata	FERA 1177	GCA_004154755.1	35.63	51.1
Alternaria alternata	B2a	GCA_001696825.1	33.01	51.3
Alternaria alternata	MOD1-FUNGI5	GCA_004634295.1	33.43	51.3
Alternaria alternata	Z7	GCA_014751505.1	34.28	51.0
Alternaria arborescens	FERA 675	GCA_004154835.1	33.94	51.1
Alternaria arborescens	EGS 39-128	GCA_000256225.1	33.88	50.9
Alternaria arborescens	RGR 97.0013	GCA_004155955.1	33.80	50.9
Alternaria arborescens	RGR 97.0016	GCA_004154815.1	33.77	51.1
Alternaria arborescens	MOD1-FUNGI6	GCA_004634205.1	33.82	51.1
Alternaria arborescens	NRRL 20593	GCA_013282825.1	33.58	51.1
Alternaria atra	MOD1-FUNGI7	GCA_004634305.1	35.11	50.9
Alternaria brassicae	J3	GCA_004936725.1	34.14	50.7
Alternaria brassicicola	Abra43	GCA_002796735.1	31.03	50.8
Alternaria brassicicola	ATCC 96836	GCA_000174375.1	29.53	50.7
Alternaria burnsii	CBS107.38	GCA_013036055.1	32.95	50.9
Alternaria consortialis	JCM 1940	GCA_001950455.1	34.24	50.5
Alternaria gaisen	FERA 650	GCA_004156025.2	34.34	51.1
Alternaria gansuensis	LYZ1412	GCA_009289805.1	75.05	37.2
Alternaria solani	HWC-168-2012p	GCA_002837235.1	32.82	51.2
Alternaria solani	NL03003	GCA_002952155.1	32.77	51.3
Alternaria sp.	MG1	GCA_003574525.1	34.69	49.9

续表5-3

物种	菌株	组装号	基因组大小/Mb	GC 含量/%
Alternaria tenuissima	FERA 1166	GCA_004156035. 1	35. 70	51. 1
Alternaria tenuissima	FERA 648	GCA_004154765. 1	33. 50	51. 0
Alternaria tenuissima	ANJ	GCA_017589455. 1	33. 68	51. 0
Alternaria tenuissima	FERA 1164	GCA_004156015. 1	34. 72	50. 9
Alternaria tenuissima	FERA 24350	GCA_004154735. 1	33. 06	51. 3
Alternaria tenuissima	FERA 743	GCA_004154845. 1	35. 92	51. 0
Alternaria tenuissima	FERA 1082	GCA_004154745. 1	33. 94	51. 1
Alternaria tenuissima	FERA 635	GCA_004168565. 1	36. 06	50. 9

(五)全基因组进化分析

从 NCBI 数据库中筛选下载基因组质量较高的 22 个 *Alternaria* 菌株基因组序列，加上实验室测的两个菌株 DZ12 和 Y1 基因组，一共得到 24 个 *Alternaria* 菌株全基因组。基于全基因组序列用 JolyTree 构建系统进化树，如图 5-2 所示，从进化树上可以看出，菌株 DZ12 和 Y1 位于 *Alternaria alternata* 分枝上，但同时也显示，*Alternaria* 分类较复杂，*Alternaria alternata* 与 *Alternaria tenuissima* 在系统进化树上位于同一分枝，而 *A. alternata* EV-MIL-31 与 *A. arborescens* 位于同一分枝。

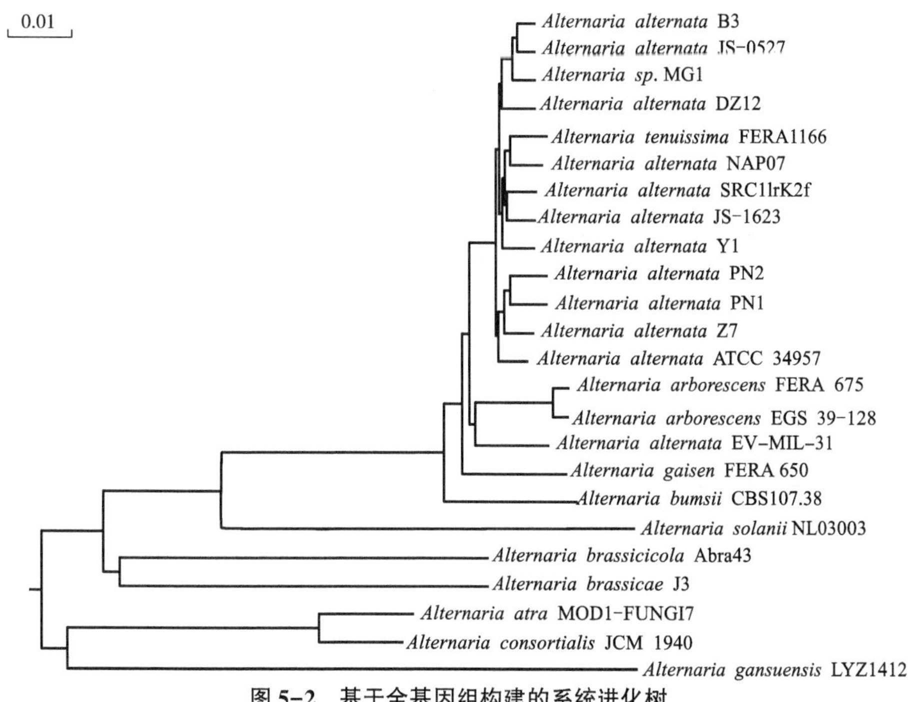

图 5-2　基于全基因组构建的系统进化树

(六)DZ12 和 Y1 菌株特异序列分析

NCBI 数据库中已公布全基因组序列的 *Alternatia* 菌株一共有 38 个(表 5-3), 基因组大小为 29.54~36.06 MB。分别以 DZ12 和 Y1 基因组序列为参考基因组, 用 minimap2 将其他 37 个基因组序列比对到参考基因组, 保留长度>10 kb 的比对。结果表明, 超过 90%的基因组序列在其他 *Alternatia* 菌株中存在同源序列。菌株 DZ12 特异序列主要位于 4 号染色体和 6 号染色体末端。

(七)次生代谢产物合成基因簇分析

DZ12 和 Y1 经 antiSMASH 预测均得到 28 个次生代谢产物合成基因簇, 其中 26 个次生代谢产物合成基因簇为 DZ12 和 Y1 两个菌株所共有, 包括二甲基粪生素、链格孢吡喃酮(alternapyrone)、黑色素(melanin)、伊快霉素(equisetin)、角鲨抑素(squalestatin)、细交链孢菌酮酸(tenuzonic acid)、链格孢酚(alternariol, AOH)、脱落酸(abscisic acid)等。但这些基因簇在其他链格孢菌基因组中同样存在, 不是烟草赤星病病原菌所特有的。

表 5-4 菌株 DZ12 与 Y1 共有的次生代谢产物合成基因簇

序号	DZ12				Y1				类型	预测物质
	区域	染色体	起始	终止	区域	染色体	起始	终止		
1	DZ_R1.1	DZ_ctg01	276602	333483	Y1_R1.1	YZ_01	250592	307264	NRPS	二甲基粪生素
2	DZ_R1.2	DZ_ctg01	1584020	1624476	Y1_R1.2	YZ_01	1565469	1609022	T1PKS	链格孢吡喃酮
3	DZ_R1.3	DZ_ctg01	3727707	3782545	Y1_R1.3	YZ_01	3726251	3781067	NRPS	
4	DZ_R1.4	DZ_ctg01	5166346	5207285	Y1_R1.4	YZ_01	5168487	5207704	T1PKS	黑色素
5	DZ_R1.5	DZ_ctg01	5920442	5964152	Y1_R1.5	YZ_01	5923858	5967568	T1PKS	
6	DZ_R1.6	DZ_ctg01	6682832	6738314	Y1_R1.6	YZ_01	6681703	6736964	NRPS	腾毒素
7	DZ_R2.1	DZ_ctg02	272068	312180	Y1_R2.1	YZ_02	273562	317040	T1PKS	
8	DZ_R2.2	DZ_ctg02	391780	444234	Y1_R2.2	YZ_02	385197	437646	NRPS T1PKS	altersetin
9	DZ_R2.3	DZ_ctg02	2330353	2351835	Y1_R2.3	YZ_02	2334029	2355509	terpene	
10	DZ_R3.2	DZ_ctg03	785521	823085	Y1_R9.2	YZ_09	1593117	1636458	NRPS-like	
11	DZ_R3.3	DZ_ctg03	1905565	1948839	Y1_R9.1	YZ_09	520629	545496	NRPS-like	
12	DZ_R4.1	DZ_ctg04	1331933	1374473	Y1_R5.1	YZ_05	984954	1027177	T3PKS	
13	DZ_R5.1	DZ_ctg05	1476	39219	Y1_R4.5	YZ_04	3045913	3096205	NRPS-like	
14	DZ_R5.2	DZ_ctg05	685313	704290	Y1_R4.4	YZ_04	2315351	2336967	terpene	角鲨抑素 S1
15	DZ_R5.3	DZ_ctg05	1773337	1791916	Y1_R4.3	YZ_04	1261409	1277960	terpene	
16	DZ_R5.4	DZ_ctg05	2666259	2688155	Y1_R4.2	YZ_04	352980	372853	terpene	
17	DZ_R5.5	DZ_ctg05	2814395	2866507	Y1_R4.1	YZ_04	167787	217822	T1PKS NRPS	

续表5-4

序号	DZ12				Y1				类型	预测物质
	区域	染色体	起始	终止	区域	染色体	起始	终止		
18	DZ_R6.2	DZ_ctg06	1246194	1286710	Y1_R7.2	YZ_07	1530500	1574252	NRPS-like	
19	DZ_R6.3	DZ_ctg06	1566396	1600365	Y1_R7.1	YZ_07	1214209	1254356	NAPAA	
20	DZ_R7.1	DZ_ctg07	259383	336215	Y1_R6.1	YZ_06	237293	311844	T1PKS NRPS	
21	DZ_R8.1	DZ_ctg08	922492	962649	Y1_R3.1	YZ_03	1710634	1751538	T1PKS	
22	DZ_R8.2	DZ_ctg08	1948300	1996218	Y1_R3.2	YZ_03	2733830	2781747	T1PKS	
23	DZ_R9.1	DZ_ctg09	150875	191830	Y1_R8.2	YZ_08	135750	171280	NRPS-like	
24	DZ_R9.2	DZ_ctg09	980637	1042665	Y1_R8.3	YZ_08	972811	1034841	NRPS	
25	DZ_R9.3	DZ_ctg09	2186140	2223845	Y1_R8.4	YZ_08	2152103	2189807	fungal-RiPP	
26	DZ_R10.1	DZ_ctg10	1150808	1194652	Y1_R10.1	YZ_10	1156826	1200672	NRPS-like	

表 5-5　菌株特异次生代谢产物合成基因簇

菌株	区域	染色体	起始	终止	类型	预测物质
DZ12	DZ_R3.1	DZ_ctg03	309860	370014	NRPS	
DZ12	DZ_R6.1	DZ_ctg06	591121	632807	NRPS-like	brefeldin A
Y1	Y1_R6.2	YZ_06	2586514	2623702	T1PKS	
Y1	Y1_R8.1	YZ_08	1	45729	T1PKS	betaenone

(八)烟草赤星病病原菌不存在细胞分裂周期

链格孢菌在多个寄主上的致病专化性具有细胞分裂周期，如链格孢柑橘致病型(*Alternaria alternata* Z7)、链格孢苹果致病型(*Alternaria tenuissima* FERA 1166)均含有多个CDC，大小为1~2 Mb。我们试图从两个烟草赤星病病原菌基因组上鉴定潜在的CDC，但并没有找到CDC。首先，我们将其他链格孢菌基因组与DZ12和Y1基因组进行全基因组比对，不论是致病型链格孢菌还是非致病型链格孢菌，DZ12和Y1的10条染色体超过90%的区域均能找到同源序列，并不存在烟草赤星病病原菌特有的染色体。其次，我们下载已报道的链格孢菌的CDC序列，将DZ12和Y1的原始reads复制到这些已知的CDC序列，结果表明，测序数据中并不存在这些CDC序列。我们下载了已报道的*Alternaria*寄主专化性毒素(HST)合成基因，包括AK-toxin，AF-toxin，ACT-toxin，AM-toxin，AAL-toxin，ACR-toxin，destruxin A等HST毒素，在DZ12和Y1基因组上均没有找到相关基因。因为在两个烟草赤星病病原菌DZ12和Y1的基因组上都没有发现CDC。如果存在链格孢烟草毒素的话，与其他寄主专化性毒素在CD染色体上不同，链格孢烟草毒素其合成基因簇位于常染色体上。我们系统比较了其他不同植物的链格孢菌致病菌基因组，并没有找到烟草赤星病病原菌特有的次生代谢产物合成基因簇，我们推测，烟草赤星病病原菌可能缺乏传统意义上的寄主专化毒素。

（九）黑色素(melanin)合成基因簇

包括链格孢、稻瘟菌、炭疽菌等在内的多种植物病原真菌都能产生黑色素。在稻瘟菌中，黑色素主要是在附着胞形成时大量产生，是侵入植物组织所必需的。研究表明，黑色素与孢子形成和致病性密切相关，丧失黑色素的稻瘟菌失去了致病力。但链格孢菌附着胞形成时并不产生黑色素，而是在分生孢子形成时产生色素，说明链格孢与稻瘟菌黑色素发挥的生物学功能不一样，但用链格孢黑色素合成基因簇转化稻瘟菌，能使丧失黑色素生产能力的稻瘟菌重新获得致病力。与稻瘟菌黑色素合成类似，链格孢黑色素合成是由聚酮合成酶基因合成的，系统进化分析结果表明，该基因在多种真菌中存在且高度保守，DZ12、Y1 和 *Alternaria* 其他种聚在 *Alternaria* 分支上。图 5－3 为链格孢黑色素合成基因簇和聚酮合成酶基因(PKS)系统进化树。

(a) 链格孢黑色素合成基因簇

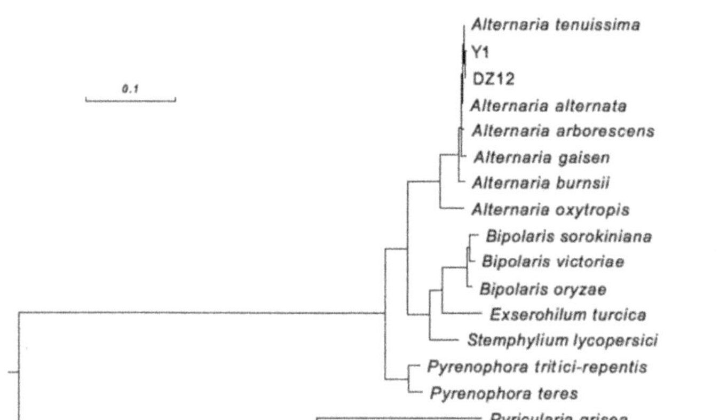

(b) 聚酮合成酶基因（PKS）系统进化树

图 5-3　链格孢黑色素合成基因簇和聚酮合成酶基因(PKS)系统进化树

（十）链格孢植物毒素合成基因簇分析

链格孢植物毒素分为两大类：一类是寄主专化性毒素(host specific toxins，HST)，通常合成基因簇位于 CD 染色体上，另一类是非寄主专化性毒素(non host specific toxins，nHSTs)，位于常染色体上。在 DZ12 和 Y1 基因组上没有发现 CD 染色体，也没有找到已报道的寄主专化性毒素合成相关基因，链格孢烟草专化性毒素结构与生物合成依然不清楚。在 DZ12 和 Y1 基因组中，非寄主专化性毒素合成基因簇包括链格孢酚(alternariol，AOH)、细交链孢菌酮酸(tenuzonic acid, TeA)、tentoxin、alternapyrone 及 altersetin。

1. AOH 合成基因簇

链格孢酚(alternariol, AOH)是链格孢菌产生的非寄主特异毒素，在多种链格孢菌中产生，AOH 是谷物和水果中的重要污染物，具有抗真菌和植物毒性等活性。AOH 作用机制一般认为是形成活性氧(reactive oxygen species, ROS)，从而与 DNA 拓扑异构酶(topoisomerase)互作，对 DNA 造成损伤。AOH 合成基因簇含有 18 个基因，其中 pksJ 基因是 AOH 合成的关键基因，为Ⅰ型 PKS，在基因簇内含有 1 个真菌特异转录因子 TF，该转录因子推测与 AOH 合成调控有关，另外还有一个甲基转移酶 MT，推测与 Alternariol-9-Methyl Ether (AME)合成有关，基因簇内还含有 2 个拓扑异构酶编码基因 TI。我们从已公布全基因组序列的 *Alternaria* 基因组中鉴定 AOH 合成基因簇，在包括 *A. alternata*、*A. tenuissima*、*A. gaisen*、*A. arborescens*、*A. burnsii*、*A. solani*、*A. brassicae*、*A. consortialis*、*A. atra* 和 *A. gansuensis* 等多种链格孢菌基因组中存在，说明 AOH 在链格孢菌中普遍存在(图 5-4)。

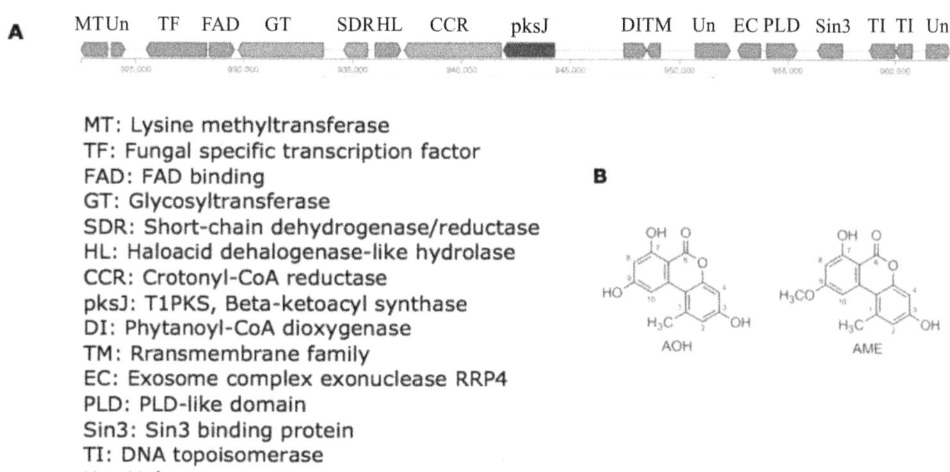

图 5-4　链格孢酚生物合成基因簇及分子结构

2. TeA 合成基因簇

细交链孢菌酮酸(tenuzonic acid, TeA)是一种常见的真菌毒素，最初是从 *Alternaria tenius* 发酵液中分离鉴定的，多种植物病原真菌含有 TeA，如稻瘟菌(*Magnaporthe oryzae*)、高粱茎点霉(*Phoma sorghina*)。TeA 是链格孢毒性的毒素，主要作用方式是抑制蛋白质合成。虽然 TeA 很早就从链格孢中分离鉴定了，但链格孢中 TeA 合成基因簇还不清楚。TeA 生物合成基因最早是从稻瘟菌中鉴定出来的，稻瘟菌 TeA 合成的关键酶 TAS1 是一种 NRPS 和 PKS 杂合型的酶，我们用稻瘟菌中的 TAS1(TAS1_MAGO7)蛋白序列作为查询序列，搜索 DZ12 和 Y1 基因组序列，成功鉴定出了 TeA 合成基因簇。与稻瘟菌不同的是，链格孢 TAS1 是两个基因编码的，一个编码一个Ⅰ型的 PKS 基因，一个编码 NRPS 基因。链格孢 TeA 合成基因簇预测一共含有 22 个基因，基因簇中有一个转运蛋白编码基因 teaT，属于外排泵(major facilitator)超家族成员，推测 teaT 是 TeA 的自免疫基因，保护宿主菌自身不受 TeA 的毒害作用(图 5-5)。

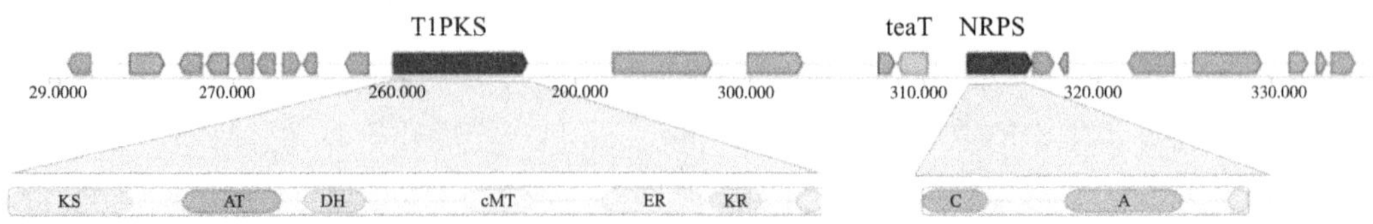

图 5-5 链格孢菌 DZ12 中 TeA 合成基因簇结构

3. Tentoxin 合成基因簇

Tentoxin 是一个环化四肽毒素，能抑制叶绿体 F_1-ATPase 活性，导致叶绿体失绿，Tentoxin 合成主要是由一个含有 4 个 A-domain 的 NRPS 蛋白 TES 完成的，这 4 个 A-domain 分别识别 Gly、Ala、Leu 和 Dphe 4 种底物，另外，TES 中还含有两个 N-methylation 结构域，预测分别是对 Ala 和 Dphe 进行甲基化修饰（图 5-6）。Tentoxin 合成基因簇位于染色体的末端，在 TES 旁边分别是一个 P450 基因和一个醛水解酶基因（aldehyde dehydrogenase）。

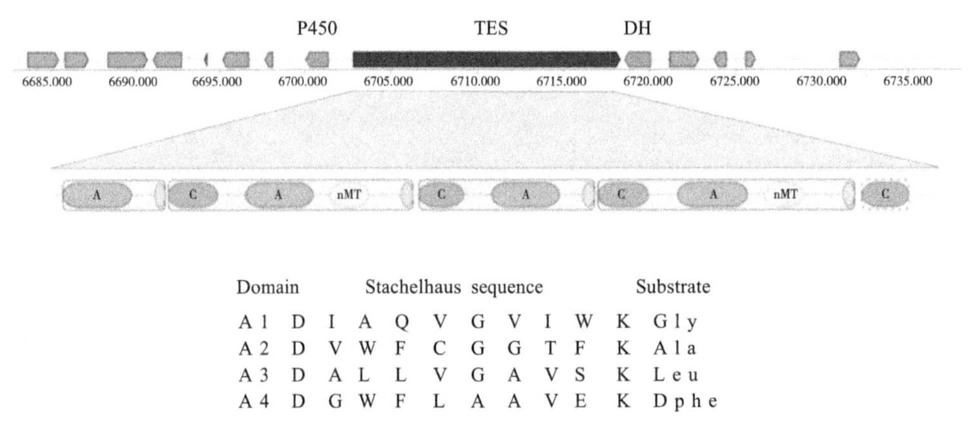

图 5-6 entoxin 合成基因簇与 TES 的 4 个 A-domain 特征序列

三、结论与讨论

链格孢菌是自然界广泛存在的一种真菌，大多数属于腐生菌，但同时也有一些能引起植物病害，如马铃薯、梨、柑橘、烟草等，每年均造成巨大的国民经济损失。链格孢菌是低温环境下导致水果、蔬菜等农产品腐烂变质的主要微生物。

链格孢霉与曲霉、青霉、镰刀菌一样，是重要的产毒菌。链格孢霉菌产生的多种次级代谢产物对人或牲畜具有诱变性、致癌性和致畸性等慢性或急性毒性作用。链格孢霉能产生多种代谢物，其中至少有 10 种代谢物对动物和植物具有毒性。包括链格孢酚（alternariol，AOH）、链格孢酚甲基乙醚（alternariol methyl ether，AME）、细交链孢菌酮酸（tenuzonic acid，TeA）、链格孢霉素（altenuene，ALT）、细格菌毒素Ⅰ、Ⅱ、Ⅲ（altertoxin Ⅰ、Ⅱ、Ⅲ，ATX-Ⅰ、ATX-Ⅱ、ATX-Ⅲ）等。这些非寄主专化性毒素在大多数链格孢菌中存在，包括腐生菌和植物病原菌。链格孢植物病原菌除了产生非寄主专化性毒素外，一般还产生寄主专化性毒素。

包括 AK-toxin（梨），AF-toxin（草莓），ACT-toxin（椪柑），AM-toxin（苹果），AAL-toxin（番茄），ACR-toxin（粗柠檬），AT-toxin（烟草）、destruxin A（甘蓝）等 HST。除了烟草 AT-toxin 外，其他 HST 大都已经清楚其结构。HST 合成基因簇通常位于 CD 染色体上，系统分析了烟草赤星病两个致病菌株 DZ12 和 Y1 全基因组序列，结果表明烟草赤星病病原菌基因组并不存在 CD 染色体，也未发现 DZ12 和 Y1 特有的次生代谢产物合成基因簇，这表明，烟草赤星病病原菌可能并不产生寄主专化性毒素。

第二节　烟草赤星病菌毒素理化性质

链格孢霉菌能产多种毒素，目前最常研究的四种毒素为交链孢酚、交链孢酚单甲醚、细交链孢菌酮酸与腾毒素。这些代谢产物大都具有致癌性、致突变性、细胞毒性、胚胎毒性、基因毒性、急性毒性等特性。赤星病菌烟草致病型类群能产生 AT 毒素（AT-toxin），烟草对赤星病的抗病程度首先取决于对 AT 毒素的敏感程度。链格孢菌其他几种寄主专化毒素的结构均已鉴定，但烟草赤星病菌的 AT 毒素结构还不清楚。本节对烟草赤星病菌的毒素稳定性、与产色素之间的关系进行初步探索。

一、材料

（一）供试菌株

湖南农业大学实验室保存烟草赤星病菌株，斜面保存于 4℃。

（二）主要药品与试剂

马铃薯葡萄糖水培养基（购于北京全式金生物技术有限公司），蒸馏水，葡萄糖。

（三）主要仪器与设备

超净工作台、恒温培养箱、高压蒸汽灭菌锅、高速离心机、电子分析天平、上海知楚摇床、水浴锅、超声波细胞破碎仪。

（四）供试培养基

PDA 培养基：去皮洗净马铃薯 200 g，葡萄糖 20 g，琼脂粉 15 g，pH＝7.4±0.2，蒸馏水 1 L，121℃高压灭菌 20 min。

PDB 培养基：马铃薯葡萄糖水粉末 26 g，pH＝7.4±0.2，蒸馏水 1 L，121℃高压灭菌 20 min。

二、实验方法

（一）强致病力菌株筛选

离体接种：选取成熟烟叶，采用菌丝块接种法接种图 5-7 中的 5 种病原菌，接种 4 d 后，观察发病率及叶片的发病程度，筛选出致病力最强的菌株。

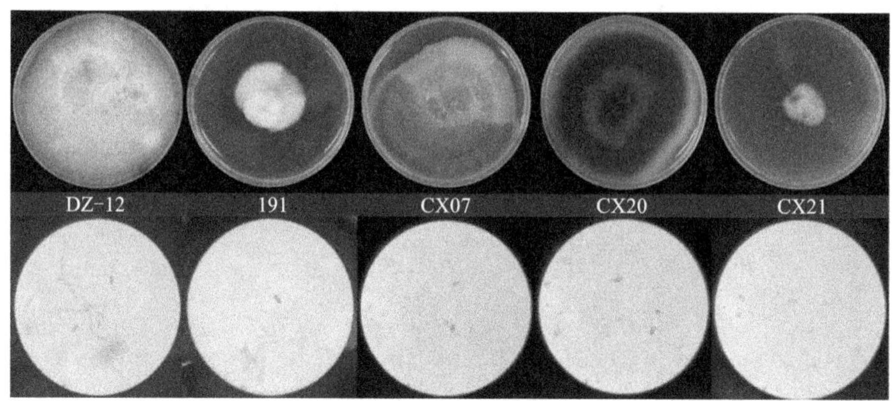

图 5-7　5 种病原菌菌落形态及孢子镜检结果

盆栽接种：选取移栽培养至 5 叶期的健壮烟苗，用注射针头在叶片叶脉两侧造成对称的两处微创伤口，从在 PDA 平板上黑暗培养 4 d 的病原菌菌落边缘打取菌饼，接种菌饼于创口处，蒸馏水浸湿脱脂棉覆盖于接种处保湿，每盆选 3 片叶片接种，5 株病原菌每株接种 3 盆烟苗。另外选取与接种病原菌烟苗长势一致的 3 株烟苗接种空白 PDA 培养基作为对照组，蒸馏水浸湿脱脂棉覆盖住接种处作保湿处理，所有接种植株置于 25℃温室中培养，每天根部浇水一次，叶部使用喷壶保湿，保持叶面水膜。每天观察接种处叶片生长情况，做好实验数据记录。

发酵液浸根法接种：参考发酵液浸根法分别接种 DZ12、191、CX07、CX20、CX21 五株病原菌发酵液，观察记录烟叶初始萎蔫时间及 24 h 后烟苗萎蔫程度。

（二）开始产毒时间以及不同发酵时间产生色素、OD 值变化研究

160 r/min，28℃避光液体发酵 DZ12，分别吸取发酵第 1 d、3 d、5 d、7 d、14 d、30 d 的发酵液，观察其产生色素情况及 OD_{520} 的变化。分别接种不同时期发酵液，记录其生长情况，初步判定病原菌在发酵中初始产毒的时间。

（三）不同浓度发酵液毒害能力研究

以原始浓度发酵液为母液，依次稀释至 2 倍、4 倍、10 倍、20 倍、40 倍，选取生长 30 d 的烟苗分为 5 组（每组设置 3 组实验组、2 组对照组）分别接种 6 种浓度的毒素，观察生长情况并记录烟苗初次发病时间以及最终发病程度。

（四）不同生长时期烟苗耐毒害能力差异研究

分别选取播种后生长 30 d、40 d、50 d、60 d 的大小一致、健康状况一致的烟苗接种毒素，将实验组与对照组均置于 25℃温室培养，观察生长情况，观察生长情况并记录烟苗初始发病时间以及最终萎蔫程度。

(五)毒素理化性质初步研究

热稳定性测定：将得到的 DZ12 的无菌发酵液母液稀释 10 倍，分装于 2 mL 无菌离心管中，分别于 60℃、75℃、90℃水浴分别处理 5 min、10 min、30 min、60 min，在超净工作台中用 0.22 μm 无菌细菌过滤器过滤，得到无菌发酵液。以未经处理的无菌 PDB 培养基稀释 10 倍作为对照(常温保存)，使用 2 mL 注射器注射烟叶一侧接种无菌发酵液，另一侧接种空白培养基，观察叶片生长状况。

耐紫外线稳定性测定：将稀释的无菌发酵液装于无菌离心管中，分别在紫外灯(254 nm)照射 15 min、30 min、1 h、2 h，在超净工作台中用 0.22 μm 无菌细菌过滤器过滤得纯净发酵液，以未经紫外光处理的无菌发酵液为对照，接种烟叶，观察其生长状况。

耐超声波稳定性测定：将稀释十倍的无菌发酵液装于无菌的 10 mL 离心管中，经超声波破碎仪分别处理 10 min、20 min、30 min、40 min、50 min、60 min，在超净工作台中用 0.22 μm 无菌细菌过滤器过滤后，接种烟叶，观察烟叶生长状况。

三、结果与分析

(一)强致病力菌株筛选结果

由图 5-8 可以看出 5 株菌株都能对离体烟叶进行侵染，且症状明显，接种处出现明显黄色晕圈。表 5-6 表明，在 5 株菌株中，DZ12 致病力最强，所接菌饼均造成明显侵染，病斑平均直径达 23.88 mm，其次为 CX20、CX07，191 致病性较弱，CX21 致病性最弱，发病率仅为 37.5%，病斑平均直径为 15.31 mm。盆栽接种实验中 DZ12 发病率最高，平均病斑直径达 8.22 mm。

从左至右叶片分别接种 DZ12、191、CX07、CX20、CX21。

图 5-8　接种前健康叶片与离体接种病原菌 5 d 后对比

5 个菌株发酵液中，DZ12 的色素浓度最高，OD_{520} 高达 1.5443，同时发酵液致病力最强，接种 6 h 后烟叶开始萎蔫，接种 24 h 后萎蔫程度高达 91.7%。综上，五种病原菌中，DZ12 的致病力最强，故后续研究选择菌株 DZ12，对其发酵产生的链格孢毒素进行初步研究。

表 5-6　强致病力菌株筛选

病原菌编号	离体接种平均病斑直径/mm	盆栽接种初始发病时间/d	盆栽接种发病率/%	盆栽接种病斑直径/mm	病原菌发酵 14 d 的 OD_{520}	发酵液接种初始萎蔫时间/h	发酵液接种致萎程度（24 h）/%
DZ12	23.88±4.77	1	100	8.22±1.77	1.5443±0.01	9	92.30
191	18.70±2.96	1	50	5.32±1.10	0.4020±0.01	9	84.60
CX07	20.67±2.44	2	33.3	5.97±0.58	0.8760±0.04	9	83.90
CX20	21.57±1.98	2	55.6	6.50±0.65	0.3542±0.04	11	92.30
CX21	15.31±1.71	2	38.9	4.28±0.35	0.1390±0.20	16	55.70

（二）开始产毒时间以及不同发酵时间产生色素、OD 变化

研究结果表明，发酵液 OD_{520} 与发酵时间呈线性关系，回归方程为 $y=0.0407x+0.08$，$R^2=0.9925$。图 4-3 说明，发酵液的色素含量随着发酵时间的延长逐渐加深。由图 5-9 可以看出，病原菌 DZ12 在 PDB 培养基里发酵 1 d 后，所得发酵液便能导致烟苗萎蔫，说明 DZ12 在 180 r/min、28℃避光条件下液体发酵第一天已产生毒素。

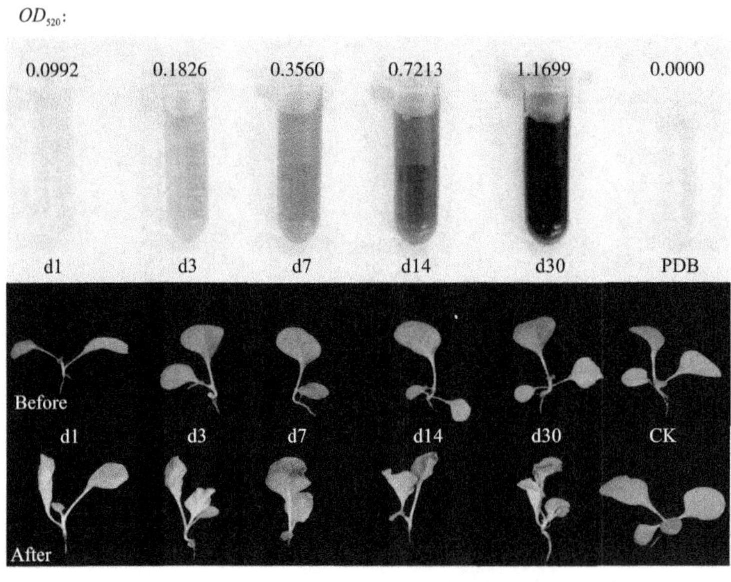

图 5-9　不同发酵时间发酵液的差异

（三）不同浓度毒素毒害能力差异

发酵液的致萎能力与毒素的浓度呈正相关，结果表明在母液稀释20倍后毒力丧失，说明毒素需要累积到一定浓度才会导致烟苗发病。毒素浓度与初始症状出现时间成反比，毒素浓度越高，烟苗发病越快，当发酵液为原始浓度时，初始发病时间只需要6 h，随着OD_{520}逐渐降低至0.5、0.25、0.1、0.05时，初次发病所需时间分别为9 h、10 h、12 h、18.5 h，且致病浓度稀释至原始浓度的0.025倍时，叶片生长情况与对照组无明显差别，说明此浓度毒素对烟苗已无明显毒害作用，因此判断发酵液毒力下限浓度为0.05，测定发酵液初始OD_{520}为1.5443，故发酵液致萎下限OD_{520}为0.0772。同时，随着发酵液浓度的降低，发酵液对烟苗的最终致病程度也逐渐降低，当浓度为初始浓度时，最终致病程度可达91.7%，当浓度为初始浓度的0.5倍时，最终致病程度为86.9%，当浓度降至0.25倍、0.1倍和0.05倍时，最终致病程度分别降至83.3%、76.7%和66.7%，当发酵液OD_{520}降至0.0386时，该浓度的毒素将对烟苗产生不了致萎作用（表5-7）。

表5-7　不同浓度发酵液接种烟苗24 h后烟叶萎蔫程度

OD_{520}	开始出现萎蔫时间/h	致萎程度（24 h）/%
1.5443	6	91.70
0.772	9	86.90
0.386	10	83.30
0.1544	12	76.70
0.0772	18.5	66.70
0.0386	—	—

（四）毒素对不同时期烟苗毒害程度差异

随着烟苗生长时期的增加，烟苗的初次发病时期逐渐延长，且最终的致病程度逐渐降低。30 d烟苗浸根6 h后出现萎蔫症状，而60 d烟苗12 h后才出现萎蔫。原始发酵液对烟苗的最终致病程度高达91.7%，而当烟苗生长时期逐渐增长为60 d时，原始发酵液对烟苗的最终致病程度有所降低，却一直保持较高水平的毒力，60 d烟苗致萎率为84.6%（表5-8）。

表5-8　DZ12原始发酵液对不同时期烟苗毒害程度差异

生长时期/d	30	40	50	60
开始出现萎蔫时间/h	6	9	11.5	12
致萎程度（24 h）/%	91.7	90.9	89.5	84.6

(五)毒素稳定性测定结果

各处理下的发酵液注射烟叶后，烟叶注射部位周围产生褪绿现象，并逐渐呈现透明状，而注射空白培养基的右部叶片正常生长(图 5-10)，结果表明毒素结构稳定，高温、紫外、超声处理对其无明显的影响，毒素对热、紫外线和超声波稳定，发酵液在经过以上处理后对烟苗仍具有毒害作用。

(a) 热处理（上中下三排分别表示60℃、75℃、90℃）

(b) 紫外线处理

(c) 超声波处理

图 5-10　毒素稳定性测试

四、结论与讨论

烟草赤星病的病原菌为链格孢属，其致病机制为产生毒素，破坏叶肉细胞各细胞器，导致叶片发黄、破碎，影响烤烟的产量和质量。本节通过菌丝块接种离体烟叶、盆栽接种和发酵液毒力测定，筛选出强毒株系 DZ12。通过对 DZ12 发酵液进行初步研究，表明其色素浓度以及 OD 值随着发酵时间的增加而增长，为正相关。毒力下限测定实验结果表明其导致烟苗萎蔫的下限浓度为 $OD_{520}=0.0772$。烟苗耐受实验结果显示，随着烟苗发育时期的增加，对毒素的耐受力增强，30 d 烟苗接种 6 h 后就出现萎蔫症状，60 d 烟苗接种 12 h 后才出现萎蔫症状，且 24 h 后的萎蔫程度比 30 d 烟苗低。通过测定发酵液的理化性质发现其具有较强的稳定性，耐高温、紫外、超声波处理。

第三节　烟草赤星病菌拮抗菌解淀粉芽孢杆菌 YW-2-6 鉴定及生防效果

目前用于生物防治的相关生防菌属多为木霉菌、芽孢杆菌、链霉菌等。易龙、Zahoor Ahmad 和曹毅发现枯草芽孢杆菌和解淀粉芽孢杆菌能强烈抑制烟草赤星病菌菌丝生长，且对植株有显著的促进生长作用。司世飞等筛选出的解淀粉芽孢杆菌 B11 菌株及其无菌发酵液均对烟草赤星病菌有较强的拮抗作用。余水等研究表明解淀粉芽孢杆菌 MT323 及其产生的挥发性物质(VOCs)对烟草赤星病菌的抑菌率达 86.3%和 48.1%，且能明显促进烤烟幼苗生长。芽孢杆菌属细菌在植物根际中极为丰富，其繁殖速度快、生物安全性高，兼具广谱抗病性和促生作用，正逐渐成为生防菌的研究热点，并逐步走向生产应用。芽孢杆菌属生防菌对防治烟草赤星病具有较大应用前景，但是有关解淀粉芽孢杆菌防治烟草赤星病的研究还较少，且由于烟叶种植制度和土壤生态环境的差异，生防菌在大田应用效果不够稳定，因此，有必要不断挖掘和发现新的土著生防菌，为烟草赤星病的防治提供支撑。

从湖南烟区烟草赤星病重病烟田根际土壤中，分离筛选出一株对烟草赤星病有明显抑制作用的拮抗细菌，对其进行形态学、生理生化和分子生物学鉴定，测定抑菌谱和对烟草的促生作用，田间小区试验评价对烟草赤星病的防治效果，以期为烟草赤星病生防菌剂的研发提供理论基础。

一、材料与方法

(一)供试材料

土壤样品：烟草赤星病重病烟田中采集的健康烟株根际土壤。

烟草品种：云烟 87。

供试菌株：烟草赤星病菌(*Alternaria alternate*)、烟草黑胫病菌(*Phytophthora nicotianae*)、烟草靶斑病菌(*Rhizoctonia solani*)、辣椒疫霉病菌(*Phytophthora capsici*)、辣椒白绢病菌(*Sclerotium rolfsii*)、小麦赤霉病病菌(*Fusarium graminearum*)和水稻纹枯病菌(*Rhizoctonia solani*)，保存在湖南农业大学植物病理学实验室。

培养基：马铃薯葡萄糖琼脂培养基(PDA，马铃薯 200 g/L 煮沸过滤、葡萄糖 20 g/L、琼脂粉 15~20 g/L)、燕麦培养基(燕麦 30 g/L 煮沸过滤、琼脂粉 15~20 g/L)、LB 液体培养基(NaCl 10 g/L、胰蛋白胨 10 g/L、酵母粉 5 g/L)、LB 固体培养基(在 LB 液体培养基基础上加

15~20 g/L 琼脂粉）。

药剂：L-色氨酸（100 mg/L）、吲哚乙酸（IAA）液，购自国药集团化学试剂有限公司；Salkowskis 比色液，150 mL 浓硫酸溶于 250 mL 纯水中，加入 7.5 mL 的 0.5 mol/L 三氯化铁［$FeCl_3 \cdot 6H_2O$］。

（二）土壤细菌的分离与纯化

从烟草赤星病发生严重的烟田，采取健康烟株根际土壤样品 10 g 于盛有 90 mL 无菌水的三角瓶中，30℃、180 r/min 振荡培养 30 min，静置 5 min 后，取土壤悬浮液，用无菌水稀释浓度梯度分别为 10^{-1}、10^{-2}、10^{-3}、10^{-4}、10^{-5}、10^{-6}。用移液枪吸取 0.1 mL 各个梯度的土壤稀释液，加到 LB 固体培养基平板上涂匀，28℃培养。2 d 后观察平板上菌落的生长情况，并挑取不同形态特征的单菌落进行多次纯化。

（三）烟草赤星病拮抗细菌的筛选

采用平板对峙法筛选拮抗菌。用 5 mm 打孔器在长满烟草赤星病菌的 PDA 平板边缘打取菌饼，放入新鲜 PDA 平板中央作为靶标菌，再将分离的细菌单菌落点接在距病原菌菌饼约 2 cm 处，以只接种病原菌菌饼的 PDA 平板作为对照，每个 3 次重复，30℃培养 5 d 后观察有无抑菌圈。采取十字交叉法用游标卡尺测定对照组和处理组病原菌的菌丝直径，并计算抑制率。通过以下公式计算拮抗细菌的抑制率：抑制率（%）=（对照菌落直径-处理菌落直径）/（对照菌落直径-菌饼直径）×100%。

（四）菌株 YW-2-6 的抑菌效果

选取对烟草赤星病菌抑菌效果最强的菌株 YW-2-6 进行下一步试验。将菌株 YW-2-6 接种于 100 mL LB 液体培养基中，30℃、180 r/min 振荡培养，48 h 后，得菌株发酵液（浓度 1.93×10^9 CFU/mL），8000 r/min 离心 10 min，然后吸取上清液，用 0.22 μm 的细菌过滤器过滤得到 YW-2-6 菌株的无菌发酵液。将无菌发酵液按 10%、20%、30%、40%和 50%不同浓度比例加入冷却至 55℃左右的 PDA 中混合均匀后倒平板，将烟草赤星病菌菌饼放至混有不同浓度无菌发酵液的 PDA 平板中央，每个处理重复 3 次，以未加无菌发酵液的为对照。30℃恒温培养 5 d。观察并记录菌丝生长形态，计算 YW-2-6 无菌发酵液对烟草赤星病菌的抑制率。

（五）拮抗菌株的鉴定

（1）菌株 YW-2-6 的形态学鉴定。用接种环将 YW-2-6 菌种平板划线法接种于 LB 固体培养基上，30℃培养 48 h 后观察菌落的形态特征，对其进行革兰氏染色、芽孢染色、荚膜染色与鞭毛染色，显微镜观察形态并拍照。

（2）生理生化鉴定。参照《常见细菌系统鉴定手册》对菌株进行生理生化鉴定，包括葡萄糖氧化发酵、硝酸盐还原、甲基红、V-P 试验、淀粉水解反应、明胶液化反应测定、硫化氢的产生等试验。

（3）分子生物学鉴定挑取。YW-2-6 细菌单菌落，利用 16S rDNA 扩增通用引物（27F：5′-AGAGTTTGATCCTGGCTCAG-3′与 1492R：5′-TACGGTTACCTTGTTACGAC-3′）进行 PCR

扩增，反应体系为(50 μL)：ddH_2O(20.5 μL)；27F(1.5 μL)；1492R(1.5 μL)；Mix(25 μL)；DNA 模板(1.5 μL)。反应程序为：95℃预变性 5 min；94℃变性 30 s，59℃退火 30 s，72℃延伸 1.5 min，35 个循环；72℃延伸 10 min；4℃保存产物。反应完成后将 PCR 产物送至上海生工生物工程(上海)股份有限公司测序。获得的序列在 NCBI 上进行 Blast 核酸同源性比对。利用 MEGA 10.0 建立系统发育树，确定菌株的分类学地位。

(六)菌株 YW-2-6 的抑菌谱测定

利用实验室保存的另外 6 种病原菌对 YW-2-6 菌株进行广谱抑菌能力的测定，方法同前述，观察菌丝生长情况和抑菌效果。

(七)菌株 YW-2-6 产生长素(IAA)能力测定

采用 Salkowski 比色法，将 YW-2-6 菌株接种于含 L-色氨酸(100 mg/L)的 LB 液体培养基中，置于 30℃、180 r/min 摇床培养至 $OD_{600}=2.0$。取菌液，8000 r/min 离心 10 min，取上清液 1 mL 加入等量 Salkowski 比色液，将 IAA 标准液作为阳性梯度对照，在室温、避光条件下静置 30 min，观察颜色变化，颜色越红，说明产 IAA 能力越强。再取上清液 2 mL 加入 2 mL Salkowski 比色液，重复 3 次，避光静置 30 min 后测定其 OD_{530} 值，并参照陈越等的方法制作标准曲线计算 IAA 产量。

(八)菌株 YW-2-6 对烟株的促生作用测定

将保存的菌种在 LB 固体培养基平板上划线，30℃培养 2 d，挑单菌落接种到 LB 液体培养基中，置于 180 r/min 摇床，30℃培养 2 d，并测定其浓度。

在温室中，选取出苗 30 d 后长势基本一致的云烟 87 烟苗，每株烟苗灌 50 mL YW-2-6 发酵液(浓度 1×10^8 CFU/mL)，设 4 次重复，以 LB 液体培养基灌根为对照组 CK，每 7 d 重复一次灌根处理，每隔 3 d 浇灌一次无菌水，第一次灌根后 30 d 测量烟株的株高、茎粗、最大叶长、最大叶宽、根长、总鲜重、根鲜重、总干重、根干重等数据。

摘取植株后，洗净杂质。用电子天平测量总鲜重、根鲜重；用钟罩式冷冻烘干机将植株烘干后测量总干重和根干重；用游标卡尺测量根长、株高、茎粗、最大叶宽、最大叶长。

(九)菌株 YW-2-6 对烟草赤星病的田间防治评价

在湘西花垣县选取烟草赤星病重病烟田 800 m^2，在初见零星病斑时开始处理，试验设 3 个处理：80%代森锰锌可湿性粉剂 1800 g/hm^2，YW-2-6 发酵液(1×10^9 CFU/mL) 300 L/hm^2，LB 培养基(对照)，每公顷兑水 1000 L，每隔 5~7 d 连续处理 3 次，喷雾施用，叶片正反两面喷施。每个处理设置 4 个重复，共 12 个小区，每个小区面积约 60 m^2。

每次处理前及第 3 次处理后 10 d 进行调查，每个小区调查 15 株烟株上的全部叶片，据《烟草病虫害分级及调查方法》(GB/T 23222—2008)调查发病情况调查，统计各处理的发病率、病情指数、防治效果。发病率(%)=(发病株数/调查总株数)×100，病情指数=100×Σ(各级病叶数×各级代表值)/(调查总叶数×最高级代表值)，防治效果(%)=(对照病情指数-处理病情指数)/对照病情指数×100%。

(十)数据统计与分析

采用 Excel 和 SPSS 25.0 软件进行差异显著性分析。

二、结果与分析

(一)烟草赤星病拮抗细菌的分离与筛选

从健康烟株根际土壤中分离纯化获得细菌 65 株，其中 YW-2-6，RXL-2，RXL-1，RXL-3 和 RXL-4 等菌株对烟草赤星病菌有明显拮抗作用，其抑制率分别为 71.32%、65.82%、61.74%、53.72%和53.15%(表 5-9)。菌株 YW-2-6 拮抗效果显著高于其他菌株，抑菌圈直径达到 31.80 mm(图 5-11)。

表 5-9　拮抗细菌对烟草赤星病菌的拮抗作用

菌株编号	菌落直径/mm	抑菌率/%
YW-2-6	45.73 ± 0.25^{c}	71.32 ± 0.02^{a}
RXL-2	50.02 ± 0.76^{b}	65.82 ± 0.01^{b}
RXL-1	53.28 ± 1.27^{b}	61.74 ± 0.03^{c}
RXL-3	60.35 ± 0.95^{a}	53.72 ± 0.02^{d}
RXL-4	60.60 ± 1.29^{a}	53.15 ± 0.03^{d}

注：同一列不同字母表示差异显著($P<0.05$)。

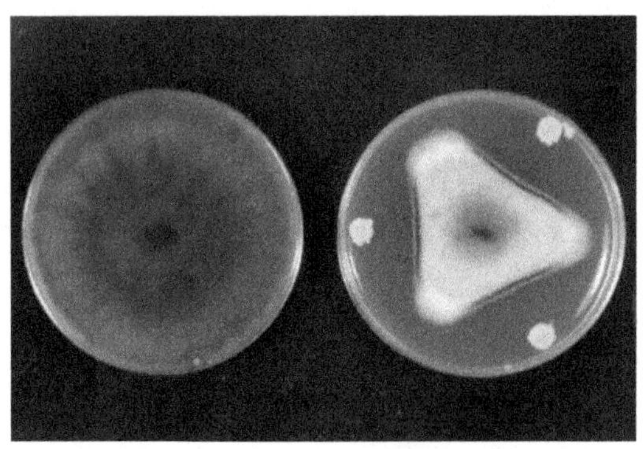

图 5-11　菌株 YW-2-6 对烟草赤星病菌的拮抗作用

(二)烟草赤星病拮抗细菌的分离与筛选

通过菌株 YW-2-6 的无菌发酵液对烟草赤星病菌的抑制试验，发现不同浓度的无菌发酵液都可抑制烟草赤星病菌菌丝的生长，无菌发酵液浓度越大，抑制率越高(图 5-12、表 5-10)。40%的无菌发酵液浓度完全抑制烟草赤星病菌菌丝生长。同时，显微镜下观察 20%的无菌发酵液对菌丝生长抑制明显，使菌丝变形、末端出现膨大现象，分枝多且短(图 5-13)。

表 5-10　菌株 YW-2-6 无菌发酵液对烟草赤星病菌的抑制率

YW-2-6 滤液浓度/%	抑菌率/%
40	100.00±0.00[a]
30	85.01±0.53[b]
20	54.44±1.10[c]
10	46.77±1.61[d]

注：同一列不同字母表示差异显著($P<0.05$)。

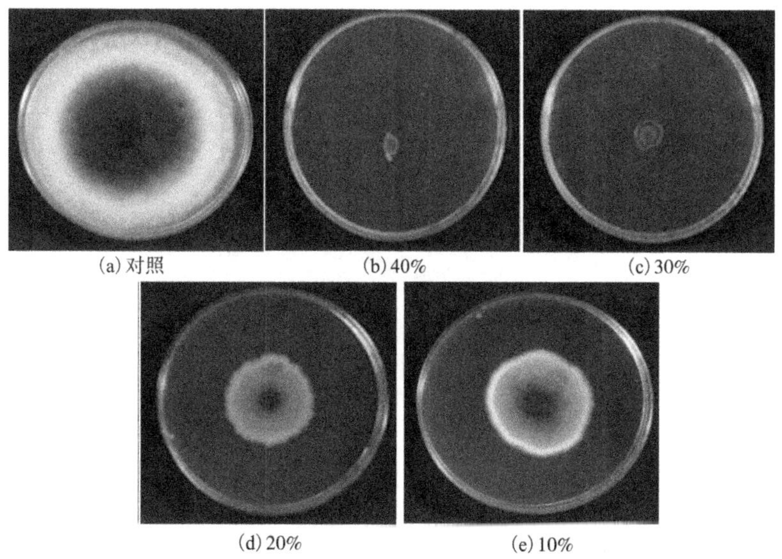

(a) 对照　(b) 40%　(c) 30%　(d) 20%　(e) 10%

图 5-12　菌株 YW-2-6 无菌发酵液对烟草赤星病菌的抑制作用

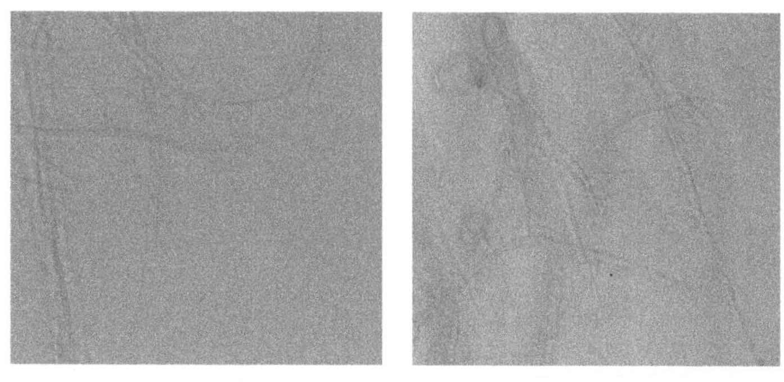

(a) 正常菌丝形态　(b) 滤液浓度20%下菌丝形态

图 5-13　菌株 YW-2-6 无菌发酵液对菌丝生长的抑制作用

(三) 拮抗菌株 YW-2-6 的鉴定

(1) 菌株 YW-2-6 的形态学观察。菌株 YW-2-6 在 LB 平板上呈白色的近圆形菌落，表面有褶皱、不透明(图 5-14)。革兰氏染色为阳性，芽孢椭圆形，为中生芽孢，有荚膜和鞭毛。在扫描电镜下呈短杆状，平均大小约为 0.7 μm×1.6 μm(图 5-15)。

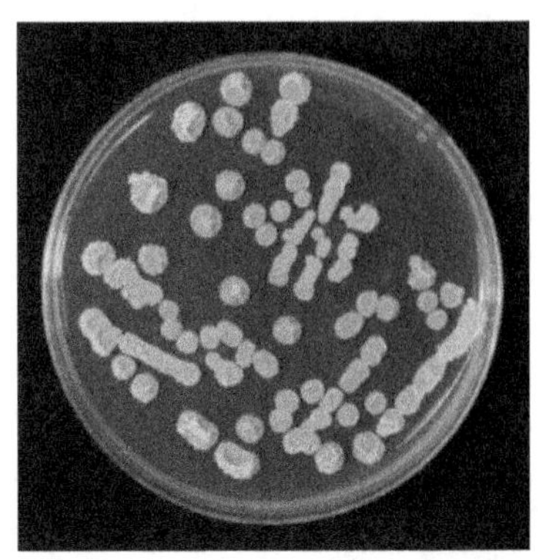

图 5-14　YW-2-6 菌株的菌落形态

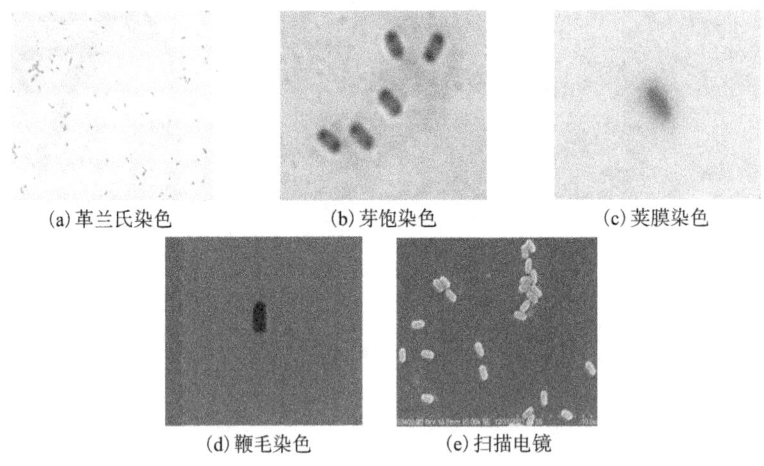

(a) 革兰氏染色　(b) 芽饱染色　(c) 荚膜染色　(d) 鞭毛染色　(e) 扫描电镜

图 5-15　YW-2-6 菌株的菌落染色及电镜观察形态

(2) 菌株 YW-2-6 的生理生化鉴定。生理生化特征测定表明，淀粉水解、明胶液化试验、硝酸盐还原呈阳性，甲基红试验、V-P 试验、过氧化氢酶、氧化酶、吲哚反应、硫化氢产生试验呈阴性(表 5-11)。

表 5-11　菌株 YW-2-6 生理生化特征

特性	结果	特性	结果
V-P	-	明胶液化	+
甲基红	-	氧化酶	-
过氧化氢酶	-	吲哚反应	-
淀粉水解	+	硫化氢	-
硝酸盐还原	+		

注：表中“+”表示为阳性反应，“-”表示为阴性反应。

(3)菌株 YW-2-6 的分子鉴定。对菌株 YW-2-6 的 16S rDNA 序列进行 PCR 扩增，结果显示 PCR 产物条带大小在 1500 bp 左右(图 5-16)，与预期结果基本一致。

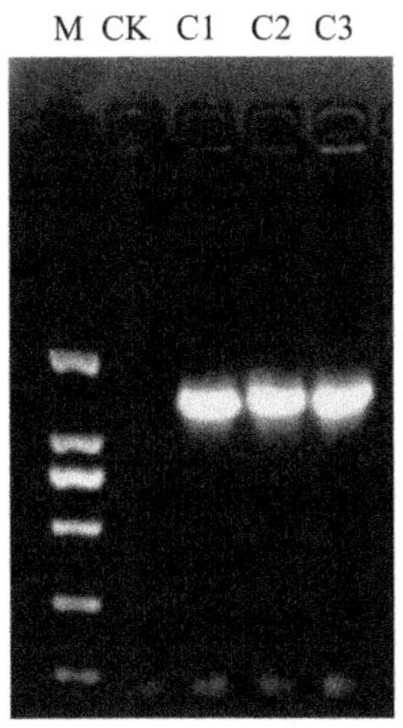

M: Marker 2k；1、C2、C3：YW-2-6；CK1：空白对照。

图 5-16　菌株 YW-2-6 16S rDNA PCR 产物凝胶电泳图

将所得序列在 NCBI 上进行 Blast 比对，结果显示，菌株 YW-2-6 与解淀粉芽孢杆菌 B11(GenBank：MF125280.1)的序列相似性为 99%。以樱假单胞菌为外群，构建菌株 YW-2-6 的系统发育树，发现菌株 YW-2-6 与 *Bacillus amyloliquefaciens* 在同一分支上(图 5-17)。因此，可初步判定菌株 YW-2-6 为解淀粉芽孢杆菌。

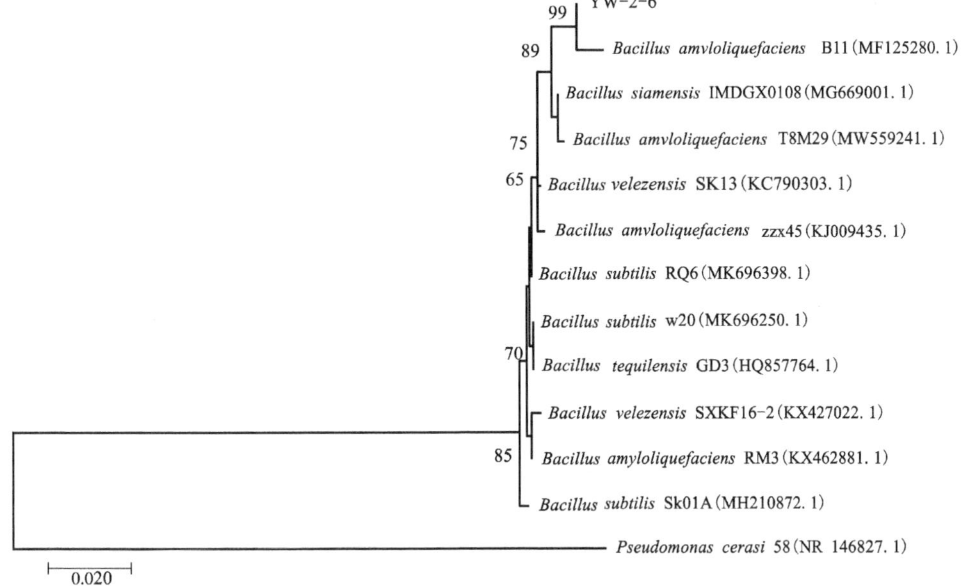

图 5-17　利用 NJ 法构建的菌株 YW-2-6 系统发育树

(四)拮抗菌株 YW-2-6 的抑菌谱测定

对菌株 YW-2-6 进行抑菌谱测定，发现其对辣椒疫霉病菌、小麦赤霉病菌和烟草靶斑病菌等 5 种病原菌均有较好的抑制效果，抑制率为 40.02%～74.43%(表 5-12、图 5-18)，其中对辣椒疫霉病菌抑制效果最好。可见菌株 YW-2-6 具有广谱的抑菌活性。

表 5-12　菌株 YW-2-6 对供试病原菌的拮抗作用

供试病原菌	菌落直径/mm	抑菌率/%
辣椒疫霉病菌	30.62±1.13[d]	74.43±0.42[a]
小麦赤霉病菌	50.41±1.16[c]	69.13±0.42[b]
烟草靶斑病菌	51.59±1.93[c]	65.35±1.54[bc]
辣椒白绢病菌	55.51±1.61[b]	61.10±2.82[c]
烟草黑胫病菌	55.92±1.42[b]	53.26±0.79[d]
水稻纹枯病菌	65.91±0.63[a]	40.02±0.57[e]

注：同一列不同字母表示差异性显著($P<0.05$)。

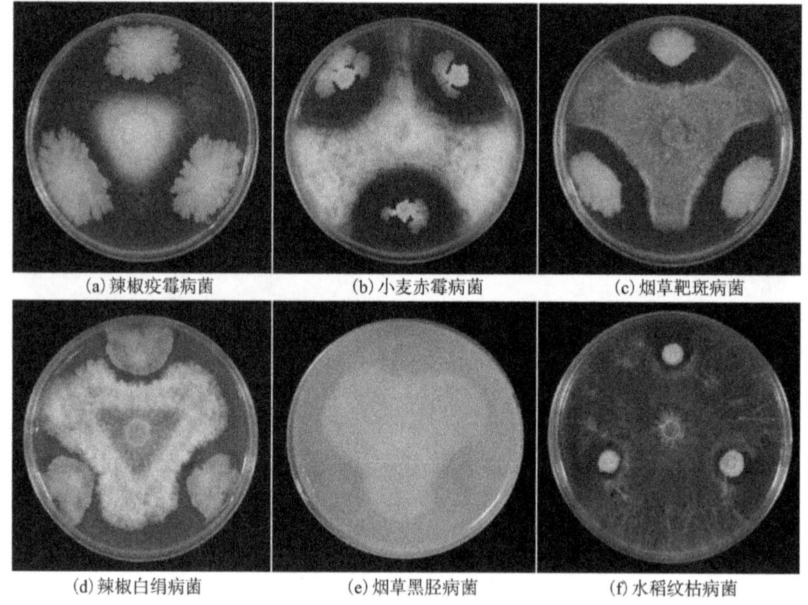

图 5-18　菌株 YW-2-6 对供试病原菌的拮抗作用

(五)菌株 YW-2-6 产生长素(IAA)能力测定

Salkowski 比色液避光显色观察菌株为淡红色，表明菌株 YW-2-6 具有产 IAA 的能力。根据颜色变化比对，推测产 IAA 浓度为 0～10 mg/L(图 5-19)。取比色后的菌株 YW-2-6 上清液，测得 OD_{530} 为(0.1913±0.01)，根据制作的标准曲线($y=0.0285x+0.0001$，$R^2=0.9964$)，计算出 IAA 产量为(6.710±0.09)mg/L，与颜色观察结果相近。

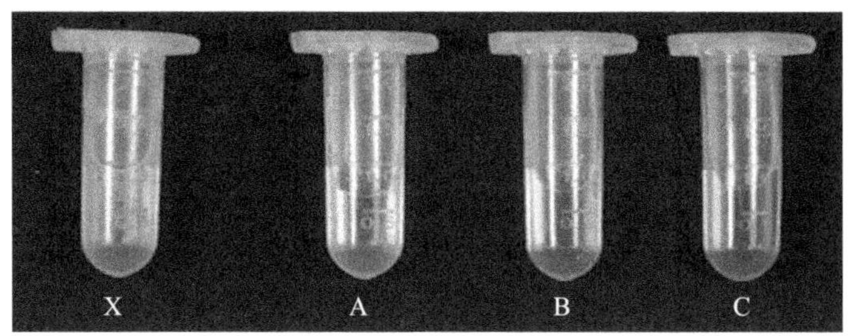

X：YW-2-6；A：0 mg/L；B：10 mg/L；C：20 mg/L。

图 5-19　菌株 YW-2-6 产生长素(IAA)测定结果

(六)拮抗菌株 YW-2-6 对烟株的促生作用测定

与对照组相比，YW-2-6 对烟草有显著的促生效果(图 5-20)。处理组烟株植株根干重、根鲜重、总干重、根干重、株高和最大叶长有明显升高，分别增加了 300%、133.33%、121.62%、93.56%和 78.46%。总鲜重、根长、最大叶宽和茎粗也有一定增加，分别增加了 51.70%、41.38%、24.71%和 21.53%(表 5-13)。

表 5-13　菌株 YW-2-6 对烟草幼苗的促生作用结果

处理	株高/cm	茎粗/cm	最大叶长/cm	最大叶宽/cm	根长/cm	总鲜重/g	根鲜重/g	总干重/g	根干重/g
CK	3.24±0.33^{b}	0.48±0.02^{b}	11.53±1.68^{b}	9.12±1.13^{b}	6.66±1.18^{b}	7.06±1.00^{b}	0.09±0.01^{b}	0.37±0.06^{b}	0.01±0.00^{b}
YW-2-6	6.28±0.22^{a}	0.59±±0.02^{a}	20.57±0.44^{a}	11.37±0.25^{a}	9.41±0.93^{a}	10.71±0.53^{a}	0.21±0.02^{a}	0.82±0.08^{a}	0.04±0.01^{a}

注：同一列不同字母表示差异性显著($P<0.05$)。

图 5-20　菌株 YW-2-6 对烟草植株的促生作用

（七）拮抗菌株 YW-2-6 对烟草赤星病的田间防治评价

田间小区试验调查结果表明，随着处理时间的延长，发病率和病情指数逐渐增加。与对照相比，YW-2-6 发酵液处理组较对照发病率和病情指数明显低，对烟草赤星病的防效最高可达 56.93%，显著高于化学药剂防治效果（表 5-14）。

表 5-14　菌剂 YW-2-6 对烟草赤星病的防治效果

处理	处理前		处理后		
	发病率/%	病情指数	发病率/%	病情指数	防效/%
对照	4.79±1.21[b]	0.64±0.02[b]	59.22±3.23[a]	14.15±1.19[a]	—
80%代森锰锌可湿性粉剂	7.02±1.34[a]	1.36±0.11[a]	36.17±2.76[b]	8.14±1.04[b]	42.47±2.68[b]
YW-2-6 发酵液	6.24±1.25[a]	1.15±0.23[a]	29.08±1.87[c]	6.37±0.95[b]	56.93±3.06[a]

注：同一列不同字母表示差异性显著（$P<0.05$）。

三、结论与讨论

解淀粉芽孢杆菌在根际环境中能抑制根部病原菌生长，减轻植物病害，促进植物生长，且能够激活及诱导植物获得系统抗性，是目前研究生防菌株的热点之一。刘悦、马志远、潘祖贤等筛选出的解淀粉芽孢杆菌可分别抑制小麦赤霉病菌、烟草赤星病菌及其他各类真菌病原菌菌丝生长，具有良好的生防效果。本节获得的烟草赤星病拮抗菌株解淀粉芽孢杆菌 YW-2-6 对赤星病菌菌丝的抑制率达 71.31%，且菌株 YW-2-6 对供试的另 6 种病原真菌都有明显的抑制效果，其中对辣椒疫霉病菌的抑制率高达 74.43%，说明 YW-2-6 是具有广谱抗真菌活性的生防菌株。Arrebola E 等研究表明伊枯草菌素 A 是解淀粉芽孢杆菌拮抗致病真菌的主要抑菌物质。菌株 YW-2-6 无菌发酵液浓度为 40%时，能完全抑制赤星病菌菌丝生长，其发酵液对烟草赤星病的田间防效可达 56.93%，说明菌株 YW-2-6 产生了抑菌物质，并通过抑菌物质发挥拮抗作用。但菌株 YW-2-6 具体产生何种抑菌物质及其抑制机制还需要进行后续研究。

解淀粉芽孢杆菌作为一种植物根际促生菌，一般具有产 IAA 活性。李磊等分离出的解淀粉芽孢杆菌产 IAA 量为 6.86 μg/mL，能较好促进植株生长。YW-2-6 菌株产 IAA 浓度为 6.710 mg/L，与李磊等研究结果一致。王海霞等发现一株高产 IAA 的解淀粉芽孢杆菌 YN-J3，产 IAA 量达 24.20 mg/L。徐婧等筛选出的产 IAA 菌在进行培养基优化后，其产 IAA 量高了 7.75 mg/L，更显著促进了水稻萌发生长。YW-2-6 产 IAA 活性不强，可能与其培养条件非最适生长环境有关，后续将进一步优化其最适发酵条件，提高产 IAA 能力，增强生防菌促生作用。此外，植物根际促生菌所产生的挥发性物质对植物生长有很大影响，因此，YW-2-6 菌株是否产生挥发性物质及具体如何影响植株生长，值得深入研究。

生防菌株的防效与菌剂或发酵液浓度有关，刘剑金等用解淀粉芽孢杆菌 YN48 菌剂 500 倍液、800 倍液和 1000 倍液在苗期通过与大田试验相结合防治烟草黑胫病，结果表明

YN48 菌剂 500 倍液对烟草黑胫病防治效果最好，可达 96.87%。李瑾等分离出的解淀粉芽孢杆菌 HR-2 在盆栽实验中，其 10 倍与 100 倍稀释液对防治水稻稻瘟病效果分别为 63.81%和 40.77%。本节并未对不同发酵液浓度的防效进行比较，高浓度的发酵液防治效果或许更好。解淀粉芽孢杆菌的次生代谢产物及其抑菌机制是深入研究其生防作用必不可少的一步。同时，芽孢杆菌能够在根际定殖是进行生物防治不可缺少的前提。

本节从烟草赤星病重病烟田的健株根际土壤中筛选获得一株对烟草赤星病菌有显著拮抗作用的 YW-2-6 菌株，抑制率达 71.32%，鉴定为解淀粉芽孢杆菌（*Bacillus amyloliquefaciens*）。并利用 YW-2-6 发酵液进行了抑菌试验、产 IAA 能力测定、促生作用测定及田间小区防效评价，具有良好的应用发展前景和生物防治潜能，但其田间使用技术、次生代谢产物、抑菌机制及剂型等都有待进一步研究。

第六章　烟草野火病防控技术

烟草野火病是由 *Pseudomonas syringae* 引起的能够危害植株叶片、花、蒴果、种子等部位的细菌性病害。20 世纪 40 年代末，我国首次在云南烟区发现了少数感染野火病的烟草植株，随后在其他多个省份的烟区也有类似发现，但其危害性较轻，一直被视为次要病害。直到 20 世纪 80 年代，全国烟草侵染性病害调查中发现有 14 个省区发生了野火病，其中云南、四川、山东及东北三省烟区遭受了严重的危害，已逐步成为影响我国烟草生产发展的一大障碍。为了防治该病，人们做了许多努力，如喷洒化学农药、选择抗性品种和使用生防菌剂。化学杀虫剂的应用(如春雷霉素和链霉素)，是控制不同作物野火病的主要方法。然而，环境问题和耐药性严重限制了化学农药的使用。生物防治是一种对环境友好的、替代化学控制的方法。

第一节　基于大气候数据的郴州烟区烟草野火病病情指数预测预报模型构建

野火病的发生具有爆发性，当烟田已经表现野火病症状的时候，实际已经很难控制病害的发展和流行，所以通过建立预测预报模型来对病情发展趋势进行预测，从而提前采取预防病害发生的措施是有效控制野火病暴发的重要环节。当前关于野火病的预测研究都是基于一般的调查分析，缺乏对野火病流行各环节的长时间系统定量追踪调查，而准确、及时的数据是建立预报预测模型的基础。基于农业上的低维特征小样本数据集，通过非线性的方法建立反映农业病害的病情指数与气象影响因子之间重要关系的模型，然后通过收集相应气象数据代入模型中，得到病害情况的病情指数，最终实现对病害的预测及预报。

一、材料与方法

(一) 病情指数调查方法

2012—2016 年，以郴州市桂阳县仁义镇为实验点，调查了仁义镇部分烤烟种植村组，选取 2 个村，每个村选取 1~2 个具有代表性的田块，在烤烟收获前开展选取烟叶的工作，并对病情进行分级调查。调查的方式采用 5 点取样法，每点调查 10 株，每一田块的调查株数为 50 株，从在移栽后 15 天左右开始，若遇大暴雨时适当增加调查次数，直到采收基本结束。在调查记载的基础上，按照下式对病情指数(disease index，DI)进行统计，病害的发病叶分级标准按照 6 个等级进行分级。

$$\text{病情指数(DI)}=\frac{\sum \text{各级发病叶数}\times\text{各级代表值}}{\text{总叶数}\times\text{最高一级代表值}}\times 100\%$$

(二)小气候记录仪

研究发现，温度、湿度是影响田间野火病发病程度的非常重要的环境因素，天气多雨潮湿时，病斑扩展非常迅速。通过在田间安放温湿度数据记录仪，获取田间小气候环境的温湿度变化，从而建立更高精度的预测模型来反映气象数据与病害发生之间的关联。BENETECH GM1365 温湿度数据记录仪是一款用于测量温湿度的专用仪器，测量的温度范围为 -30~80℃，湿度为 0~100%。2016 年找了两块前年野火病发病比较严重的烟田，每块烟田挑选两株烟草，在烟杆底部绑定 1 个温湿度数据记录仪，设置程序，让其每隔 10 min 自动记录一次温度、湿度和露点。

(三)气象数据收集

2012 年至 2016 年气象数据均由郴州市桂阳县气象局提供。

(四)数据集

本研究所用数据集由 40 个 DI 值和 15 个气象因子(降水量及日最小湿度数据严重缺失)组成，分别为相对湿度(relative humidity，RH)、整点最大相对湿度(maximum value hourlyrelative humidity，MaxVHRH)、整点最小相对湿度(minimum value hourlyrelative humidity，MinVHRH)、相对湿度极差(range relative humidity，RRH)、整点平均风速(mean hourly wind velocity，MHWV)、整点最大风速(maximum value hourly wind velocity，MaxVHWV)、整点最小风速(minimum value hourly wind velocity，MinVHWV)、整点风速极差(rang hourly wind velocity，RHWV)、日平均气压(day mean pressure，DMP)、日平均气温(day mean temperature，DMT)、日最高气温(day max temperature，DMaxT)、日最低气温(day min temperature，DMinT)、日气温极差(rany day temperature，RDT)、日平均水汽压(day mean vapor pressure，DMVP)和日照时数(sunlight hour，SH)。从田间调查当天开始，然后以前一天的气候因子作为增量，直到前 23 天为止[即 PD(15 个特征)，1_PD(2×15 特征)，2_PD(3×15 特征)，…，直到 23_PD(24×15 特征)]，构建了 24 个不同的特征数据集。

酚类对发光菌毒性的 QSAR 建模结果表明，依据因变量划分训练集测试集的 QSAR 模型结果显著优于其他划分方法，因而本文根据病情指数，按 4∶1 的比例划分训练集和测试集。首先根据病情指数对 40 个样本进行排序，然后从上到下把样本分为 8 个单元，选取每个单元的中间值作为测试集，最终我们得到 32 样本训练集和 8 样本测试集。

(五)多轮末尾淘汰筛选特征

对于高维小样本数据，变量空间维数高而样本空间维数低，这将给建模带来一系列问题，例如过拟合问题、模型泛化能力差等，特征筛选是高维小样本数据建模必不可少的步骤。直接提取所有特征，特征维数大，模型受冗余特征的影响，削弱了有用特征的贡献，将导致模型预测精度偏低。特征筛选将大量的冗余变量去除，保留与响应变量最相关的解释变量，使最终的模型更具实际应用和泛化推广能力。

多轮末尾淘汰算法简述如下：对数据矩阵(y_i，x_{ij})，$i=1, 2, \cdots, n$；$j=1, 2, \cdots, m$；支持向量回归(support vector regression，SVR)交叉测试得到初始 MSE_0，第一轮依次剔除第 j 个特征，SVR 交叉测试得到对应 MSE_j，如果 $\min(MSE_j) \leqslant MSE_0$，则表示剔除该特征能提高模型预测精度，剔除第 j 个特征并进入下一轮筛选，反之筛选结束，获得最终的保留特征。

(六)建模方法

多元线性回归、逐步回归分析、支持向量回归机、岭回归、随机森林、LASSO 算法、贝叶斯算法。

(七)模型评估

基于均方误差(mean square error，MSE)值，低维描述符汰选和核函数参数的优化采用留一法交叉验证。模型的独立预测能力通过 MSE 值和预测相关系数(Q^2_{ext})值进行评估。

(八)模型验证方法

y 随机化验证是确认模型稳健性常用的方法，其目的是检验因变量和自变量之间的偶然关系。在 y 随机化验证中，因变量 Y 被随机排序并使用原始自变量矩阵 X 建立新的模型，该过程重复多次，一般随机 10~25 次。y 随机化验证得到模型的 R^2_{yrand}(相关系数)和 LOO 交叉验证 Q^2_{yrand} 值。如果原始 Y 与随机化后的 Y 的相关系数的绝对值$|R|$与 R^2_{yrand} 的回归线的截距(a_R)小于 0.3，$|R|$与 Q^2_{yrand} 的回归线的截距(a_Q)小于 0.05，则认为该模型稳健。

二、结果与分析

(一)病情指数调查结果

田间调查详情见表 6-1，包括时间、地点和 DI。调查结果表明，从 2012 年到 2016 年，郴州桂阳仁义镇烟区烟草野火病的发生较为普遍，只有 2013 年相对较少，其余 4 个年份均有不同程度的发生，且危害较为严重。2012 年，烟草野火病大规模爆发，烟农意识到野火病的危害。随后，采取了一系列相关的预防和控制措施，该疾病在 2013 年得到了一定程度的控制。因此，基于气象因子特征建立高精度预测模型，对野火病的防治工作具有极其重要的现实意义。

表 6-1　桂阳县 2012—2016 年烟草野火病统计结果

乡镇	村	日期	DI
仁义	梧桐	2012-05-31	0.09
	扇贝	2012-06-22	28
樟市	甫口	2012-06-27	14.16
		2012-07-02	17.92
仁义	梧桐	2013-05-20	0.03
		2013-06-07	2.50
		2013-07-02	4.80
仁义	白云	2014-05-05	1.43
		2014-05-10	9.88
		2014-05-15	9.29
		2014-05-20	8.33
		2014-05-25	7.11
		2014-05-30	6.42
		2014-06-05	6
		2014-06-10	7.26
		2014-06-15	8.21
		2014-06-20	8.11
		2014-06-20	8.11
		2014-06-25	8.53
		2014-06-30	8.84
		2014-07-05	10.67
仁义	梧桐	2015-05-25	0.06
		2015-05-30	0.09
		2015-06-05	0.19
		2015-06-10	0.34
		2015-06-15	0.86
		2015-06-20	2.11
		2015-06-25	6.09
		2015-06-30	9.77
		2015-07-05	15.42
		2015-07-10	21.38
仁义	梧桐	2016-05-12	0.14
		2016-05-17	0.33
		2016-05-22	3.01
		2016-05-27	9.60
		2016-06-01	8.79
		2016-06-06	8.47
		2016-06-11	8.68
		2016-06-11	8.68
		2016 06-16	9.94
		2016-06-21	10.04
		2016-06-26	9.94

图 6-1 中的箱式图显示了桂阳县野火病 DI 的分布情况。2012 年，由于长时间的大雨和高温天气，野火病在桂阳县迅速蔓延，在几周时间内几乎感染了每一株烟草。2013 年，在预防措施和气候条件的双重作用下，野火病的病情得到了有效控制，平均 DI 从 2012 年的 16.04 下降到了 2.5，这说明了根据当地气象数据预测 DI 的必要性。2014 年，DI 显著增加，疾病比 2013 年更加严重。2015 年，最大 DI 达到 21.38，但位数仅为 1.49，实际病害较轻。2016 年，虽然最大 DI 只有 10.04，但中位数为 8.74，病害更加普遍持久。

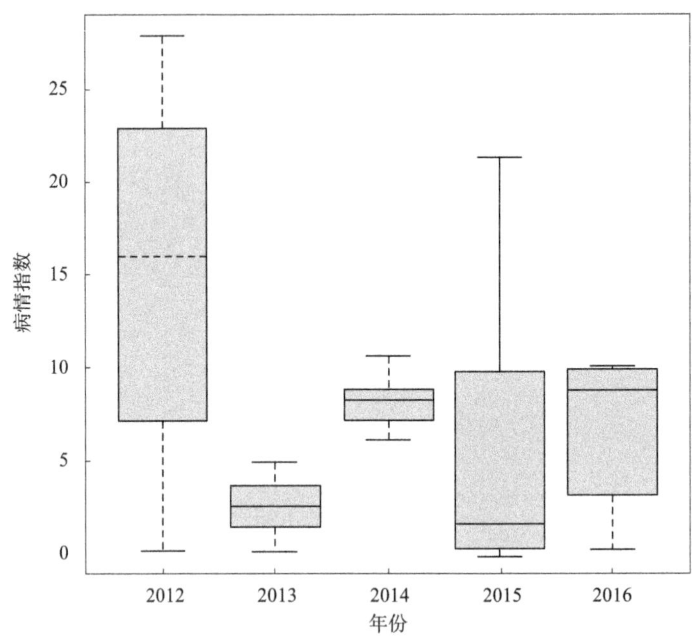

图 6-1　2012—2016 年桂阳县野火病 DI 的分布情况

（二）构建气象预测预报模型

如表 6-1 所示，通过对湖南省郴州市桂阳县仁义镇烟区的田间调查，我们得到了 40 个野火病 DI 样本。同时，通过郴州市桂阳县气象局等相关部门的帮助，我们得到了桂阳县近几年的气候气象数据，构建了如表 6-2 所示的大气候数据特征集。

在降水量数据缺失和样本数量有限情况下，通过以相对湿度、相对湿度整点极大值、相对湿度整点极小值、相对湿度极差、整点平均风速、整点风速极大值、整点风速极小值、整点风速极差、日平均气压、日平均气温、日最高气温、日最低气温、日气温极差、日平均水汽压和日照时数这 15 个特征来建立预测预报模型，构建 DI 当天（15 个特征）到 DI 前 23 天（360 个特征）共 24 个子集，这样，由自变量（大气象特征）和因变量（病情指数）组成的数据集用于建模。根据以往经验，数据集按 4∶1 分为训练集和测试集（即 32 个样本作为训练集，8 个样本作为测试集）。为了去除无用、冗余的特征，我们基于 SVR 开发了 WDEM 的方法，用于非线性筛选更关键描述特征。采用径向基函数和 32 次交叉验证进行 WDEM 筛选，使模型具有最小 MSE 值的气象特征得以保留。结果表明（表 6-3 和表 6-4）：①相对于其他几种建模方法，基于支持向量机（support vector machine，SVM）方法的模型对气象数据具有更好的预测能力；②经过多轮末尾淘汰方法筛选冗余特征后，有更低的标准差（standard deviation，SD）和更高的 R 值，即显著提高了模型的预测精度。

表 6-2 2012—2016 年桂阳县病指与气象因子组成的数据集

项目	y	x_1	x_2	x_3	x_4	x_5	x_6	x_7	x_8	x_9	x_{10}	x_{11}	x_{12}	x_{13}	x_{14}	x_{15}
训练集	0.03	94	97	85	12	11	23	1	22	9691	192	209	181	28	209	0
	0.06	75	87	58	29	8	15	0	15	9698	240	297	197	100	220	64
	0.09	75	85	57	28	26	35	15	20	9711	226	317	211	106	213	5
	0.14	62	70	50	20	21	42	8	34	9707	258	314	205	109	205	120
	0.19	79	87	70	17	18	40	3	37	9724	205	230	189	41	188	18
	0.33	60	72	45	27	12	20	3	17	9748	214	277	153	124	149	119
	0.86	65	84	45	39	26	45	3	42	9703	286	337	241	96	242	89
	1.61	85	91	74	17	18	39	5	34	9807	163	181	150	31	157	0
	2.11	79	90	56	34	13	43	2	41	9697	261	331	227	104	259	45
	2.5	66	82	49	33	36	50	13	37	9671	285	315	255	60	246	58
	4.8	58	68	46	22	20	33	7	26	9689	286	321	262	59	224	92
	6.09	63	80	50	30	27	50	8	42	9666	294	330	249	81	248	117
	7.37	88	92	82	10	8	36	1	35	9665	241	260	228	32	270	0
	7.87	72	87	53	34	16	31	5	26	9687	286	331	250	81	274	104
	8.68	89	91	87	4	12	26	3	23	9676	258	302	249	53	296	29
	8.71	72	86	63	23	35	62	6	56	9729	273	308	227	81	256	20
	8.78	81	90	72	18	16	28	9	19	9666	238	285	221	64	246	0
	8.79	65	76	54	22	34	47	23	24	9678	305	342	273	69	279	117
	9.77	55	69	42	27	36	47	25	22	9661	314	346	282	64	250	122
	9.91	68	76	60	16	41	56	16	40	9632	287	322	267	55	266	47
	9.94	86	94	73	21	14	24	7	17	9719	201	246	171	75	201	0
	9.94	80	92	67	25	19	26	8	18	9725	265	326	214	112	273	75
	10.07	59	75	39	36	13	27	3	24	9668	294	341	247	94	229	116
	10.29	75	90	56	34	13	24	7	17	9718	229	272	194	78	202	94
	10.43	74	91	56	35	27	50	3	47	9669	275	319	240	79	266	109
	10.86	81	90	58	32	11	24	6	18	9706	271	332	243	89	287	51
	12.31	69	74	61	13	55	75	30	45	9661	249	273	233	40	219	78
	13.22	68	80	60	20	24	40	10	30	9668	280	313	271	42	280	34
	14.16	72	87	54	33	37	59	16	43	9652	276	318	244	74	261	95
	15.42	84	87	78	9	17	28	10	18	9701	204	219	192	27	200	0
	21.38	86	90	78	12	24	36	13	23	9685	228	252	211	41	238	0
	28	83	91	68	23	15	31	6	25	9660	244	271	221	50	253	0

续表6-2

项目	y	x_1	x_2	x_3	x_4	x_5	x_6	x_7	x_8	x_9	x_{10}	x_{11}	x_{12}	x_{13}	x_{14}	x_{15}
测试集	0.09	84	92	70	22	13	23	4	19	9737	213	243	193	50	215	0
	0.34	71	88	51	37	24	50	2	48	9681	274	323	232	91	255	42
	3.01	84	89	75	14	18	27	8	19	9758	189	215	172	43	182	0
	8.47	70	87	54	33	15	26	1	25	9710	277	337	231		252	126
	9.6	89	94	81	13	23	36	13	23	9713	204	240	180	60	212	0
	10.04	59	66	49	17	38	55	22	33	9700	305	343	272	71	256	126
	11.54	82	89	71	18	21	34	10	24	9714	186	203	178	25	175	0
	17.92	61	73	49	24	36	53	23	30	9700	278	309	251	58	230	74

注：y 为 DI；$x_1 \sim x_{15}$ 为 RH、MaxVHRH、MinVHRH、RRH、MHWV、MaxVHWV、MinVHWV、RHWV、DMP、DMT、DMaxT、DMinT、RDT、DMVP 和 SH。

表 6-3　基于全部特征的不同建模方法结果

项目	10-fold	RR	KR	SVMRBF	SVML	SVMP	BRR	RF	BayesB	BayesA	LASSO
mult_15	*R*	0.4055	0.4343	0.4472	0.4285	0.1851	0.4258	0.3646	0.3480	0.3500	0.3867
	SD	0.0159	0.0091	0.0182	0.0190	0.0408	0.0435	0.0277	0.0572	0.0365	0.0252
mult_15×2	*R*	0.3208	0.3500	0.2838	0.2632	0.3489	0.3697	0.1658	0.3015	0.3051	0.3497
	SD	0.0264	0.0207	0.0516	0.0343	0.0059	0.0246	0.0805	0.0086	0.0483	0.0589
mult_15×3	*R*	0.3798	0.3342	0.4442	0.4841	0.2310	0.3186	0.2169	0.3101	0.3140	0.3468
	SD	0.0124	0.0596	0.0506	0.0268	0.0718	0.0131	0.1134	0.0266	0.0279	0.0430
mult_15×4	*R*	0.4845	0.3694	0.4532	0.5433	0.2982	0.3436	0.3636	0.3836	0.3641	0.5492
	SD	0.0479	0.0128	0.0057	0.0230	0.0181	0.0292	0.0336	0.0208	0.0425	0.0500
mult_15×5	*R*	0.2670	0.3210	0.3915	0.3491	0.2311	0.2671	0.2792	0.3175	0.3029	0.4624
	SD	0.0507	0.0308	0.0507	0.0240	0.0166	0.0137	0.0639	0.0694	0.0026	0.0426
mult_15×6	*R*	0.5334	0.3735	0.5761	0.4861	0.0820	0.3405	0.2545	0.3753	0.4275	0.5343
	SD	0.0211	0.0033	0.0098	0.0585	0.0968	0.0450	0.0770	0.0854	0.0076	0.0347
mult_15×7	*R*	0.4468	0.3549	0.5167	0.4260	0.0451	0.3246	0.2436	0.3598	0.3749	0.5329
	SD	0.0359	0.0217	0.0270	0.0187	0.0369	0.0438	0.1275	0.0356	0.0274	0.0141
mult_15×8	*R*	0.4734	0.3837	0.5036	0.4827	0.1604	0.4200	0.2449	0.3531	0.3470	0.5170
	SD	0.0089	0.0059	0.0249	0.0117	0.0369	0.0415	0.0435	0.0216	0.0560	0.0243
mult_15×9	*R*	0.3841	0.2538	0.3592	0.4802	0.0895	0.3053	0.3921	0.3005	0.3232	0.4250
	SD	0.0371	0.0373	0.0374	0.0241	0.0767	0.0129	0.0892	0.0623	0.0571	0.0318
mult_15×10	*R*	0.2483	0.2984	0.4678	0.4440	0.0426	0.2589	0.4506	0.2852	0.3296	0.5640
	SD	0.0341	0.0258	0.0274	0.0257	0.1024	0.0211	0.0099	0.0228	0.0579	0.0229

续表6-3

项目	10-fold	RR	KR	SVMRBF	SVML	SVMP	BRR	RF	BayesB	BayesA	LASSO
mult_15×11	*R*	0. 3273	0. 2992	0. 3188	0. 4099	0. 0114	0. 2857	0. 5128	0. 2582	0. 2570	0. 5476
	SD	0. 0079	0. 0358	0. 0303	0. 0541	0. 0846	0. 0378	0. 0430	0. 0256	0. 0513	0. 0084
mult_15×12	*R*	0. 1743	0. 1651	0. 2375	0. 3168	−0. 2728	0. 1392	0. 5356	0. 2363	0. 2309	0. 5135
	SD	0. 0796	0. 0194	0. 0237	0. 0238	0. 0879	0. 0446	0. 0276	0. 0668	0. 0347	0. 0397
mult_15×13	*R*	0. 2393	0. 1514	0. 2972	0. 4224	−0. 3086	0. 1747	0. 5251	0. 1997	0. 1909	0. 4832
	SD	0. 0567	0. 0504	0. 0168	0. 0156	0. 0669	0. 0384	0. 0608	0. 0649	0. 0444	0. 0348
mult_15×14	*R*	0. 4028	0. 4643	0. 4394	0. 3935	−0. 2659	0. 1578	0. 4746	0. 2396	0. 2015	0. 3461
	SD	0. 0457	0. 0380	0. 0273	0. 0430	0. 1110	0. 0596	0. 0333	0. 0314	0. 0637	0. 0215
mult_15×15	*R*	0. 0941	0. 1872	0. 3806	0. 4345	−0. 1750	0. 1336	0. 5368	0. 1174	0. 1645	0. 4740
	SD	0. 0309	0. 0425	0. 0267	0. 0344	0. 0789	0. 0214	0. 0613	0. 0456	0. 0592	0. 1221
mult_15×16	*R*	0. 1623	0. 0677	0. 1364	0. 3636	−0. 3044	0. 1264	0. 5342	0. 1139	0. 1409	0. 5339
	SD	0. 0152	0. 0614	0. 0642	0. 0083	0. 0677	0. 0273	0. 0538	0. 0349	0. 0309	0. 0390
mult_15×17	*R*	0. 1109	0. 0775	0. 2284	0. 2929	−0. 3014	0. 1013	0. 4668	0. 0973	0. 1511	0. 4826
	SD	0. 0448	0. 0557	0. 0343	0. 0709	0. 0765	0. 0090	0. 0797	0. 0319	0. 0486	0. 0460
mult_15×18	*R*	0. 0494	0. 0233	0. 1911	0. 2267	−0. 2927	0. 0848	0. 4943	0. 0645	0. 1254	0. 4263
	SD	0. 0717	0. 0052	0. 0218	0. 0699	0. 0920	0. 0297	0. 0841	0. 0741	0. 0970	0. 0767
mult_15×19	*R*	−0. 0275	0. 0502	0. 2126	0. 2314	−0. 2959	0. 0480	0. 4701	0. 0487	−0. 0041	0. 4439
	SD	0. 1173	0. 0211	0. 0099	0. 0601	0. 0970	0. 0223	0. 0111	0. 0071	0. 0366	0. 0266
mult_15×20	*R*	0. 0414	0. 0802	0. 1804	0. 1603	−0. 2529	−0. 0140	0. 4453	0. 0017	−0. 0520	0. 4742
	SD	0. 0394	0. 0727	0. 0232	0. 0085	0. 0219	0. 0459	0. 0179	0. 0599	0. 0493	0. 0218
mult_15×21	*R*	0. 0370	0. 0819	0. 1333	0. 2368	−0. 2727	−0. 0319	0. 4340	0. 0779	−0. 0279	0. 4670
	SD	0. 0556	0. 0545	0. 0900	0. 0212	0. 0756	0. 0782	0. 1028	0. 0356	0. 0645	0. 0265
mult_15×22	*R*	−0. 0382	0. 0169	0. 2106	0. 2294	−0. 2361	−0. 0201	0. 4079	−0. 0069	−0. 0684	0. 4069
	SD	0. 0459	0. 0898	0. 0459	0. 0186	0. 1270	0. 1075	0. 0677	0. 0615	0. 0453	0. 0653
mult_15×23	*R*	−0. 0332	0. 0157	0. 2320	0. 2405	−0. 2749	−0. 0621	0. 4046	0. 0195	0. 0661	0. 3143
	SD	0. 0528	0. 0133	0. 0225	0. 0117	0. 1094	0. 0332	0. 0463	0. 0140	0. 0535	0. 0484
mult_15×24	*R*	−0. 1453	−0. 0042	0. 2439	0. 2295	−0. 2684	−0. 0366	0. 3530	−0. 0459	0. 0093	0. 2343
	SD	0. 0163	0. 1461	0. 0131	0. 0281	0. 0671	0. 0286	0. 0306	0. 0188	0. 0478	0. 0478

注：RR 为岭回归(ridge regression)；SVML 为线性支持向量机(support vector machine linear)；KR 为核岭回归(kernel ridge)；SVMP 为支持向量机多项式(support vector machine polynomial)；SVMRBF 为支持向量机径向基核函数(SVM radial basis functions)；LASSO 为最小绝对值收敛和选择算子(least absolute shrinkage and selection operator)。

表 6-4　基于筛选特征的不同建模方法结果

	10-fold	RR	KR	SVMRBF	SVML	SVMP	BRR	RF	BayesB	BayesA	Lasso
WDEM_15	*R*	0.4430	0.4109	0.4495	0.4297	0.1581	0.3880	0.3584	0.2995	0.3523	0.4148
	SD	0.0147	0.0260	0.0374	0.0340	0.0577	0.0170	0.0945	0.0139	0.0093	0.0253
WDEM_15×2	*R*	0.4104	0.5795	0.7274	0.4040	0.3486	0.4092	—	0.3708	0.4110	0.4131
	SD	0.0371	0.0057	0.0605	0.0276	0.0078	0.0283	—	0.0086	0.0125	0.0525
WDEM_15×3	*R*	0.3973	0.3412	0.4647	0.4674	0.3032	0.3347	0.2348	0.3236	0.3401	0.2944
	SD	0.0505	0.0224	0.0099	0.0301	0.0147	0.0169	0.0610	0.0464	0.0468	0.0111
WDEM_15×4	*R*	0.4385	0.3446	0.4273	0.5408	0.2729	0.3802	0.3092	0.3940	0.3441	0.4881
	SD	0.0385	0.0417	0.0312	0.0157	0.0343	0.0365	0.0901	0.0231	0.0306	0.0120
WDEM_15×5	*R*	0.2966	0.2481	0.2963	0.4209	0.2452	0.2919	0.3214	0.3178	0.2813	0.4296
	SD	0.0148	0.0258	0.0604	0.0182	0.0172	0.0115	0.0567	0.0335	0.0234	0.0313
WDEM_15×6	*R*	0.5007	0.3882	0.5547	0.4720	0.1061	0.4208	0.2417	0.4008	0.3630	0.5332
	SD	0.0095	0.0324	0.0249	0.0289	0.0531	0.0219	0.0953	0.0460	0.0535	0.0470
WDEM_15×7	*R*	0.4560	0.4198	0.5333	0.4046	0.0199	0.3555	0.3112	0.3794	0.3733	0.5058
	SD	0.0171	0.0043	0.0395	0.0469	0.0368	0.0267	0.0724	0.0051	0.0451	0.0503
WDEM_15×8	*R*	0.4272	0.3992	0.3721	0.4695	0.1044	0.3641	0.2696	0.3997	0.4236	0.4933
	SD	0.0327	0.0208	0.0080	0.0189	0.0390	0.0393	0.0397	0.0409	0.0260	0.0220
WDEM_15×9	*R*	0.3968	0.3202	0.4768	0.4361	0.1463	0.2660	0.3934	0.2924	0.3591	0.4873
	SD	0.0354	0.0090	0.0178	0.0287	0.0429	0.0170	0.0641	0.0282	0.0585	0.0337
WDEM_15×10	*R*	0.2929	0.2910	0.4854	0.4379	0.1236	0.2824	0.4413	0.3076	0.2558	0.5734
	SD	0.0546	0.0597	0.0364	0.0262	0.0177	0.0309	0.0169	0.0685	0.0209	0.0528
WDEM_15×11	*R*	0.3424	0.2389	0.4235	0.3873	0.0326	0.2769	0.5125	0.2429	0.2261	0.5082
	SD	0.0635	0.0428	0.0281	0.0317	0.0786	0.0637	0.0605	0.0320	0.0627	0.0554
WDEM_15×12	*R*	0.8560	0.8605	0.9257	0.8771	0.4236	0.8407	0.6877	0.7364	0.8225	0.7150
	SD	0.0051	0.0165	0.0056	0.0030	0.0418	0.0104	0.0199	0.0227	0.0190	0.0114
WDEM_15×13	*R*	0.8103	0.7459	0.8807	0.8795	0.2766	0.7684	0.5813	0.6053	0.7772	0.7169
	SD	0.0008	0.0169	0.0179	0.0168	0.0463	0.0163	0.0584	0.0183	0.0301	0.0353
WDEM_15×14	*R*	0.4618	0.0749	0.4561	0.4176	-0.2748	0.1349	0.4959	0.1806	0.1350	0.4953
	SD	0.0470	0.0526	0.0227	0.0658	0.0567	0.0277	0.1084	0.0866	0.0490	0.0208
WDEM_15×15	*R*	0.4330	-0.0198	0.3674	0.3814	-0.1073	0.1694	0.5012	0.2613	0.0933	0.4718
	SD	0.0088	0.1011	0.0126	0.0274	0.0327	0.0451	0.0228	0.0270	0.0217	0.0593
WDEM_15×16	*R*	0.0223	0.1524	0.4119	0.3688	-0.2119	0.1575	0.4485	0.1806	0.1004	0.4056
	SD	0.0210	0.0221	0.0276	0.0933	0.0807	0.0149	0.0228	0.0218	0.0251	0.0555

续表6-4

	10-fold	RR	KR	SVMRBF	SVML	SVMP	BRR	RF	BayesB	BayesA	Lasso
WDEM_15×17	*R*	0.9075	0.9083	0.9369	0.9160	0.4705	0.8646	0.6578	0.7678	0.8128	0.8378
	SD	0.0084	0.0158	0.0044	0.0122	0.1153	0.0228	0.0500	0.0091	0.0150	0.0127
WDEM_15×18	*R*	0.8869	0.9488	0.9641	0.8632	0.6362	0.8371	0.6687	0.7208	0.8430	0.8293
	SD	0.0080	0.0022	0.0017	0.0131	0.0137	0.0026	0.0300	0.0134	0.0170	0.0270
WDEM_15×19	*R*	0.8636	0.8994	0.9373	0.8508	0.5955	0.8314	0.5634	0.7779	0.8434	0.8440
	SD	0.0131	0.0152	0.0048	0.0109	0.0367	0.0134	0.0268	0.0109	0.0071	0.0092
WDEM_15×20	*R*	0.7918	0.8984	0.9269	0.7989	0.3703	0.7351	0.5936	0.6855	0.7537	0.7338
	SD	0.0098	0.0039	0.0053	0.0201	0.0430	0.0166	0.0161	0.0367	0.0099	0.0192
WDEM_15×21	*R*	0.9237	0.9238	0.9402	0.9515	0.3434	0.8688	0.6275	0.8048	0.8771	0.8330
	SD	0.0016	0.0039	0.0035	0.0016	0.0080	0.0074	0.0200	0.0226	0.0069	0.0073
WDEM_15×22	*R*	0.9085	0.9327	0.9540	0.9156	0.4716	0.8618	0.6183	0.7442	0.8574	0.8825
	SD	0.0137	0.0064	0.0026	0.0113	0.0076	0.0233	0.0391	0.0340	0.0136	0.0065
WDEM_15×23	*R*	0.8749	0.9388	0.9376	0.8848	0.2946	0.8155	0.5940	0.7303	0.8314	0.8061
	SD	0.0020	0.0169	0.0092	0.0165	0.0151	0.0021	0.0438	0.0048	0.0285	0.0488
WDEM_15×24	*R*	0.9258	0.9461	0.9611	0.9155	0.2771	0.8776	0.6197	0.7466	0.8516	0.8364
	SD	0.0085	0.0036	0.0032	0.0113	0.0228	0.0085	0.0193	0.0397	0.0104	0.0275

注：RR 为岭回归(ridge regression)；SVML 为线性支持向量机(support vector machine linear)；KR 为核岭回归(kernel ridge)；SVMP 为支持向量机多项式(support vector machine polynomial)；SVMRBF 为支持向量机径向基核函数(SVM radial basis functions)；LASSO 为最小绝对值收敛和选择算子(least absolute shrinkage and selection operator)。

最后，由保留的 24 组特征集用于构建 24 个非线性 SVR 模型。结果如表 6-4 所示，由于 Q^2_{ext} 值对建模更重要，所以对所有有用模型(Q^2_{ext}>0.6)根据 Q^2_{ext} 值大小进行编号(表 6-5)。

(三)有效模型情况

由于并非每个模型都具有较好意义，本书仅选取其中 Q^2_{ext} 值大于等于 0.6 的模型进行分析，统计不同训练集-测试集、不同建模方法情况下模型的评价指标 *MSE* 和 Q^2_{ext} 值，结果见表 6-5。采用留一法和 5 个核函数的方法进行训练和建模，结果表明：①相对于线性的 MLR 和 SLR 建模方法，非线性的 SVR 模型对气象数据具有更好的预测能力；②采用 SVR 方法的非线性模型，有更低的 MSE 和更高的 Q^2_{ext} 值；③采用核函数($t=2$)构建的 SVR 模型具有最高的预测能力($MSE=1.8393$，$Q^2_{ext}=0.9442$)。

表 6-5 基于 15 气象特征的前 10 个 SVR 模型

模型	Time	Evaluated values	SR	ON	OR %	SVR					MLR	SLR
						$t=3$	$t=2$	$t=1$, $d=3$	$t=1$, $d=3$	$t=0$		
SVR_1	17_PD	MSE	237	33	87.78	15.05	1.84	17.70	15.50	55.24	53.72	53.83
		Q^2_{ext}				0.54	**0.94**	0.46	0.53	-0.67	-0.63	-0.63
SVR_2	11_PD	MSE	147	33	81.67	4.73	2.52	18.70	10.13	4.26	25.96	2,748.20
		Q^2_{ext}				**0.86**	**0.92**	0.43	**0.69**	**0.87**	0.21	-82.32
SVR_3	20_PD	MSE	272	43	86.35	7.44	3.76	21.57	14.16	5.37	51.63	51.63
		Q^2_{ext}				**0.77**	**0.89**	0.35	0.57	**0.84**	-0.57	-0.57
SVR_4	18_PD	MSE	254	31	89.12	11.65	4.37	17.72	14.72	8.86	25.87	25.87
		Q^2_{ext}				**0.65**	**0.87**	0.46	0.55	**0.73**	0.22	0.22
SVR_5	12_PD	MSE	156	39	80	4.46	10.44	27.64	20.46	9.12	64.63	64.63
		Q^2_{ext}				**0.86**	**0.68**	0.16	0.38	**0.72**	-0.96	-0.96
SVR_6	21_PD	MSE	282	48	85.45	8.95	4.54	17.49	13.09	8.39	26.19	145.00
		Q^2_{ext}				**0.73**	**0.86**	0.47	**0.60**	**0.75**	0.21	-3.40
SVR_7	22_PD	MSE	291	54	84.35	16.69	5.70	24.63	15.33	11.47	113.60	113.60
		Q^2_{ext}				0.49	**0.83**	0.25	0.54	**0.65**	-2.44	-2.44
SVR_8	23_PD	MSE	317	43	88.06	10.20	7.21	22.34	17.01	9.00	119.46	211.41
		Q^2_{ext}				**0.69**	**0.78**	0.32	0.48	**0.73**	-2.62	-5.41
SVR_9	16_PD	MSE	208	47	81.57	11.01	7.59	19.88	17.15	7.81	56.24	42.79
		Q^2_{ext}				**0.67**	**0.77**	0.40	0.48	**0.76**	-0.71	-0.30
SVR_10	19_PD	MSE	247	53	82.33	23.11	8.02	21.31	15.55	12.69	43.42	43.42
		Q^2_{ext}				0.30	**0.76**	0.35	0.53	**0.62**	-0.32	-0.32

注：SR 为筛选轮次(screening rounds)；ON 为获得的数字(obtained number)；OR 为输出速率(out rate)；SVR 为支持向量回归(support vector regression)；MLR 为多元线性回归(multiple linear regression)；SLR 为逐步线性回归(stepwise linear regression)；粗体数字表示每个数据集中的有效结果；带下划线的数字表示每个数据集中的最佳模型。

(四)内部 SVR 模型验证结果

LOO 交叉验证是模型内部验证最常用的方法，为了验证模型的稳定性，除了 LOO 交叉验证，我们还使用 y 随机化方法检验 10 个有效模型的稳定性。通过统计量是否满足参考数值($|R|$与 R^2_{yrand} 的回归线的截距小于 0.3，$|R|$与 Q^2_{yrand} 的回归线的截距小于 0.05)判定模型是否存在偶然相关。结果如表 6-6 中所示，模型 SVR_1、SVR_2、SVR_3、SVR_4、SVR_6、SVR_10 都满足截距($a_R<0.3$ 和 $a_Q<0.05$)，说明这 6 个模型都具有较好的稳定性。如图 6-2 所示，对 SVR_1 模型的 y 值随机打乱重排建模 20 次，得到的 Q^2 和 R^2 值，然后以图的方式展示。

表 6-6　前 10 模型 Y 随机测验结果

Intercept	SVR_1	SVR_2	SVR_3	SVR_4	SVR_5	SVR_6	SVR_7	SVR_8	SVR_9	SVR_10
R^2	**0.29**	**0.22**	**0.22**	**0.24**	0.44	**0.20**	0.35	0.33	0.30	**0.15**
Q^2	**-0.02**	**-0.02**	**-0.02**	**-0.02**	**-0.02**	**-0.02**	**-0.02**	**-0.02**	**-0.02**	**-0.02**

注：表中粗体数字表示截距符合限制。

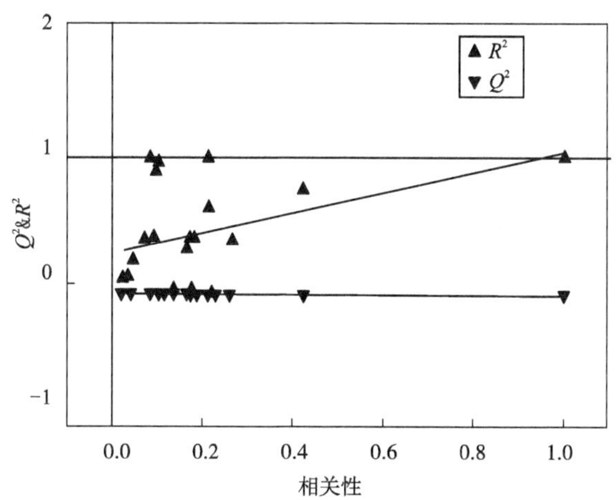

图 6-2　SVR_1 模型 Y 随机化方法检验结果

（五）特征出现频率分析

建立一个好的模型并非需要所有特征参与，首先是模型描述符少但精度同等会更好。实验室基于 SVR 开发的新方法（WDEM 方法）进行高维特征汰选。最后保留的特征与因变量（即病情指数）紧密相关。因为不同的保留模型都拥有一套不同的特征集，所以最终保留的特征较多。在此我们选取了所有的 6 个有效模型，为了比较这些有效模型气象特征的保留情况，构建了它们的韦恩图（图 6-3）。结果显示如下：6 个模型共同保留了 7 个特征，分别是 MinVHWV（整点风数极小值）、RDT（日气温极差）、2_DMP（病情指数发生前第 2 天日平均气压）、3_DMP（病情指数发生前第 3 天日平均气压）、5_MinVHWV（病情指数发生前第 5 天整点风数极小值）、5_RDT（病情指数发生前第 5 天日气温极差）、9_DMP（病情指数发生前第 9 天日平均气压）；从中我们还能看出任意两个或者三个模型之间的共有保留特征数，以及任意模型独有特征数等情况。

6.1.3.6　最优模型解释性体系分析

SVR_1 是从 10 个有效模型中选出的，因为 SVR_1 模型有最好的 Q^2_{ext} 值（0.9442），且 SVR_1 模型有较少的保留特征（33 个），特征过多易造成计算复杂度，很可能会出现过拟合现象。除此之外，过多的描述符的模型不利于实际应用。因此，从模型的稳健性、运算时间

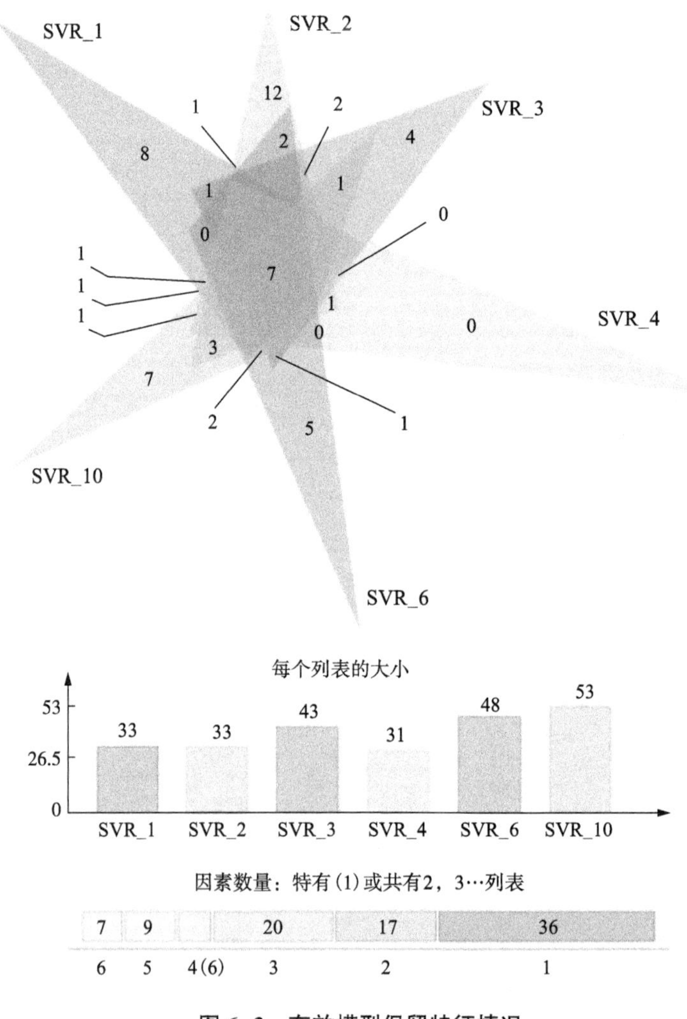

图 6-3　有效模型保留特征情况

和预测精度方面综合考虑，SVR_1 被认为是最佳模型。

SVR_1 模型中气象特征的重要性列在表中，所有特征都被认为在解释烟草野火病 DI 时起到重要作用。所有特征中，单因子重要分析表明，7_SH、4_MinVHRH、15_RRH、11_DMinT、5_RDT、11_RDT、10_DMP、3_MHWV 等与 DI 呈负相关，13_DMVP、14_DMVP、11_MaxVHWV、14_MaxVHWV 等与 DI 呈正相关(图 6-4)。基于以上结果，说明我们可以构建一些理想的非线性模型，这些理想的非线性模型能够提前预测新的气象特征条件下 DI 的大小，以期提早对病害的发生做出相应措施。除此之外，我们研究中的数据特征选择方法和建模方法不仅仅有助于烟草野火病的预防预测，而且还有助于构建其他农业病害发生与气象特征的预测模型。

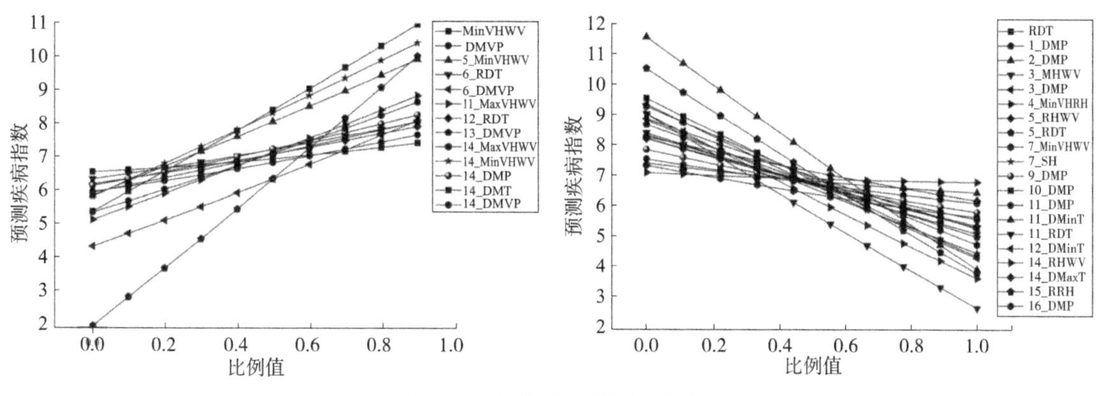

图 6-4　最优模型单因子效应

三、结论

本书提取了表征湖南省郴州市桂阳县野火病 DI 情况的 16 个大气气候特征，利用一种非线性特征选择方法降维，随后在三种训练集-测试集分类方法下，基于保留的关键特征进行三类回归分析(MLR、SLR 和 SVR)，来对田间作物病情指数进行预测和评估。结果表明，我们建立的基于非线性 SVR 模型的预测精度远高于相同数据集的线性模型。我们的工作还能基于已有的气象数据特征，预测未来几天的病情指数，提前了解病害变化，做出相应措施。基于我们建模方法，还能对花叶病、青枯病、黑胫病、炭疽病等一系列田间农作物病害建立预测预报模型。

影响烟草野火病流行的因素复杂多样，其发生时间和程度取决于烟草品种、野火病生理小种，以及环境条件之间的相互作用，在病原菌和寄主植物具备了流行的潜势后，环境条件特别是气象条件，则成为流行发生的主导因素。因此，本节建立的基于气象数据预测野火病的预报模型，其结果仅表明气象条件对烟草野火病流行的优劣，是否流行还要结合致病菌小种、数量和烟草种植品种等因素综合判断。积极应对气候变化，重视预测预报和田间防治工作，培育高抗病新品种，是烟草稳产、高产、高质的保障。

第二节　生防菌剂防治烟草野火病及对其烟草内生细菌的影响

植物叶际是被微生物定殖的极广泛的生态系统之一，病原菌侵染植物叶片，造成作物的大规模危害和产量损失。研究表明，控制微生物群落是可持续和综合控制病害有效的策略之一。在烟草叶片上喷洒生防菌剂可以极大地改变叶面微生物群落，抑制烟草野火病的发生，生防菌剂的调控机制可能与其对植物表面细菌和植物内生细菌的影响有关。叶面细菌比内生细菌更容易受到其他环境因素的影响，如紫外线辐射、水和渗透压。内生细菌在植物根、茎、叶中占据生态位，与植物具有高度的亲和性。因此，内生细菌对生防菌剂的抑菌作用可能更为重要。

内生细菌代表着广泛而古老的与植物共生关系。一般来说，先天性内生细菌处于潜伏状态。一些生物或非生物环境胁迫，如植物病原菌、生防菌剂或高 CO_2 浓度条件时，可刺激和激活内生群落。活化的内生细菌对植物的生长和健康有着重要的影响。例如，病原菌(*E. carotovora subsp. atroseptica*)亚种对马铃薯内生细菌群落有显著影响，并增加了受感染植株的细菌多样性。近年来，通过应用甲基杆菌(*Methylobacterium spp*).的生物防治作用研究马铃薯 3 个品种(*Solanum tuberosum L.*)的病害流行与内生微生物群落的变化有关。然而，生防菌剂对烟草内生细菌的生态效应及其与烟草抗病性的关系尚不清楚。

本节比较了化学农药和生防菌剂对烟草野火病的防治效果，调查烟草病害发生情况，通过 16S rRNA 高通量测序分析了叶片内生微生物群落的变化。结果表明，生防菌剂和化学药剂先降低后升高，但喷施后 21 d，生物菌剂的多样性低于对照组，化学药剂显著高于对照组。在群落集合的生态过程分析中，进一步表明生防菌剂增强了群落集合的同质和变异选择，而化学药剂增强了群落的生态漂移。

一、材料和方法

(一)实验设计

于 2018 年 5 月至 2018 年 7 月在郴州桂阳县进行，烟草品种为云烟 87。实验区面积为 180 m^2，随机分为 3 个处理组，生防菌剂 BCA 组和化学防治(KWP)组，空白对照(CK)组，每个处理 3 个小区(重复)，共 9 个小区，每个小区 20 m^2。化学药剂为 4%春雷霉素(延边春雷生化试剂有限公司)，根据产品说明书使用。生防菌剂为本实验室前期分离的拮抗菌群，主要由 9 个属组成，包括寡养单胞菌属(*Stenotrophomonas*)(49.45%)、无色杆菌(*Achromobacter*)(22.92%)、肠杆菌属(*Enterobacter*)(14.25%)、苍白杆菌属(*Ochrobactrum*)(10.05%)、假单胞菌(*Pseudomonas*)(3.33%)等。生防菌剂在 1/2 LB 培养基中发酵后，浓度达到 1×10^9 CFU/mL，按 500 mL/亩施用。在烟草野火病始发期喷施药剂喷雾处理，均匀配施至烟草叶片正反两面，每 7 d 1 次，共 3 次。其他农业管理措施和施肥遵循当地做法。

(二)烟草野火病调查与样本采集

第一次喷施前和每次喷施后 7 天对每个小区进行调查，调查方法参照 GB/T 23222—2008，以叶为调查单位，每个小区调查中间一行 15 株烟株上的全部叶片并对调查结果进行统计计算，最终得到烟田野火病的发病率、病情指数与相对防治效果。在第一次喷洒后 0 d、7 d、21 d 每个小区随机取烟叶 3 片，马上放入取样袋中，装入保温盒(4℃)，送回实验室进行下一步实验。发病率、病情指数及相对防效的计算方法如下：发病率(%)=发病叶数/调查总叶数×100；病情指数=[Σ(各级病叶数×该病级值)/(调查总叶片数×最高病级值)]×100；相对防效(%)=(对照病情指数-处理病情指数)/对照病情指数×100。

为了分析内生微生物群落，在第 0 天(原始处理)、第 7 天(CK_7、BCA_7 和 KWP_7)和第 21 天(CK_21、BCA_21 和 KWP_21)采集了叶片样本。从每个小区 15 株烟中随机采集 8 个叶片样本。在实验室中，叶片样本摇晃以去除叶片表面的微生物。在提取 DNA 之前，将处理过的叶片保存于-20℃。

(三) DNA 提取、PCR 扩增、测序及数据预处理

DNA 提取、PCR 扩增和测序均按照先前的研究进行。烟草内生微生物 DNA 使用 EasyPure ® 植物基因组 DNA 试剂盒(TransGen Biotech)提取，用 799F(5′-AACMGGATTAGATACCCKG-3′)和 1115R(5′-AGGGTGCGCTCGTTG-3′)引物对 16S rRNA 基因的 V4 区进行扩增。使用 OMEGA 凝胶提取试剂盒(美国 OMEGA Bio Tek)纯化后，扩增产物用于构建文库，并在 Illumina MiSeq 平台测序。序列在 Galaxy pipeline(http://zhoulab5.rccc.ou.edu/)上处理。质量修正后，质量控制(quality control，QC)分数<20 且长度小于 200 bp 的低质量 reads 被移除。然后，通过 Flash 将两个端点读数合并为 20~250 bp 的重叠和低于 5%的错误。合并的序列被限定去除短序列、含 N 序列和嵌合体。操作分类单元(operational taxonomic unit，OTU)采用 UPARSE 在 97%的相似性水平上进行。最后，通过 RDP 分类器对 OTU 序列进行分类，最小置信度为 50%。所有 16S rRNA 基因序列均提交 NCBI 数据库。

(四) 数据分析

所有微生物群落的统计分析均在 R 软件(版本 3.6.1)上进行。利用 R 软件进行群落组成分析并生成图。群落多样性指数包括 Shannon 指数(H)和 Pielou 均匀度(J)，采用"vegan V2.5-6"软件包计算。采用非度量多维标度法(non-metric multidimensional scaling，NMDS)对内生微生物群落结构进行测定。采用基于最小显著性差异的多重比较来衡量两种治疗方法之间的差异。

(五) 组合分析

最大似然法构建树，使用 FastTree 进行进一步的系统发育分析。利用βNTI 和 RC_{bray} 量化主要生态过程的贡献。如果 βNTI<2 和 βNTI>2，则群落更替分别由均匀选择和变量选择决定。如果|βNTI|<2 但 RC_{bray}>0.95 或<0.95，则群落更替分别受扩散限制或均匀化扩散过程控制。但是，如果|βNTI|<2 和|RC_{bray}|<0.95，则漂移驱动成分转换过程。所有的分析都是使用 R 软件中的"picante V1.8"和"ieggr V2.1"包运行。

二、结果与分析

(一) 生防菌剂对烟草野火病的防治效果

生防菌剂和化学药剂处理的烟草野火病发病率和病情指数显示出相似的趋势。施用后第 21 d，与对照组相比，BCA 和 KWP 显著降低发病率和病情指数，但 BCA 的发病率和病情指数远低于 KWP。结果表明，生防菌剂和化学药剂对烟草野火病有显著的抑制作用，BCA 的抑制效果优于 KWP。

表 6-7　不同处理烟草野火病的病害发生情况

处理	0 d		7 d		21 d	
	发病率/%	病情指数	发病率/%	病情指数	发病率/%	病情指数
BCA	13.25±1.99[a]	3.37±0.16[a]	21.26±2.04[a]	3.74±0.18[b]	34.91±3.08[c]	4.59±0.44[c]
KWP	13±1.07[a]	3.22±0.21[b]	18.55±1.19[a]	3.79±0.02[b]	43.4±2.96[b]	7.08±1.01[b]
CK	13.31±1.05[a]	3.29±0.23[ab]	19.69±0.97[a]	4.23±0.98[a]	51.48±2.86[a]	14.34±1.75[a]

(二)内生微生物群落对生防菌剂的响应

本节共获得 1019145 个高质量序列。为了避免测序深度的差异，将所有样本随机细化到 10000 个序列。根据测序数据，共有 625 个 OTU，隶属于 256 个属。在内生微生物群落中，链霉菌属(*Streptophyta*)，鞘氨醇单胞菌属(*Sphingomonas*)，假单胞菌属(*Pseudomonas*)，甲基杆菌属(*Methylobacterium*)，无色杆菌属(*Ochrobactrum*)等 12 个属平均相对丰度大于 1%(图 6-5)。但不同处理间群落组成差异显著。以链霉菌属(32.40%)最多，其次为假单胞菌属的 CK_7(27.94%)、CK_21(53.67%)、BCA_7(85.91%)和 KWP_7(60.97%)。然而，在 21 d 时，链霉菌在 BCA 处理中再次成为优势属(44.67%)，在 KWP 处理中，优势属转移到鞘氨醇单胞菌属(37.61%)。此外，第 7 天时，鞘氨醇单胞菌属在 KWP 中所占比例较高(36.37%)。此外，不同处理间假单胞菌的趋势也不同(图 6-6)。假单胞菌属在 CK 中呈持续增长的趋势。不同的是，BCA 组和 KWP 组在第 7 天升高，在第 21 天降低。

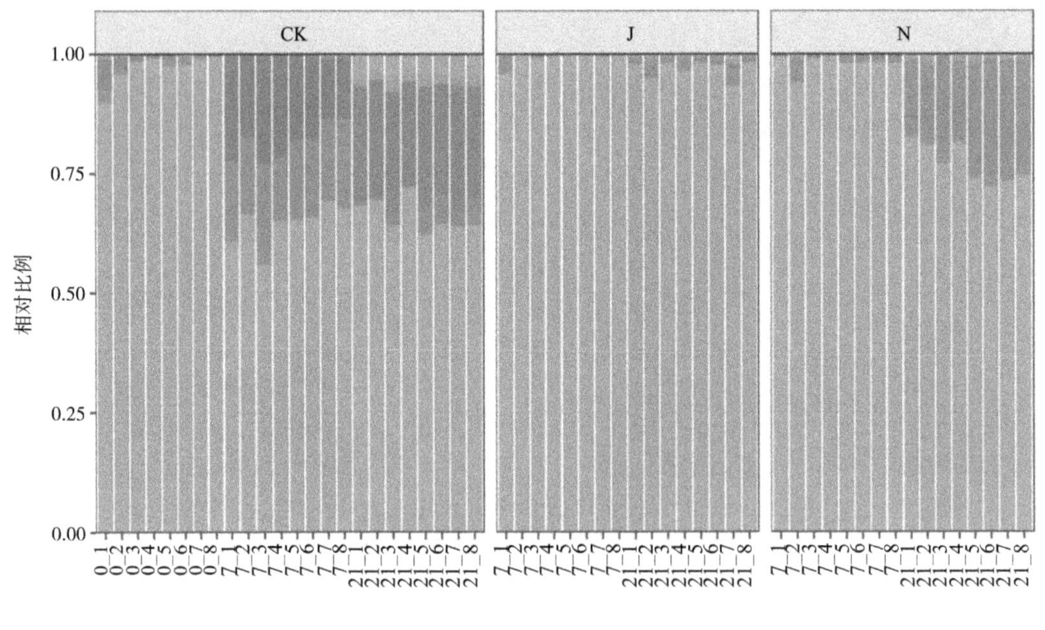

图 6-5　不同处理内生微生物的相对丰度

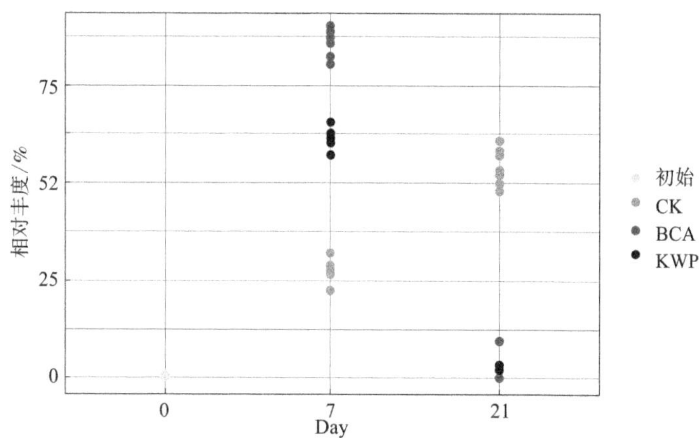

图 6-6 不同时期内生微生物的相对丰度比较

采用香农指数(H)和 Pielou 均匀度(J)等 α-多样性指数评价微生物群落多样性的变化。各项指标均表明，各处理和生育期差异显著(图 6-7)。各处理间 α-多样性指数均在 21 d 时增加并达到最大值，但变化过程不同。CK 组 α-多样性指数随时间持续升高，KWP 指数在第 7 d 与原组比较无显著性变化($P<0.05$)，但在第 21 d 时有所升高；BCA 指数在第 7 d 时显著降低，但在第 21 d 时迅速升高($P<0.05$)。

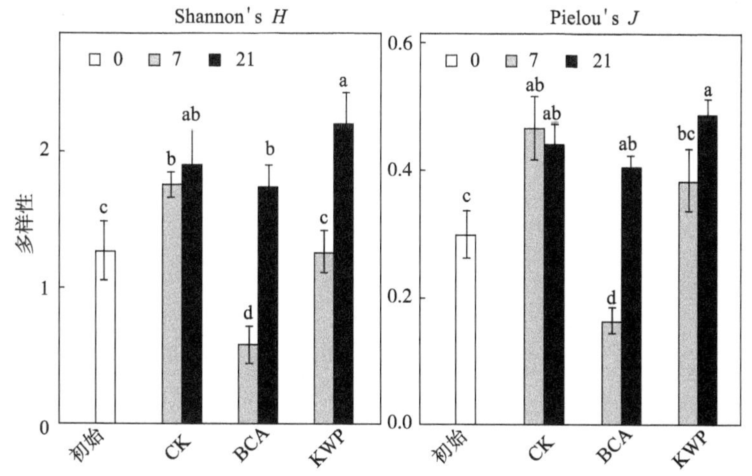

图 6-7 不同处理内生微生物 Shannon-Weiner 指数(H)和 Pielou 均匀度分析

内生微生物群落结构在不同处理和生长时期差异显著。NMDS 分析表明，在第 7 d，各处理被清晰地划分三个区域(图 6-8)。在 CK 组中，基于 Euclidean 区间的第 21 d 的距离大于第 7 d。而用药后第 21 d，尤其是 BCA 用药后的距离小于第 7 d。结果表明，生防菌剂和化学药剂的施用改变了植物内生微生物群落多样性的变化趋势。

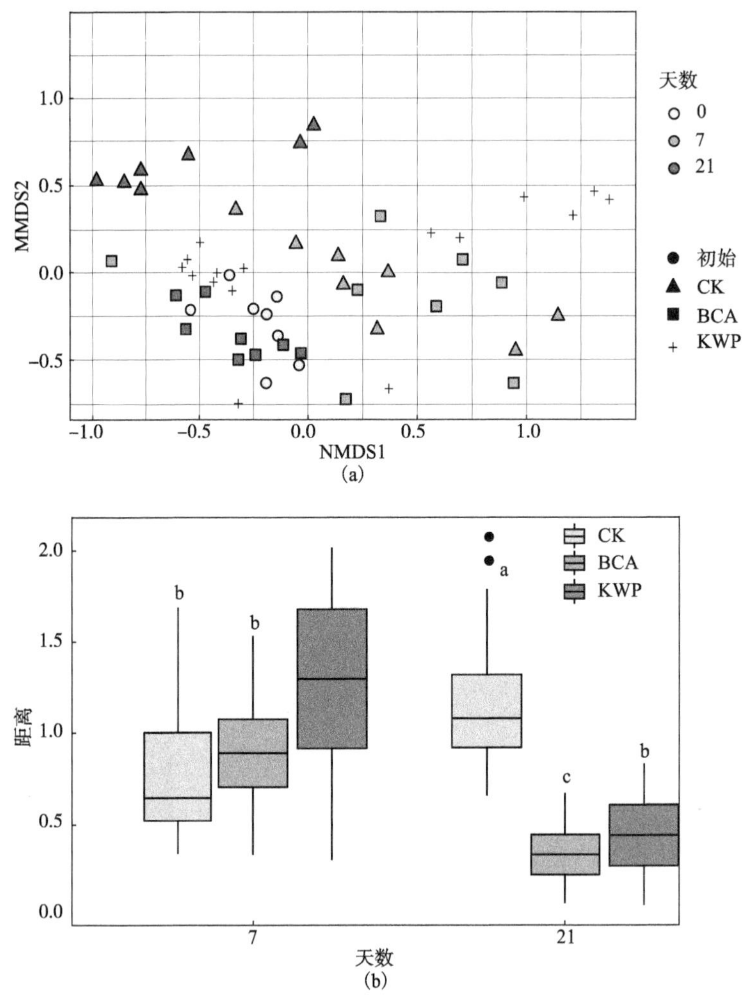

图 6-8　内生微生物群落结构在不同处理和生长时期 NMDS 分析

(三)烟草内生微生物群落与烟草病害发生的关系

对微生物群落组成(256 个属)与野火病的病情指数进行了相关性分析。其中 96 个属与 DI 或发病率有显著相关性($P<0.05$)。与大多数属均呈正相关,如丰度较高的鞘氨醇单胞菌属(*Sphingomonas*),假单胞菌属(*Pseudomonas*),甲基杆菌属(*Methylobacterium*),无色杆菌属(*Ochrobactrum*)等 10 个属。只有 3 个属与 DI 或发病率呈显著负相关($P<0.05$)(图 6-8)。*Labrys* 和 *Nocardioides* 菌属的相对丰度与发病率呈显著负相关(相关系数为-0.273,$P=0.042$;相关系数为-0.276,$P=0.039$)。链霉菌的相对丰度与 DI 呈显著负相关(相关系数为-0.358,$P=0.007$)。结果表明,*Labrys*、*Nocardioides* 和 *Streptophyta* 可能在抑制野火病中起重要作用。

(四)施用生防菌剂和化学药剂后的内生微生物群落组合分析

为验证生防菌剂和化学药剂对烟草内生群落组装过程的影响,对主要生态过程的相对贡献进行量化分析。控制烟草内生微生物群落格局的主要过程包括漂移、均匀选择、均匀分散和变量选择。图 6-9 显示了调节群落更替的过程在处理和时间上很大不同。第 7 d 以均匀分散(100%)为主，第 21 d 变为漂移和均匀分散(100%)。此外，第 21 d 漂移(86%)在 KWP 中的作用远大于均匀分散，而均匀分散(64%)在 CK 中的作用更为重要。BCA 与 CK 和 KWP 比较差异显著。均匀选择和均匀分散是 BCA 类群内生群落组装的主要生态过程。第 7 d，均匀选择(29%)和均匀分散(71%)在施用生防菌剂后构建微生物群落。21 d 时，均匀分散作用减少(39%)，漂移(50%)和变量选择(11%)取代了均匀选择的作用(图 6-10)。

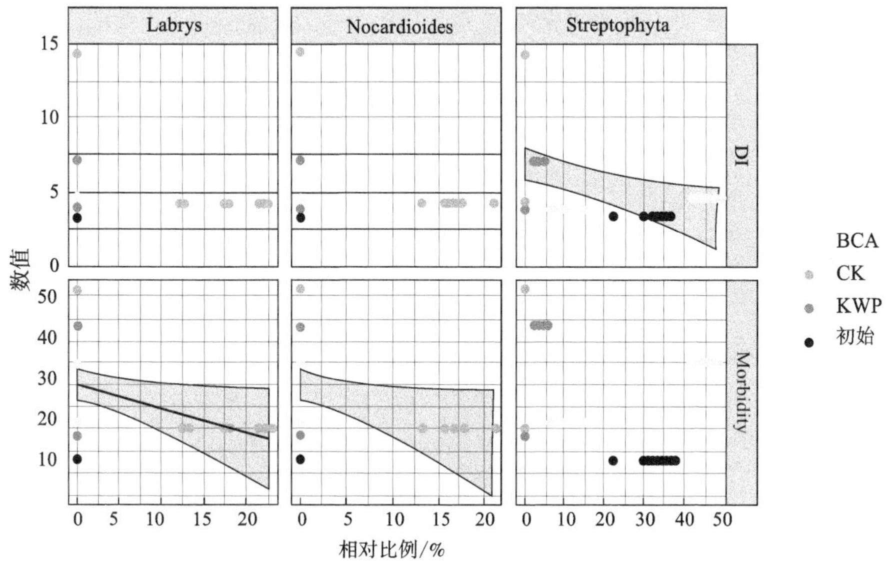

图 6-9　微生物群落与野火病的病情指数相关性分析

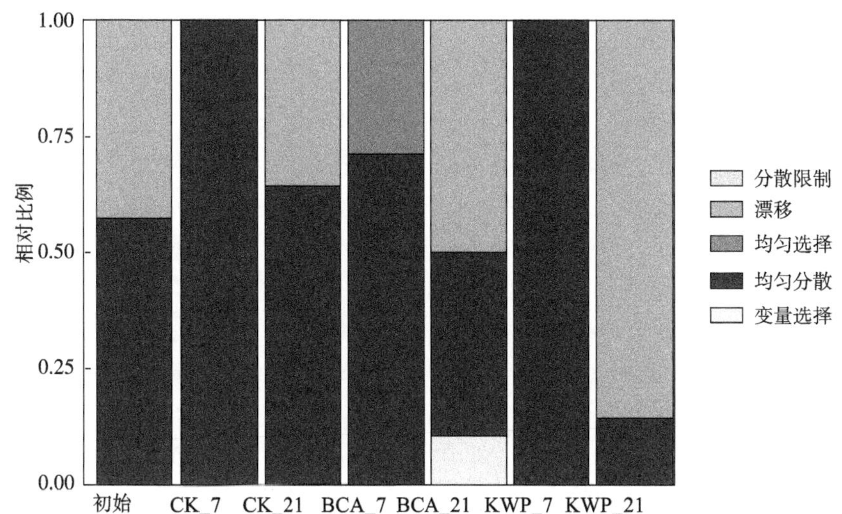

图 6-10　施用生防菌剂(BCA)和化学药剂(KWP)后的内生微生物群落组合分析

三、结论与讨论

植物病害是对农作物产生严重威胁，它是由植物生长状况、病原致病性、植物内外微生物群落、外部气候条件等多种因素决定。最近，使用植物生长促进细菌(PGPB)为基础的生防菌剂(BCA)来控制病害和提高产量已成为一项综合管理措施。已有研究描述了叶际微生物群和烟草抗病性对两种不同生物防治剂的反应。本节在小区试验中，比较了生防菌剂(BCA)和化学药剂(KWP)对烟草野火病发生的影响。BCA对烟草野火病的防治效果均达到67.99%，明显高于KWP。内生微生物群落对这两种控制方法的反应不同，这可能暗示了不同的控制机制。进一步表明，BCA增强了群落的均匀性和多样性选择，而KWP增强了生态漂移。结果表明，BCA的防治效果是通过改变内生细菌群落和群落组合方式来实现。

外源制剂可能通过激活宿主内生菌群落影响植物，即改变宿主内生菌的种群规模或群落结构。本节观察了BCA和KWP处理后烟叶内生细菌群落结构的变化。一方面，BCA和KWP的施用降低了植物内生群落的多样性(香农指数和Pielou均匀度)。内生微生物群落物种丰富度的降低与之前的研究结果相反，土壤或叶面的微生物群落更加多样，有利于抑制烟草病害，这可能归因于内生微生物的特定生态位。外源性药物只能恢复某些特定的内生细菌种群并促进其快速生长，从而形成一个简单的群落。另一方面，NMDS分析表明，内生群落的结构在不同的生长期和不同的处理条件下是分离的。与BCA相比，KWP对内生群落结构的影响更为显著。然而，BCA的内生群落结构在第7天与对照组相似，在第21天与原始状态相似。结果表明，BCA具有将植物内生群落转化为原始状态的能力，其中病害感染率较低。据报道，外来因子对微生物群落的影响可以通过本地物种来缓解，群落演替方向可能与本地群落特征和外来因子类型有关。在这里，内生群落的低多样性使其很容易恢复到原来的状态。另外，从烟叶中分离得到的BCA具有较高的浓度，对烟草原生微生物的危害较小。因此，BCA对植物内生群落的改变和迁移可能是提高植物抗病性的一个潜在途径。

化学和生物制剂的应用改变了微生物的组成，改善了植物的健康状况。在第21天处理后，鞘氨醇单胞菌在KWP处理中占优势，链霉菌在BCA处理中成为优势属。我们之前的研究提出了鞘氨醇单胞菌的疾病抑制作用，鞘氨醇单胞菌可以通过与丁香假单胞菌竞争底物来减少疾病的暴发，并通过产生植物生长刺激因子来促进植物生长。然而，还没有研究表明链霉菌属的控制机制。链霉菌属是蓝藻门的一员。迄今为止，在先前的研究中报告的许多蓝藻物种已经被鉴定，它们可以产生多种生物活性化合物来抑制一些细菌和病毒。此外，我们的研究结果表明链霉菌属与病害指数呈显著负相关，表明链霉菌属可能是烟草野火病的拮抗剂。许多研究表明，蓝藻成员的抗菌特性可用于控制植物病害，如辣椒、烟草和番茄。与其他蓝藻属植物(念珠菌属、柔嫩微血管菌属)一样，我们推测链霉菌属也可能具有减少烟草野火病发生的潜力。BCA和KWP优势种的差异表明它们的控制机制不同。

生物防治剂可以改变微生物群落组合的生态过程，增强防治效果。例如，BCA细菌的定殖与内生菌争夺营养和生存空间等生存资源，导致一些竞争力较弱的物种因同质选择而减少或灭绝。在这种情况下，烟草病原菌中不能与生物制剂竞争的部分逐渐消失，烟草的病害指数将下降。然而，烟草的资源和生态位有效性水平随着植物的生长而变化。因此，基于竞争力的生物防治剂与烟草病原菌对抗的平衡被打破，可能导致二次衰退。此时，BCA菌分泌的抗生素可能在防御病原菌方面发挥更重要的作用，并导致可变选择的生态过程。这一过程有效地降低了发病率和疾病指数，甚至效果要优于化学农药。与生物防治剂不同的是，化学农药增加了后期微生物群落组合中漂移的重要性，这可能是早期遭受强选择的存活物种的抗性增强所致。化学农药的防治效果是第一位的，但随着使用时间的延长，防治效果会逐渐下降。因此，BCA 防治效果的生态机制不同于化学农药，变量选择的生态过程可以作为 BCA 防治效果的考虑因素。

综上所述，小区试验表明，BCA 在控制烟草野火病发病方面优于 KWP。推测 BCA 的控制作用是通过改变内生细菌群落和群落组合方式来实现。群落分析表明，BCA 和 KWP 对群落多样性和组成的影响不同。群落组合中的生态过程表明 BCA 增强了群落集合中的同质和变异选择，而 KWP 增强了群落的生态漂移。

第三节　拮抗菌群对烟草野火病叶际微生物群落结构及分子生态网络的影响

野火病的发生与品种抗性、气候条件、施肥水平及耕作制度相关。目前多采用化学方法进行防治，但由于化学试剂防治野火病病原菌抗性、农药残留、环境污染等问题的日益突出，生物防治越来越受到人们的重视。目前已经筛选出了对烟草野火病具有较好防效的拮抗菌。

叶际微生物是植物生态系统的重要组成部分，具有改变宿主微生物环境、固氮、促进生长、防御病害和降解有害污染物等重要的生态功能。生物防治喷施于植株表面的拮抗微生物菌群，直接作用于病原菌以及其他叶际微生物，对叶际微生物群落的结构产生影响。拮抗微生物在叶际定殖存活时与叶际微生物群落间存在空间及营养竞争作用，这种微生物之间的互作，往往是生防菌群能否发挥作用以及定殖能力强弱的关键。目前，国内外关于生物菌群对叶际微生物影响及其相互作用关系的研究尚处于起步阶段，研究拮抗菌群与叶际微生物分子生态网络更是鲜有报道。

本节将分离出的已验证具有拮抗能力的 3 种高效菌群外源施加于烟草，采用 16S rDNA 高通量测序的技术，研究微生物菌群对植物叶际微生物群落及分子生态网络的影响，探求相互作用关系，以期为拮抗菌群定殖与应用提供理论依据。

一、材料与方法

（一）材料

供试微生物：由中南大学资源加工与生物工程学院分离自烟草叶片的三种高效菌群 A、B、C。

供试植物：烟草品种为云烟 87，湖南省湘西土家族苗族自治州龙山县种植，试验时间为 2017 年 7 月。

实验仪器：显微镜，高速冷冻离心机，恒温摇床，Miseq 测序仪等。

实验材料：三角瓶（50 mL、250 mL），EP 管，离心管，研钵，全式金植物 DNA 提取试剂盒。

(二)方法

小区处理设置 4 个处理，处理组包括高效菌群 A、高效菌群 B、高效菌群 C 和 1 个空白对照，每个处理设 3 个重复，共 12 个小区。每个小区种植三行烟草，行株距 1.2 m×0.5 m，每行种植 10 株烟草，每个小区 35 m^2，其他管理按当地常规措施和方式。三种高效菌群均发酵至菌体量为 10^9 CFU/mL。在初见零星病斑时开始喷雾施用，叶片正反两面施用，每隔 5~7 d 施用一次，共 3 次。每次施用前及最后一次施用 10 d 后对每个处理进行调查并从第一次喷洒后 0 d、14 d、28 d 天随机取新鲜烟叶 2 片每个处理调查中间一行 10 株烟株上的全部叶片。病情指数调查与分级标准根据国家病害调查标准 GB/T 233222—2008。

烟草叶际微生物菌体洗脱：每个处理分别从所采烟草叶片样品中取 25 g 放入 500 mL 三角瓶，分别加入 50 mL 无菌磷酸盐缓冲液(pH = 7.0，含 0.1% Tween80)，放入室温摇床(170 r/min，30 min)收集菌液，重复以上步骤 3 次后，4℃，12000 rpm 离心 20 min 收菌。

叶际微生物 DNA 提取、PCR 扩增及高通量测序：DNA 提取按照 TIANamp 细菌 DNA 提取试剂盒的说明书进行，16s rRNA 基因的 V4 区采用引物对 515F (5′-GTGCCAGCMGCCGCGGTAA-3′)和 806R(5′-GGACTACHVGGGTWTCTAAT-3′)进行特异性扩增。PCR 反应体系：2×*Taq* PCR MasterMix 12.5 μL，引物 515F 和 806R(10 μM)各 1.0 μL，模板 DNA(20~30 ng/μL) 1 μL，加 ddH_2O 补至 25 μL，PCR 扩增如下进行：在 95℃ 预变性 1 min；接着 30 个循环，94℃ 20 s，57℃ 25 s，68℃ 45 s，最后 68℃ 延伸 10 min，接下来 4℃ 保存。使用切胶纯化试剂盒(OMEGA)回收 PCR 产物，回收的质量由 Nano drop 分光光度计测定。16S rRNA 基因文库构建和测序用 Illumina Miseq 测序仪进行。利用靶向标记物对下机后的原始数据进行序列的样品分类，然后利用 Trim Primer 软件去除引物，利用 UCHIME 删掉序列中发卡式结构，用 Btrim 软件进行序列剪切，最后利用 Flash 将两正反向序列进行拼接。用 UPARSE 方法在 97%的相似度水平上形成 OTU 总表以及 RDP Classifier 进行序列鉴定。

微生物多样性分析及分子生态网络构建：对所获得的数据进行微生物群落结构、优势种群与多样性分析。微生物群落多样性分析使用 UPARSE 和 UCLUSTER 两种方法确定，根据香农指数、Simpson 指数、Chao 值确定叶部微生物群落的多样性，同时对所获得的可操作分类单元(OTU)序列与数据库中的已有微生物种群进行比对分析，确定其种属地位，再进一步根据每种微生物序列的多少确定其是否为优势种群。通过上述方法，基本确定叶面病害拮抗微生物优势种群、结构及多样性等群落特征。构建分子生态网络，首先基于计算 OTU 丰度间的 Pearson 相关系数，构建一个相关矩阵，来表征 OTU 间的相关性。然后通过对相关矩阵取绝对值得到相似度矩阵。最后，通过设置合适的阈值从相似矩阵中衍生得到邻近矩阵。该过程通过 R 软件中的 igraph 软件包来实现。软件 Cytoscape 2.6.0 可以用来对数据进行可视化，图中的点表示 OTU，线表示 OTU 间的相互作用关系。

二、结果与分析

(一)三种高效菌群的群落组成

通过对筛选出的三个高效拮抗菌群进行富集培养后，对其群落组成进行 16S rRNA 基因测序分析，结果如图 6-11 所示。在纲水平上，高效菌群 A、B、C 的优势菌分别为放线菌纲

(Actinobacteria)、杆菌纲(Bacilli)和 γ 变形菌纲(Gammaproteobacteria)，在菌群中所占比例分别为 99.1%，80.25% 和 66.4%。在属水平上，高效菌群 A、B、C 的优势菌分别为黄色短杆菌属(*Brevibacterium*)，芽孢杆菌属(*Bacillus*)和寡养单胞菌属(*Stenotrophomonas*)，在菌群中所占比例分别为 99.1%，90.82% 和 49.4%。

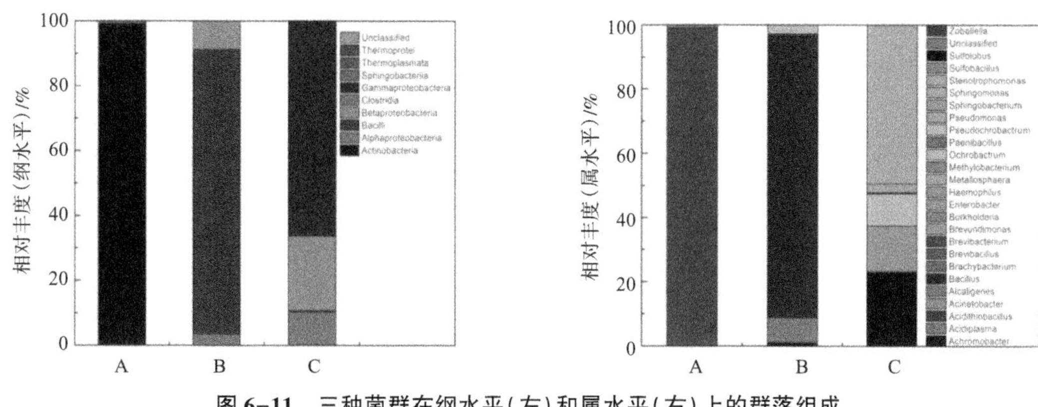

图 6-11　三种菌群在纲水平(左)和属水平(右)上的群落组成

(二)大田施用三种高效菌群后的群落结构变化

将富集的三个高效菌群培养至对数期后，分别喷洒至大田烟草叶面，每隔 7 d 喷洒一次，对施加高效菌群 28 d 后的各处理微生物群落组成进行了比较分析。如图 6-12 所示，加入高效菌群后，与空白对照相比，微生物群落发生一定程度的改变，其中施加 B 菌群的处理组的群落组成差异最大。在纲水平上，γ 变形菌纲(*Gammaproteobacteria*)在各处理中都占有最高比例，α 变形菌纲(*Alphaproteobacteria*)和杆菌纲(*Bacilli*)在 B 处理中也占据一定的比例。在属水平上，各处理的微生物群落变化更为明显。各处理的群落组成均为假单胞菌属(*Pseudomonas*)，鞘脂单胞菌属(*Sphingomonas*)和泛菌属(*Pantoea*)，但是不同属所占比例差异显著。以上结果说明加入高效菌群对原始微生物群落的组成会造成不同程度的影响。

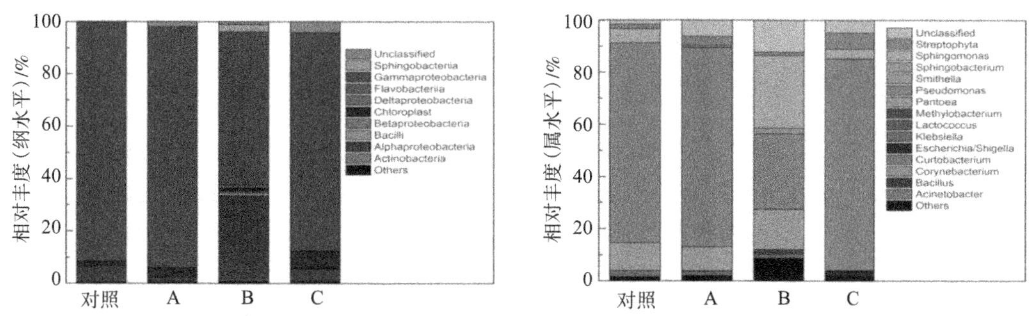

图 6-12　施加高效菌群 28 天后各处理在纲水平(左)属水平(右)的群落组成

微生物群落多样性分析使用 UPARSE 和 UCLUSTER 两种方法确定。根据香农指数、Pielou 指数来监测多次施加高效菌群后微生物群落的 α 多样性的变化规律。根据不同样本间的 OUT 分布差异进行了 β 多样性分析。群落的 α 多样性分析结果显示(表 6-8)，与对照相比，施加高效菌群后群落的香农指数显著增大，随着施加次数的增加各处理间逐渐趋于相同水平，说明刚引入外加菌群后，群落多样性波动较大，外加菌群增加了原始群落的微生物种类，随着几次外加菌群的持续加入，对多样性影响变小。对于 Pielou 指数而言，高效菌群的加入显著降低了群落均一度，可能是因为功能相似的菌群聚集在一起发挥同一功能，随着多次外加菌群的引入，此现象更加明显。

表 6-8　不同群落的 α 多样性指数分析

天数/d	微生物菌群	Shannon 指数(H)	Pielou 均匀度(J)
0	CK	1.753±0.347[b]*	0.335±0.063[c]
7	CK	1.911±0.133[b]	0.473±0.008[a]
	A	2.159±0.115[a]	0.427±0.002[b]
	B	2.258±0.125[a]	0.417±0.002[b]
	C	2.317±0.074[a]	0.393±0.021[b]
14	CK	2.028±0.001[b]	0.516±0.002[a]
	A	2.259±0.004[a]	0.438±0.002[b]
	B	2.390±0.004[a]	0.447±0.002[b]
	C	2.584±0.025[a]	0.450±0.014[b]
21	CK	2.012±0.070[a]	0.503±0.004[a]
	A	2.299±0.029[a]	0.449±0.012[b]
	B	2.490±0.004[a]	0.447±0.002[b]
	C	2.597±0.066[a]	0.435±0.066[b]
28	CK	2.182±0.233[a]	0.485±0.038[a]
	A	2.197±0.297[a]	0.449±0.046[b]
	B	2.297±0.297[a]	0.447±0.002[b]
	C	2.192±0.135[a]	0.397±0.017[c]

*注：同列不同字母分别表示各处理间差异显著(P<0.05)。

为了深入探究群落结构的变化，进行了非度量多维尺度分析(non-metric multidimensional Scaling，NMDS)和不相似性分析来表征群落的 β 多样性。NMDS 分析(图 6-13)显示，加入高效菌群后，微生物群落结构发生了显著变化。菌群 A 的加入对烟草微生物群落结构没有显著的影响，在 NMDS 图上的样本距离与原始群落相似，但菌群 B 和 C 加入后，在 NMDS 图上的距离与原始群落相距较远，说明群落结构发生了显著变化。同时，不相似性分析(表 6-9)也显示出相同的结果，菌群 A 加入后与对照相比，不相似性指数没有显著差异(P>0.05)，而菌群 B、C 加入后，群落结构与原始群落明显不同(P<0.05)。

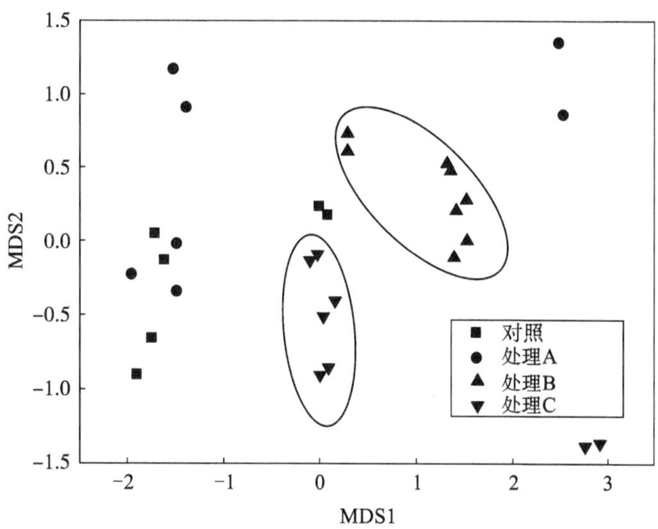

图 6-13　不同处理间的群落 NMDS 分析

表 6-9　不相似性分析

项目	对照	处理 A	处理 B
处理 A	0.19	—	—
处理 B	0.001	0.002	—
处理 C	0.001	0.002	0.007

(三)高效菌群的定殖能力分析

对三个高效菌群在不同处理中与空白的相对丰度比变化，进行了纲水平上和属水平上的研究，进而对定殖能力进行分析。如图 6-14 所示，加入高效菌群后，菌群 A 中微生物在烟草叶际发生不同程度的定殖。在纲水平上，放线菌纲(Actinobacteria)和杆菌纲(Bacilli)相比空白处理都有所增加，其中放线菌纲(Actinobacteria)在处理组中增加了近 5 倍。在属水平上，不动杆菌属(*Acinetobacter*)、芽孢杆菌属(*Bacillus*)和短芽孢杆菌属(*Brevibacillus*)相比空白处理都增加了 2~3 倍。

在施加高效菌群 B 后，菌群 B 中微生物在烟草叶际定殖能力要强于菌群 A(图 6-15)。在纲水平上，杆菌纲(Bacilli)、α 变形菌纲(Alphaproteobacteria)和 β 变形菌纲(Betaproteobacteria)相比空白处理都有所增加，其中 Bacilli 的相对丰度是对照组的 11.5 倍，β 变形菌纲(Betaproteobacteria)的相对丰度是对照组的 17.2 倍。在属水平上，芽孢杆菌属(*Bacillus*)、单胞菌属(*Brevundimonas*)、寡养单胞菌属(*Pseudochrobactrum*)和鞘脂单胞菌属(*Sphingomonas*)相比空白处理有所增加，其中单胞菌属(*Brevundimonas*)变化最大，其相对丰度增加了近 40 倍。

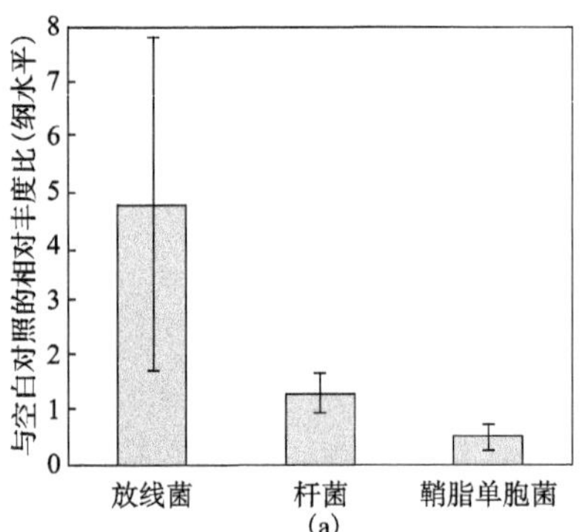

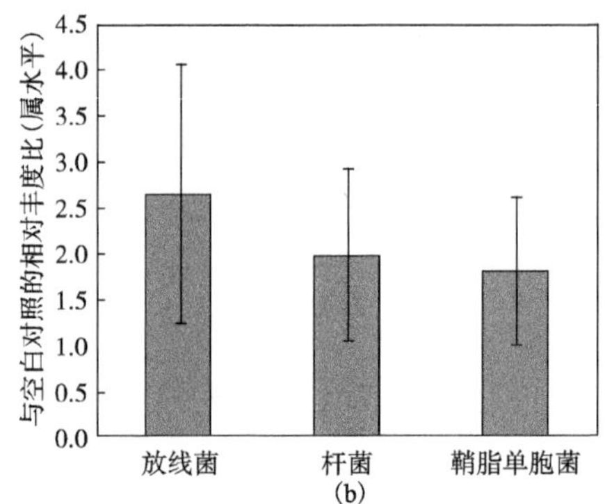

图 6-14　施加菌群 A 优势菌在处理组与空白组的相对丰度比纲水平(a)和属水平(b)上变化情况

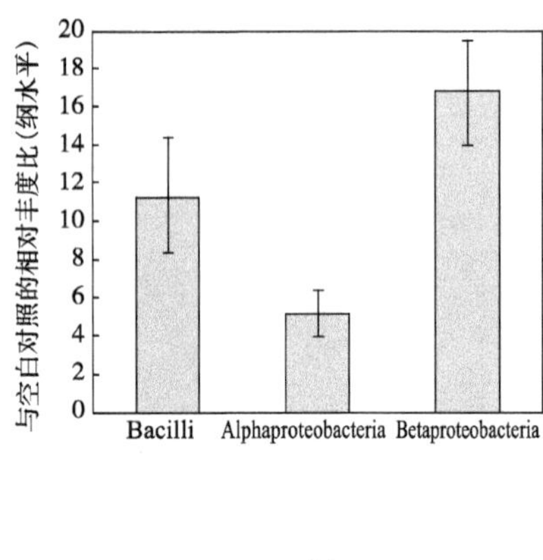

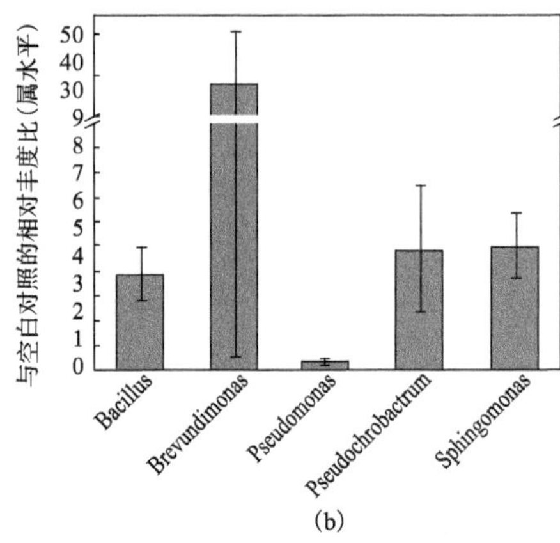

图 6-15　施加菌群 B 优势菌在处理组与空白组的相对丰度比纲水平(a)和属水平(b)上变化情况

菌群 C 中微生物在烟草叶际定殖能力也要强于菌群 A。如图 6-16 所示，加入高效菌群后，菌群 C 中微生物在烟草叶际发生不同程度的定殖。在纲水平上，杆菌纲(Bacilli)、β 变形菌纲(Betaproteobacteria)和 γ 变形菌纲(Gammaproteobacteria)相比空白处理都有所增加，其中 β 变形菌纲(Betaproteobacteria)的含量变化最大。在属水平上，不动杆菌(*Acinetobacter*)、芽孢杆菌属(*Bacillus*)、短芽孢杆菌属(*Brevibacillus*)、嗜麦芽窄食胞菌属(*Stenotrophomonas*)和假单胞菌

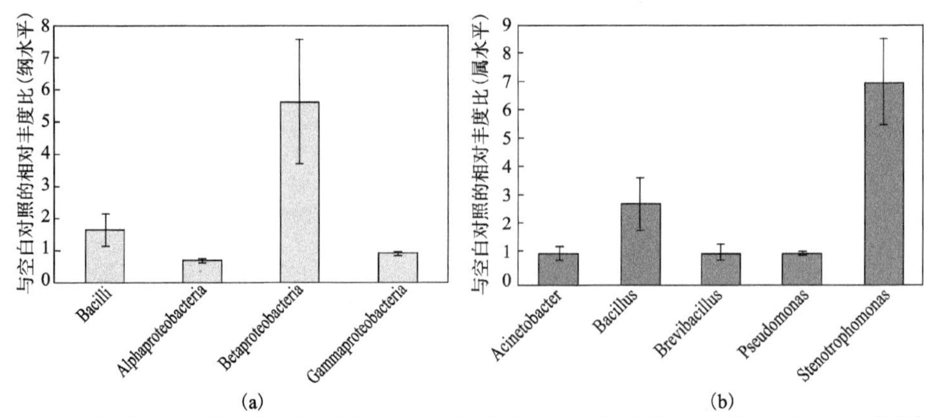

图 6-16　施加菌群 C 优势菌在处理组与空白组的相对丰度比纲水平(a)和属水平(b)上变化情况

属(*Pseudomonas*)相比空白处理有所增加。

(四)菌群微生物丰度与烟草病情指数的相关性

将定殖的优势菌和病情指数进行相关性分析(图 6－17)，结果显示，*Bacillus* 和 *Stenotrophomonas* 的丰度与病情指数呈显著负相关关系($P < 0.05$)，表明加入不同的高效菌群后，菌群微生物在不同处理中的定殖情况发生了不同程度的变化，这种变化与烟草病情指数有一定潜在的关系，这些微生物对病害发挥了拮抗作用。

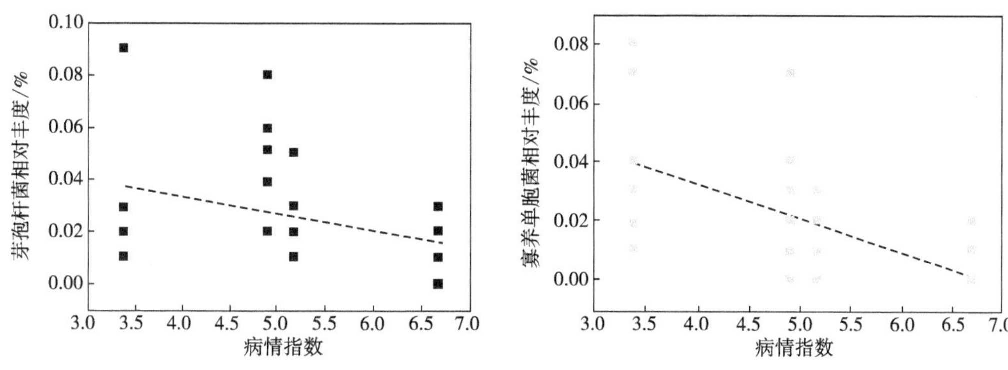

图 6–17　定殖的优势菌和病情指数相关性分析

(五)功能群分子生态网络

选择空白和分别加入 3 种菌群共 4 个处理的菌群构建分子生态网络，主要的拓扑学特征(表 6–9)显示，加入菌群相比空白处理具有较多的节点数和连接数，空白处理中有 50 个节点，247 个连接数；菌群 A 处理中有 60 个节点，311 个连接数；菌群 B 处理中有 77 个节点，321 个连接数；菌群 C 处理中有 63 个节点，422 个连接数。菌群 A 和 C 处理中菌群的平均路经长度(GD)小于空白和菌群 B 处理，模块数较少，所以群落间的联系可能越多，网络越为复杂，说明其间的关系更为密切。据此作出生态网络全局图(图 6–18)，显示菌群 A 和 C 处理中菌群的群落内各种细菌间的关系较复杂，联系较紧密；细菌间的相关性有正有负，所以种群间同时存在合作和竞争关系。

表 6–9　各分子生态网络的拓扑学性质

菌群	总节点数	总链数	幂律 R^2	平均度 (avgK)	平均聚类系数 (avgCC)	平均连接长度 (GD)	模块
CK	50	247	0.704	9.88	0.419	2.608	4
A	60	311	0.749	10.367	0.393	2.262	3
B	77	321	0.822	8.338	0.373	2.859	8
C	63	422	0.765	13.397	0.416	1.965	2

以菌群 B 的优势菌属 *Bacillus* 构建生态网络(图 6–19)，发现在空白和菌群 A 处理中，与其他微生物主要为负相关关系(图中红色线条表示负相关)，而在菌群 B 和 C 处理中多为正

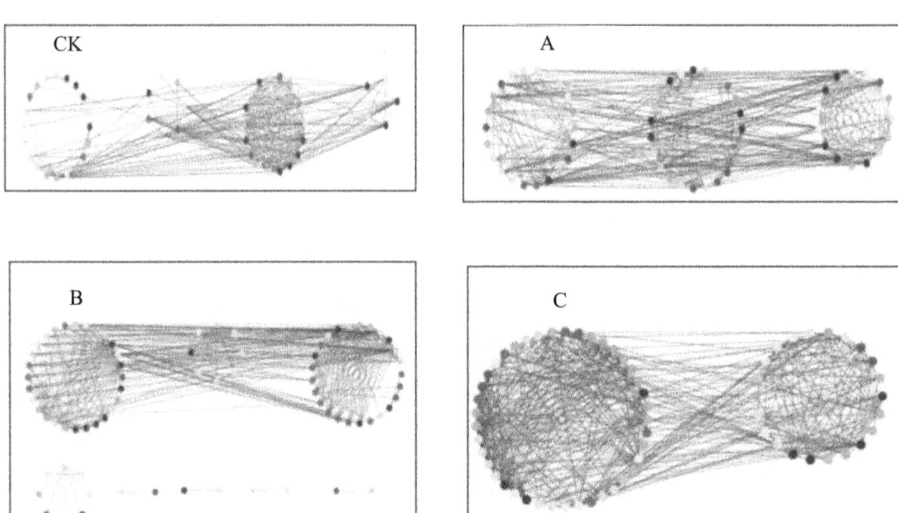

图 6-18　生态网络全局图

相关关系(图中蓝色线条表示正相关)。该属在加入拮抗菌群处理中与其他细菌间的关系比空白处理菌群内更为复杂和密切(图中相互关联线条多表示关系越复杂密切),尤其在菌群 C 处理中,网络关系最为复杂。

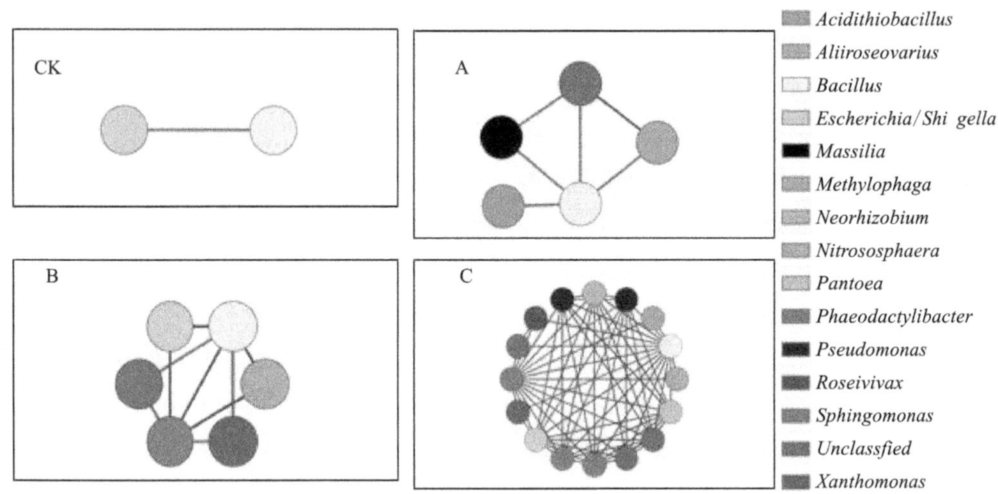

图 6-19　*Bacillus* 属在菌群群落中的网络关系图

以各处理菌群中的丰度都较高的 *Pseudomonas* 属构建分子生态网络(图 6-20),在菌群 C 中网络关系最为复杂,且正相关关系要多于负相关关系。

以菌群 C 的优势菌属 *Stenotrophomonas* 构建分子生态网络(图 6-21),发现在不同处理菌群间网络关系有较大差异,在加入菌群 A 的处理中网络关系最为复杂,但跟其他细菌的关系

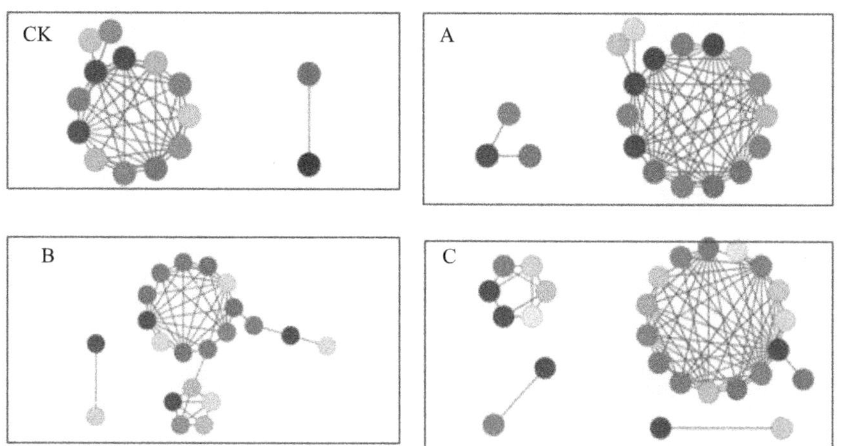

图 6-20　*Pseudomonas* 在菌群群落中的网络关系图

主要为负相关关系，而加入菌群 B 和 C 的处理网络关系相对简单，与其他细菌的关系多为正相关关系。

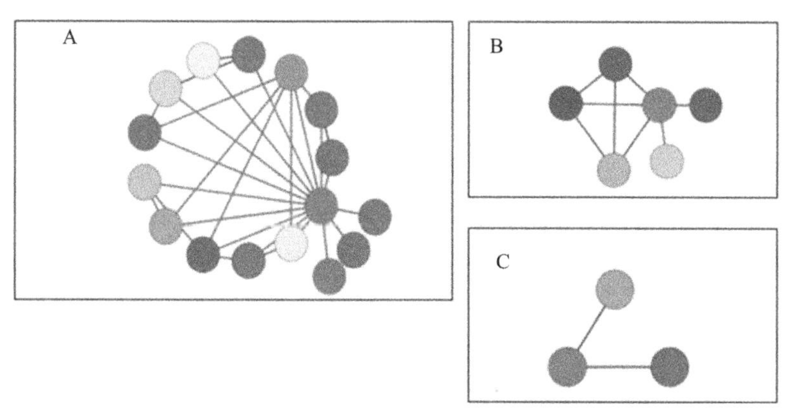

图 6-21　*Stenotrophomonas* 在菌群群落中的网络关系图

以丰度较高的 *Acinetobacter* 构建分子生态网络(图 6-22)，发现在不同菌群间网络关系有较大差异，加入拮抗菌群 C 的处理中网络关系最为复杂，与 *Pseudomonas* 有负相关关系，跟其他细菌的关系正相关和负相关关系都存在，而加入拮抗菌群 A 和空白的处理网络关系相对简单，与其他细菌的关系都为正相关关系。

三、结论与讨论

目前，化学防治烟草野火病仍是主要防治手段之一，但由此带来的病原菌抗药性、环境污染、农药残留等一系列的问题日益突出，因此生物防治的研究与应用越来越受到重视。本节通过对筛选出的三个高效拮抗菌群进行富集培养后，对其群落组成进行 16S rRNA 基因测序分析，拮抗菌群优势菌分别为黄色短杆菌属(*Brevibacterium*)，芽孢杆菌属(*Bacillus*)和寡养

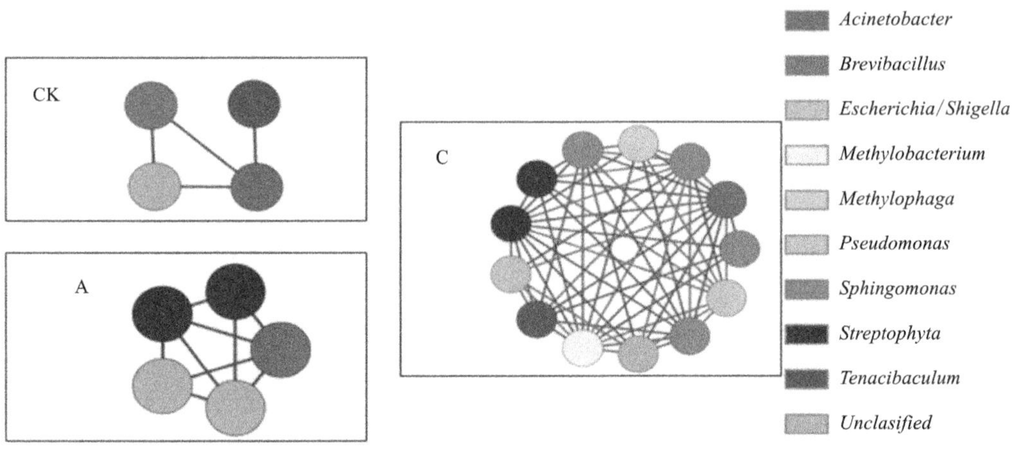

图 6-22 *Acinetobacter* 在菌群群落中的网络关系图

单胞菌属(*Stenotrophomonas*)，经过富集培养后，三个菌群的组成有很大差异，这可能对烟草野火病的防治产生不同的效果。*Bacillus* 是拮抗菌群中优势菌，*Bacillus* 属的重要特性是能够产生对不利条件具有特殊抵抗力的芽孢，假单胞菌属(*Pseudomonas*)是广泛分布于植物根部的革兰氏阴性细菌，在各处理菌群中的丰度都较高，许多菌株可产生一种或多种抗生素，可能对病害有一定的拮抗效果。这些结果与韩欣宇、万秀清、孙宏伟等筛选出多种枯草芽孢杆菌及发酵液的代谢产物对烟草野火病菌的抑制作用结果类似。

拮抗细菌能否在烟草叶际定殖是生防菌取得防效的关键。烟草叶际生境复杂，叶际微生物群落结构受到外界环境变化的影响，并影响生防菌的定殖能力。Rastogi 等研究发现莴苣细菌性叶斑病菌(*Xanthomonas campestris pv. vitians*) 的丰度与其他叶际微生物的出现或缺失相关联。本节对三个高效菌群在不同处理中与空白的相对丰度比变化分析，发现施用分别施用 3 种菌群后，相比空白处理，*Bacillus*、*Pseudomonas* 和 *Stenotrophomonas* 等这些菌群中的主要菌属在烟草叶际微生物群落中丰度显著增加，而在效果较好的菌群 C 中尤其明显。同时，将定殖的优势菌和病情指数进行相关性分析，发现 *Bacillus* 和 *Stenotrophomonas* 的丰度与病情指数呈显著负相关。这些结果表明高效菌群能够较好地在烟草定殖，并对病原菌发挥了拮抗作用，推测出了可能产生拮抗效果的关键微生物，为拮抗菌群定殖与应用打下了基础，但这些还只是初步评价，下一步还需要进行单菌分离鉴定验证，进一步佐证拮抗菌群的优势功能菌。

叶际生境是一个非常不稳定的环境，各种气候因子的变化、植物种类和发育阶段的不同都会造成叶际生境的改变，而微生物与植物、微生物与微生物、微生物与环境之间复杂的相互作用可能影响着生防菌群的防治效果。本节对拮抗菌群处理后的叶际微生物群落进行分子生态网络分析，显示拮抗菌群处理中群落内各种细菌间的关系较复杂，联系较紧密，细菌间的相关性有正有负，所以种群间同时存在合作和竞争关系。分子生态网络分析推断 *Bacillus* 和 *Pseudomonas* 发挥拮抗作用主要通过与其他微生物间的正相关关系，而 *Stenotrophomonas* 发挥拮抗作用主要与其他细菌关系为负相关关系，*Acinetobacter* 跟其他细菌的关系为正相关和负相关关系同时存在。分子生态网络为预测复杂微生物群落相互作用关系提供了一条有效的途径，但大多数基于统计学的生态网络推理方法并不能完全反映真实状态下微生物的生态功能和相互作用，下一步还需要模拟可控条件下物种多样性-生态系统功能关系，进一步验证拮抗菌群对叶际微生物群落的相互作用和功能过程的影响。

第七章　烟草靶斑病防控技术

烟草靶斑病主要危害烟叶，造成叶部病斑，病原菌的无性世代为立枯丝核菌(*Rhizoctonia solani*)，有性世代为瓜亡革菌(*Thanatephorus cucumeris*)。自2006年烟草靶斑病在辽宁被发现后，我国各省市的烟草种植区也陆续发生此类病害。近年来，由于降水量增多、气温升高，湖南烟草靶斑病危害逐年加重，有从次要病害上升为主要病害的趋势，对烟叶产质量造成重大威胁。烟草靶斑病病原菌的菌丝能在土壤中存活多年，同时还能产生菌核，因此，烟草靶斑病的防控要结合农业措施、生物防治、化学防治等多方面综合防控才能达到防治的效果。

第一节　湖南烟草靶斑病的病原鉴定及分子生物学检测

2019年和2020年，湖南省郴州市、永州市、常德市和湘西土家族苗族自治州烟区发生了疑似烟草靶斑病的病害，遂对病害叶片进行标本采集、组织分离、形态学和分子生物学以及柯赫氏法则鉴定，并建立了简易的检测方法，旨在为烟草靶斑病的防治提供依据。

一、材料与方法

(一)材料来源

2019年至2020年，对湖南省郴州市、永州市、常德市、湘西土家族苗族自治州烟区发生的一种叶部病害进行调查，采集具有典型叶部发病症状的烟草叶片。

(二)方法

病原菌分离纯化及鉴定：利用常规组织分离法对病叶进行病原菌分离。取病健交界处组织小块，经75%乙醇和0.1% $HgCl_2$ 消毒、无菌水漂洗后，接种于马铃薯葡萄糖琼脂培养基(PDA、含链霉素50 μg/mL)上，26℃黑暗培养。待长出菌落后转接于PDA培养基进行纯化培养，纯化菌株保存备用。

将纯化的菌株接种于PDA培养基平板，26℃黑暗培养7 d后，观察菌落形态、颜色，测量其生长速率。根据病原菌的培养性状和显微形态对病原菌进行形态学鉴定。

根据柯赫氏法则对菌株进行致病性测定。选取2个月大小盆栽烟草(云烟87)进行接种。

每个菌株接种 3 盆。菌株在 PDA 培养基培养 7 d 后，打取菌落边缘菌饼，接种于烟草叶片，以无菌丝的琼脂块为对照。将植株放置于保湿装置中 25℃ 保湿 2 d 后，置于正常温室培养。观察记录发病情况。叶片发病后从病斑处再次分离病原菌并进行鉴定。

将分离纯化的菌株接种于 PDA 培养基上，26℃ 培养 7 d。刮取菌丝，采用 SDS-NaCl 方法提取病原菌 DNA。以此为模板，对菌株的 rDNA-ITS 进行 PCR 扩增。PCR 扩增反应体系为：2×Es *Taq* Master Mix 25 μL，总 DNA 模板 2 μL，上、下游引物各 2 μL(10 μmol/L)，ddH_2O 19 μL。PCR 反应程序为：95℃ 预变性 5 min；95℃ 变性 30 s，56℃ 退火 30 s，72℃ 延伸 45 s，共 30 个循环；最后 72℃ 延伸 10 min，4℃ 保存。PCR 产物用 1% 琼脂糖凝胶电泳进行检测后，委托生工生物工程(上海)股份有限公司测序。将测得的序列用 BLASTn 从 NCBI 数据库进行同源性查找，通过 MEGA 6 软件的 ClustalW 比对后，用邻接法(NJ)构建系统进化树，采用自举法进行 1000 次重复检验。

烟草靶斑病病原菌分子检测方法的建立：取 0.1 g 病原菌菌丝于 1.5 mL 离心管中，加入 100 μL 1×TE 溶液，用无菌枪头捣碎，12000 g 离心 5 min，吸取上清，即获得真菌 DNA 粗提物。

基于 rDNA-ITS 序列，设计烟草靶斑病菌特异性引物 Rs-1，上游 5′-ATCGATGAAGAACGCAGCGA-3′和下游 5′-GGTGTGAAGCTGCAAAGACC-3′，对从病原菌提取的 DNA 进行 PCR 扩增，进行引物特异性检测。以烟草赤星病菌的 rDNA- ITS 序列设计特异性引物 Aa-1，上游 5′-GAACCTCTCGGGGTTACAGC-3′，下游 GCGAGTCTCCAGCAAAGCTA-3′，作为对照引物，以烟草赤星病菌、炭疽病菌和烟草黑胫病菌为对照菌株。

在田间采集烟草靶斑病和赤星病发病的烟草植株。选取带不同大小病斑的叶片，剪取叶片病斑部分。提取带病斑叶片 DNA，分别用引物 Rs-1 和 Aa-1 进行 PCR 检测，并以无症状健康烟草叶片为对照。

二、结果与分析

(一)烟叶病害的症状

2019 年和 2020 年，在湖南省郴州市、永州市、常德市、湘西土家族苗族自治州烟区发现的类似烟草靶斑病的叶部病害，从烟草下部叶片开始发病，迅速向上部叶片扩展。发病初期病斑小，水浸状，后扩展成近圆形或不规则形状，边缘黄褐色，中央颜色略浅，有不规则同心纹，迎着光线可观察到病斑中央有灰白色靶点，病斑周围可见褪黄绿色晕圈。后期病斑易破裂穿孔，且病斑融合引起叶片枯萎坏死(图 7-1)。

(二)分离病原菌的鉴定结果

对采集的烟草叶片病样进行组织分离，共获得 28 个菌落形态一致的菌株。将分离的菌株于 PDA 培养基上 26℃ 恒温培养，生长速率为 24.80 mm/d。菌丝初为白色，后变为黄褐色。菌丝有分隔，分支夹角接近 90°，在分割处有缢缩，且分隔处附近有隔膜(图 7-2)。

利用菌饼活体接种云烟 87 叶片，4 d 后烟草叶片出现明显的坏死症状：病斑初为水浸状，后逐渐扩大，周围有黄色晕圈，病斑易穿孔(图 7-3)。从接种发病病斑处再次分离得到的病原菌，经形态学和分子检测，鉴定为烟草靶斑病病菌。根据柯赫氏法则，确定该病害为烟草靶斑病，病原菌为立枯丝核菌(*Rhizoctonia solani*)。

(a) 烟株苗期叶片病害症状

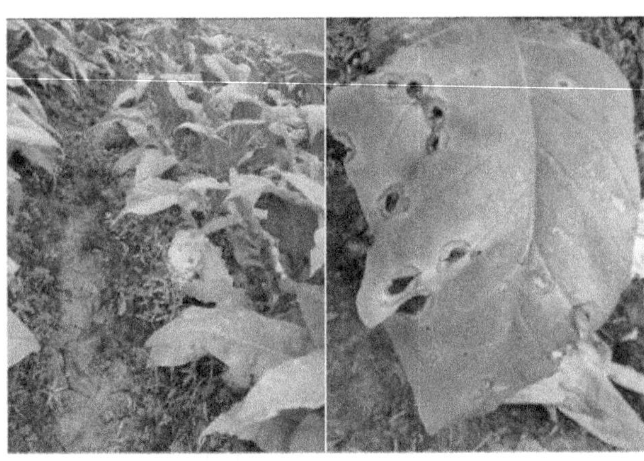

(b) 成株期烟叶病害症状

图 7-1　烟叶病害的症状

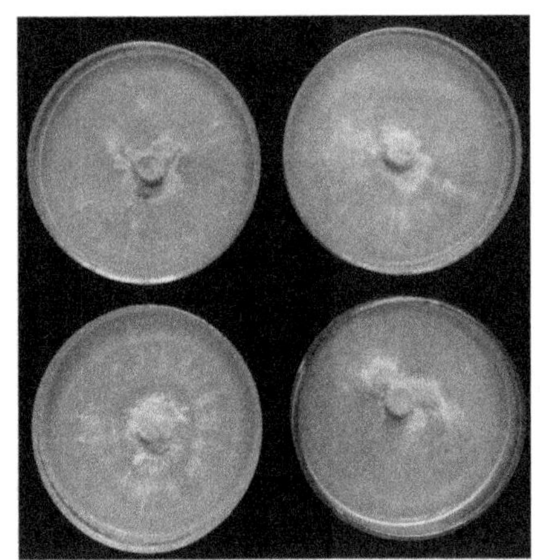

(a) 分离菌株PDA培养7 d的形态

(b) 分离菌株的菌丝形态

图 7-2　分离菌株菌落及菌丝的形态

图 7-3　分离菌株接种烟草后叶片发病症状

对代表菌株 CZBB-Y1 的 rDNA-ITS 基因区域进行 PCR 扩增测序，获得了长度约为 697 bp 的片段。将测得的序列提交至 NCBI 的 GenBank(登录号 MW255345)，BLASTn 同源性搜索比对显示，其与 *R. solani* AG-3 的 ITS 序列具有 100%的一致性，序列覆盖率为 96%。利用 ITS 构建系统进化树，结果，菌株 CZBB-Y1 与 *R. solani* 聚在一簇(图 7-4)。结合形态特征和分子生物学鉴定，确定菌株 CZBB-Y1 为立枯丝核菌(*Rhizoctoniz solani*)。

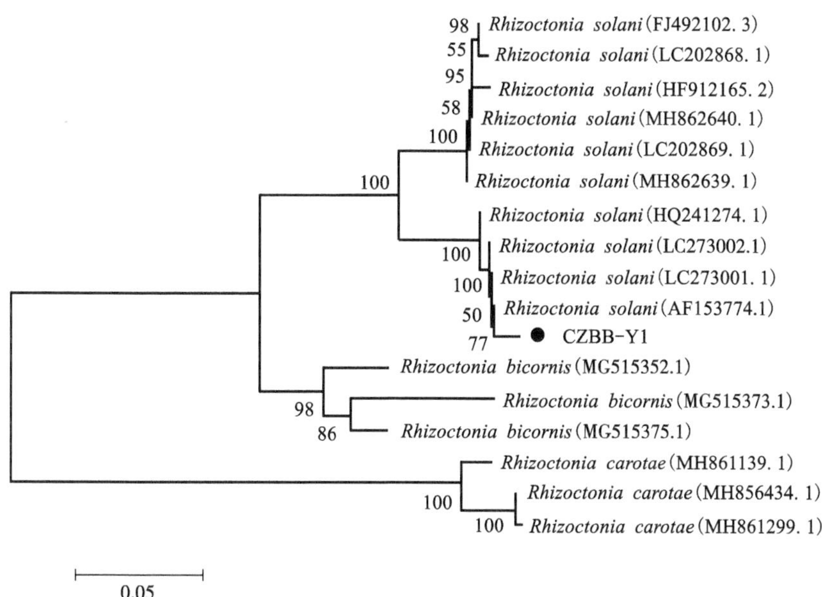

图 7-4 基于靶斑病菌株 CZBB-Y1、*R. solani* 和其他 *Rhizoctonia* 属菌株 ITS 序列的系统进化树

(三)烟草靶斑病菌的分子生物学检测

烟草靶斑病常与烟草赤星病混合发生，易混淆。为了对烟草靶斑病进行及时准确的诊断，基于 rDNA-ITS 序列设计了烟草靶斑病菌特异性引物 Rs-1 和 Aa-1，并用简易法提取了病原真菌的 DNA 进行 PCR 扩增，以验证引物的特异性。结果表明，引物 Rs-1 能特异地扩增烟草靶斑病菌中预期大小的片段，而烟草赤星病菌、炭疽病菌和烟草黑胫病菌无扩增片段。同时，引物 Aa-1 可特异地扩增出烟草赤星病菌中预期片段，但烟草靶斑病菌、炭疽病菌和烟草黑胫病菌无扩增片段(图 7-5)。

用设计的特异性引物分别对感染烟草靶斑病和赤星病的烟草叶片病斑进行检测。挑取病斑处坏死组织，利用简易法提取 DNA 并以此为模板，PCR 扩增结果显示，利用引物 Rs-1 可特异性扩增出阳性烟草靶斑病菌和感染靶斑病病斑中的特异性片段，而对照健康叶片和烟草赤星病病斑无扩增片段。引物 Aa-1 可特异地扩增出阳性烟草赤星病菌和赤星病病斑的特异性片段，而对照健康叶片和烟草靶斑病叶片无扩增片段(图 7-6)。说明引物能满足快速检测并区分烟草靶斑病和赤星病的诊断要求。

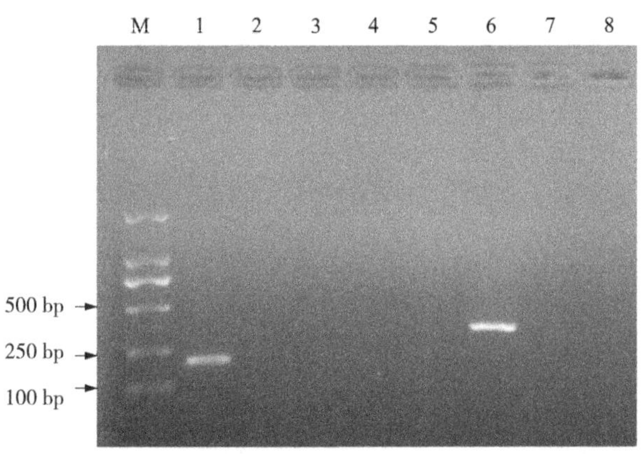

M：marker；泳道 1~4：分别代表引物 Rs-1 对烟草靶斑病菌、赤星病菌、炭疽病菌、黑胫病菌的 PCR 扩增；泳道 5~8：分别代表 Aa-1 对烟草靶斑病菌赤星病菌、炭疽病菌、黑胫病菌的 PCR 扩增。

图 7-5　引物 Rs-1 和 Aa-1 对病原菌特异性检测结果

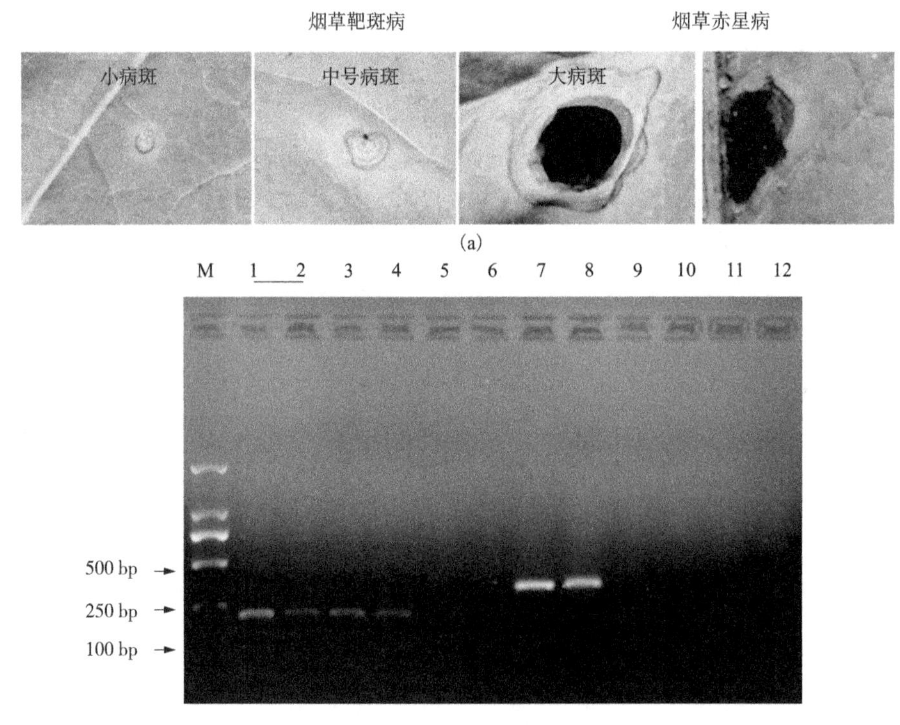

M：marker；泳道 1~6：分别为引物 Rs-1 对烟草靶斑病菌、靶斑病大病斑、靶斑病中号病斑、靶斑病小病斑、赤星病病斑、健康烟草叶片 PCR 扩增；泳道 7~12：分别为引物 Aa-1 对烟草赤星病菌、赤星病病斑、靶斑病大病斑、靶斑病中号病斑、靶斑病小病斑、健康烟草叶片 PCR 扩增。

图 7-6　引物 Rs-1 和 Aa-1 对烟草叶片病斑提取的 DNA 检测结果

三、结论与讨论

通过病害症状观察、组织分离、形态学观察、ITS 基因序列分析和致病力测定，鉴定了湖南烟区发生的烟草靶斑病，确定其病原菌为立枯丝核菌。立枯丝核菌寄主范围非常广泛，可引起茎腐病、纹枯病和苗期立枯病等多种植物病害。在烟草上，立枯丝核菌主要引起苗期病害，一般条件下很难产生有性孢子，孢子的生活力也十分脆弱，但烟草靶斑病是立枯丝核菌通过有性孢子传播引起的叶部病害。

烟草靶斑病菌株间的融合群具有多样性，同时不同地域的菌株也具有其独特性。部分研究显示，中国云南和东北部分地区的烟草靶斑病菌属于相同的 AG-3 融合群，而陈媛媛等发现从广西分离到的部分烟草靶斑病菌属于 AG-2 和 AG-4 融合群，这与 20 世纪 80 年代在美国卡罗来纳州北部发现部分 AG-4 菌株可引起烟草靶斑病的结果类似。MERCADO 等首次报道在阿根廷西北地区烟草上发现引起烟草靶斑病的立枯丝核菌 AG-2.1 融合群。随后又发现该区域烟草上的 AG-4HG-Ⅰ和 AG-4HG-Ⅲ融合群菌株主要引起烟草立枯病，AG-2.1 既可引起立枯病，也可引起靶斑病。这些研究结果说明丝核菌不同融合群与其分离的地理环境、发病部位和侵染方式等有关。对不同烟区发生的烟草靶斑病病原菌进行分离鉴定，将为探讨菌株的融合群和菌株间的遗传多样性分化，为研究病原菌种群遗传变异及对该病害发生流行预测提供依据。

由于烟草靶斑病易与烟草赤星病、野火病、炭疽病等同时发生，容易造成混淆，传统的鉴定方法需要经过病原菌分离、纯化、培养等过程，耗时长，在病害流行时易造成误诊，因而延误最佳防治时期。笔者依据烟草靶斑病菌和赤星病菌序列设计特异性引物，提取病原真菌 DNA 后，可直接快速地从烟草病害的病斑处检测并区分烟草靶斑病和赤星病，为烟草靶斑病的检测与诊断提供了工具，但由于烟草靶斑病菌的遗传背景复杂，对于该检测方法是否可应用于所有地区的烟草靶斑病检测，还需要通过检测更多的样本来验证。

第二节　湖南烟草靶斑病病原菌鉴定、融合群及致病力分析

烟草靶斑病最早在巴西发现，此后在哥斯达黎加、美国发病严重，南非和加拿大均存在。我国在辽宁省首次发现，而后在吉林、广西、云南、湖南、四川等省区陆续报道，近年呈扩大趋势，危害逐年加重，已逐步成为烟草上的一种新的主要病害。2019 年在湖南烟田发现烟草靶斑病，2020—2022 年在湖南郴州市、永州市、湘西土家族苗族自治州、常德市、张家界市和邵阳市等大面积发生，目前已成为湖南烟草上的一种主要病害。由于对病原菌的认识不清，用药针对性不强、防治效果不佳，给病害防治工作增加了难度。目前，有关湖南烟草靶斑病病原菌种类鉴定、融合群及致病力的差异等均缺乏系统研究。而鉴定病原菌、明确病原菌融合群种类及致病力是有效防治病害的基础。因此，很有必要对这该病害的病原菌进行鉴定，并探讨其菌丝融合群和致病力情况，以期为深入研究病原菌种群遗传变异规律及病害防治提供理论基础。本节对湖南疑似烟草靶斑样本进行分离鉴定，采用形态学、分子生物学，以及柯赫氏法则鉴定该病原菌类型，利用菌丝融合和基于 rDNA-ITS 区序列测定方法明确融合群种类，分析病原菌致病力，为烟草靶斑病的精准防治提供理论基础。

一、材料与方法

（一）样品采集及病原菌的分离纯化与鉴定

2020—2021年，从湖南省湘西土家族苗族自治州、永州市、郴州市、常德市、张家界市等烟区采集具有靶斑病典型症状的烟草病叶样本75份。采用常规组织分离法进行病原菌分离，取病健交界处约0.25 cm^2 的组织，75%乙醇消毒30 s左右，无菌水洗3次，在超净台吹干后置于含氨苄西林钠（工作浓度：50 μg/mL）的马铃薯葡萄糖琼脂培养基（PDA）上，28℃恒温培养箱中持续黑暗培养，3 d后挑取菌落边缘处菌丝块置于新的PDA平板上纯化培养，纯化菌株保存备用。

挑取纯化后菌株的菌丝块接种于新的PDA平板上，28℃黑暗培养5 d，每天观察菌丝生长状态、菌落颜色、菌核生长状态等，根据病原菌培养性状和显微形态对病原菌进行形态学鉴定。

在培养皿中倒入PDA培养基，冷却凝固后再斜插入灭过菌的盖玻片，28℃培养箱中培养，待菌丝长到裸露盖玻片的2/3处时，取出盖玻片。利用番红O-KOH对菌丝染色，根据张天晓等观察丝核菌细胞核的方法，在光学显微镜下观察细胞核个数，每个菌株3次重复。

（二）柯赫氏法则验证

采用柯赫氏法则进行接种试验，摘取9叶期烟草（云烟87）下部的第5、6片叶片，用无菌水和75%酒精表面消毒处理，用打孔器在培养5 d的PDA平板菌落边缘打取直径6 mm的菌饼，菌丝面朝下进行针刺接种，保湿处理，每片烟叶右半部分接种待测菌株，左半部分接种PDA琼脂块作为空白对照，每个菌株3次重复。接种后观察发病情况，于病健交界处再次组织分离，与原接种病原菌进行形态比较与分子生物学鉴定。

（三）rDNA-ITS序列扩增及分析

将分离纯化获得的病原菌在放有玻璃纸的PDA平板培养3~5 d，刮取菌丝后采用CTAB法提取DNA。采用真菌核糖体基因转录间隔区通用引物ITS1和ITS4对各个菌株进行PCR扩增，PCR扩增体系：2×Es *Taq* Master Mix 12.5 μL，DNA模板1 μL，上下游引物各0.5 μL，ddH_2O 10.5 μL，总体系为25 μL。扩增反应程序：95℃预变性5 min；95℃变性30 s，56℃退火30 s，72℃延伸45 s，30个循环；72℃终延伸10 min。PCR反应结束后，吸取5 μL PCR产物对其进行1.0%琼脂糖凝胶电泳检测，将含有目的条带的PCR产物交由生工生物工程（上海）股份有限公司测序。将测序序列提交到NCBI数据库中进行同源性比对，以链格孢菌（*Alternaria alternata*）作为参考菌株，利用MEGA-11软件进行基因序列比对及采用NJ（neighbor-joining）法构建系统发育树，Bootstrap重复1000次，检测各分支的可信度。

（四）融合群的鉴定

采用陈延熙等玻片定位融合法，将分离得到的19株烟草靶斑病病原菌与*R. solani* AG-3的标准菌株进行玻片对峙培养，根据Sneh制定的标准进行融合群鉴。同时，将测序序列提交到NCBI数据库中进行同源性比对，从NCBI下载*R. solani*不同融合群标准株序列，以

AG-1 ⅠA、AG-1 ⅠC、AG2-1、AG-3、AG-4、AG-8、AG-9 融合群的 9 个菌株以及国内已报道的部分省份烟草靶斑病菌株为参考菌株，使用 MEGA-11 软件进行基因序列比对，采用 NJ 法对 7 个不同融合群的序列和 19 株菌株构建系统发育树(表 7-1)。

表 7-1　*R. solani* 不同融合群及登录号

融合群	登录号	菌株号	来源
AG-1 ⅠA	MG923316.1	FM	巴西
AG-1 ⅠC	LC325492.1	CMA1	日本
AG-4	MN053034.1	SG 2T	美国
	JN983495.1	LC11-10	中国广西
AG-8	KC590586.1	0613	土耳其
AG-9	KP171638.1	S-21	美国
AG2-1	JX161889.1	RS034-1	新西兰
AG-3	LC273002.1	1669	日本
	MZ836282.1	MJ-13	中国
	MT229062.1	hnyl13-2	中国
	MBG600241.1	MZ-2	中国云南
	MG600242.1	JG-5	中国云南
	MW255345.1	CZBB-Y1	中国湖南

(五)致病力测定

在温室中育苗，烟草品种为云烟 87，播种 15 d 后移栽至小盆中，待烟苗生长至 9 叶时，将 19 株培养好的病菌按针刺接种法倒扣接种于每株烟草下部的第 5、6 片叶片，每片烟叶上选择 4 个接种点，每个菌株重复 3 次，每天观察接种点的发病情况及发病特征，5 d 后统计病斑直径，计算平均病斑直径(antibacterial diameter，AD)，AD=∑(病斑直径)/总接种数，参考赵艳琴等致病力强弱划分标准，并根据湖南烟区靶斑病发生情况适当调整，AD=0 mm 为不致病(0)；0 mm<AD≤5 mm 为微致病力(+)；5 mm<AD≤10 mm 为弱致病力(++)；10 mm<AD≤15 mm 为中致病力(+++)；15 mm<AD≤20 mm 为中强致病力(++++)；AD>20 mm 为强致病力(+++++)。

二、结果与分析

(一)病原菌的分离纯化与鉴定

2021—2022 年湖南省烟草主产区爆发烟草叶部病害，表现症状如图 7-7 所示，从采自湖南省的 75 份烟草靶斑病叶样品中分离得到 19 个菌株(表 7-1)。培养初期菌丝为无色至白色，后菌丝逐渐变成黄色，培养后期菌丝为褐色至深褐色(图 7-7)。

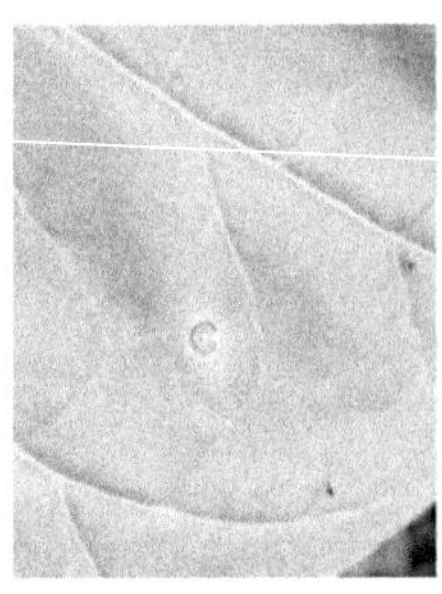
(a) 感病初期白色靶色

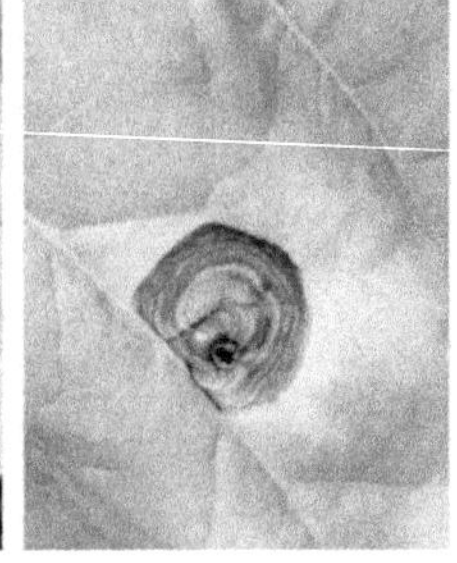
(b) 同心轮纹状规则病斑

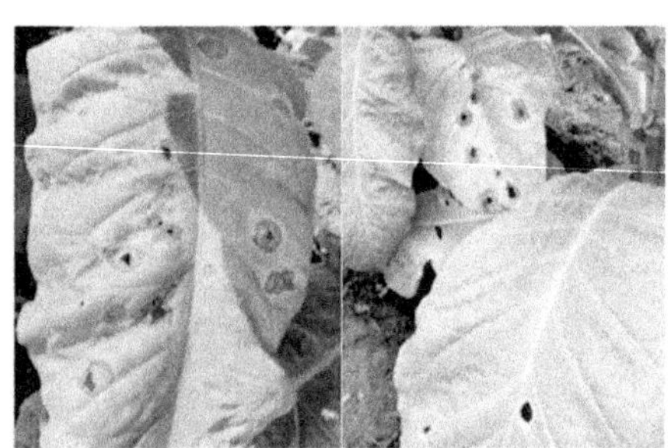
(c) 部分破碎形成穿孔坏死，整叶破损

图 7-7 烟草叶部病害田间症状

表 7-2 烟草靶斑病病原菌菌株编号、来源及数量

菌株编号	来源	菌株数量/个
YS1、YS2、YS3、YS4、YS5	湖南省湘西土家族苗族自治州永顺县	5
CL1-1、CL1-2、CL2-1、CL2-2	湖南省张家界市慈利县	4
SM1、SM2、SM3	湖南省常德市石门县	3
LS1、LS2	湖南省湘西土家族苗族自治州龙山县	2
ZZJ	湖南省张家界市	1
HY	湖南省湘西土家族苗族自治州花垣县	1
YZ	湖南省永州市江华县	1
GY	湖南省郴州市桂阳县	1
SY	湖南省邵阳市新宁县	1

菌丝生长前期为白色至嫩黄色，多为匍匐菌丝，气生菌丝较少[图 7-8(a)]，培养 3 d 后菌丝开始变黄，后期菌丝变为棕色至褐色[图 7-8(b)、(c)]。菌丝粗壮，在靠近分支处有隔膜，新生菌丝与母体菌丝分支处呈 30°~45°[图 7-9(a)]，成熟菌丝间的夹角约 90°，且在分枝处有明显缢缩，菌丝内有隔膜。菌丝的形态特征符合 Parmeter 等对 *R. solani* 的描述。利用番红 O-KOH 对病原菌菌丝进行染色，发现病原菌菌丝体内含两个以上的细胞核[图 7-9(b)]，确定病原菌为多核 *R. solani*。

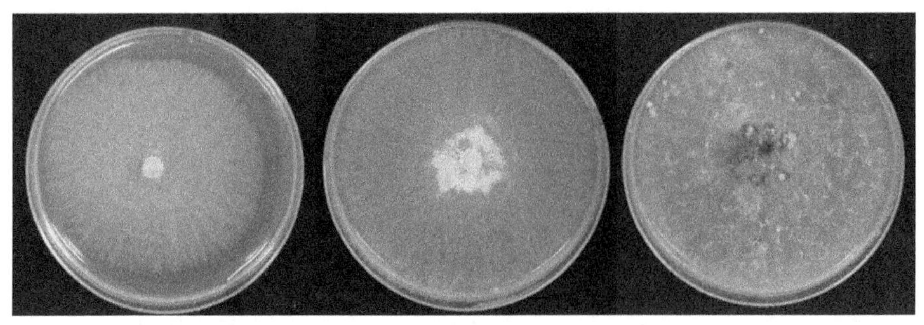
(a) 培养3 d　(b) 培养7 d　(c) 培养20 d

图 7-8 不同培养时间的烟草靶病菌菌落形态

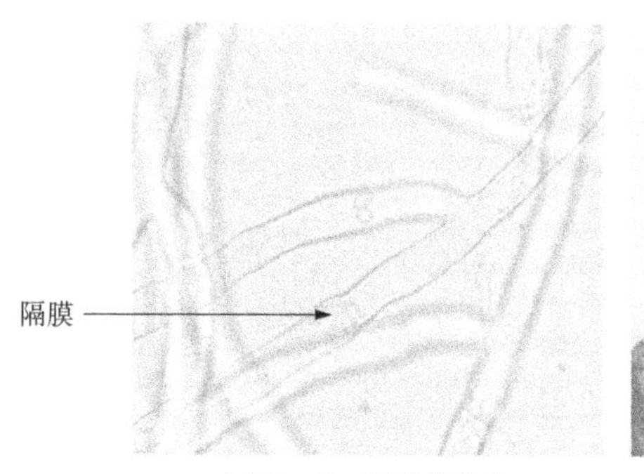

(a) *R. solani*菌丝体形态

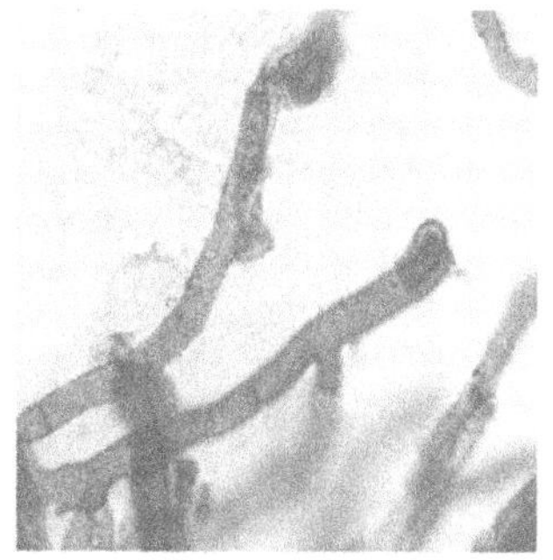

(b) *R. solani*多核形态

图 7-9 烟草靶斑病病原菌丝体和多核形态

(二)柯赫氏法则验证

带菌菌饼接种到烟草离体叶片上 2 d 后出现明显病斑，病斑呈水渍状；5 d 后病斑形成三层同心轮纹，并出现部分坏死，7～10 d 后病斑出现穿孔，与大田烟草靶斑病的症状相似(图 7-10)。从发病部位再次分离得到病原菌，将菌丝纯培养物镜检，并按照前述进行分子生物学鉴定，鉴定结果均为 *R. solani*。因此，结合形态特征、分子生物学鉴定和科赫氏法则验证，确定烟草靶斑病的病原菌为 *R. solani*。

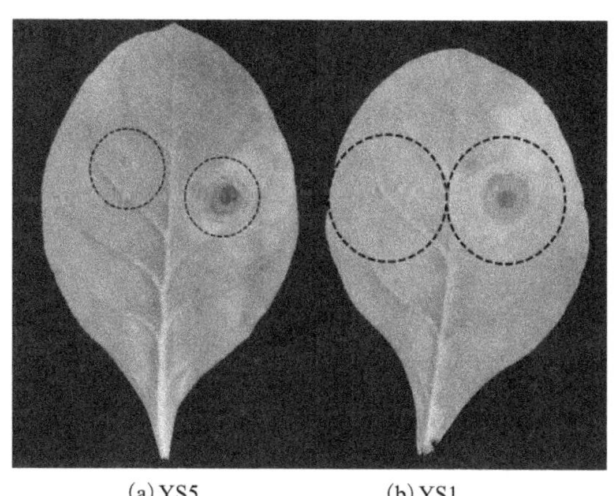

(a) YS5　　(b) YS1

左：CK；右：分离菌株。

图 7-10 离体叶片接种烟草靶斑病病原菌

(三)病原菌分子鉴定

对 19 株菌株的 5. 8S rDNA-ITS 区间进行 PCR 扩增测序，获得了长度约为 700 bp 的片段(图 7-11)。根据 Blast 检索比对分析，菌株序列与 *R. solani*(登录号：MZ86282. 1)同源性达到 100%。以链格孢菌(*Alternariaalternata*)作为外群，用邻接法(NJ)构建系统进化树，结果表明，菌株与 *R. solani* 均聚在一簇(图 7-12)。

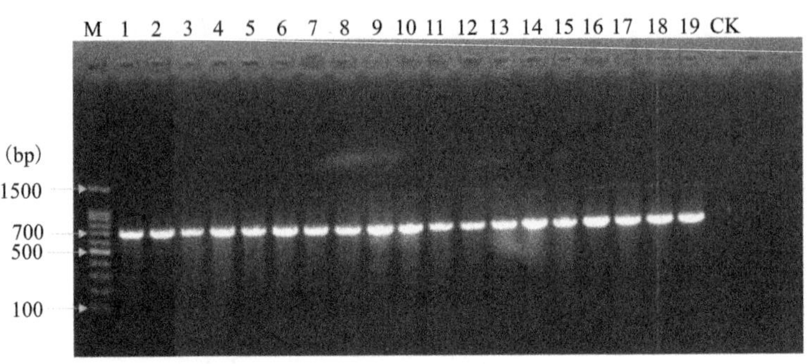

M：DNA marker DL 100，CK：空白对照。

图 7-11　19 株菌株的 5.8 SrDNA-ITSPCR 产物凝胶电泳图

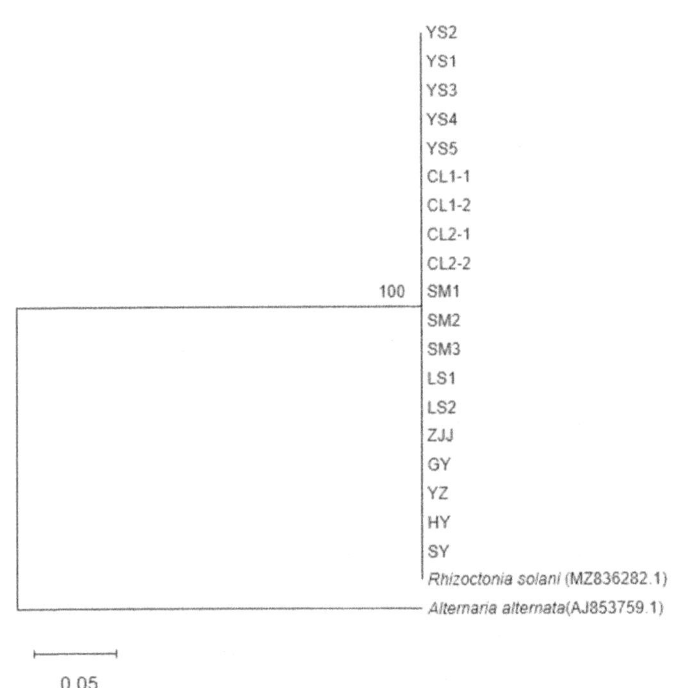

图 7-12　利用 NJ 法构建的 19 个菌株系统发育树

（四）病原菌融合群测定

根据菌株间的菌丝融合反应，发现 19 个菌株与 *R. solani* AG-3 的标准菌株完全融合［图 7-13(a)～(c)］。19 个菌株间的融合反应可分为四组，其中 YS1、YS2、YS3、YS4 和 YS5 发生完全融合；LS1、SM1、SM2、SM3、CH1-1、CL1-2、CL2-1、HY 和 ZJJ 发生完全融合；LS2、CL2-2、GY 和 SY 完全融合；YZ 与其他均发生完全不融合［图 7-13(d)～(f)］。

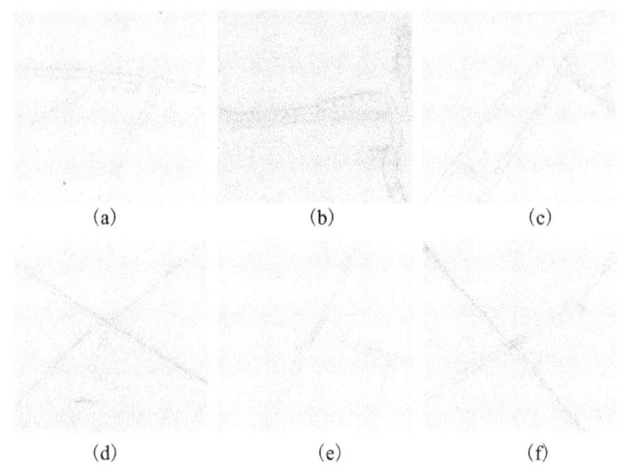

(a)~(c)：菌丝间完全融合；(d)~(f)：菌丝间不融合。

图 7-13　部分烟草靶斑病病菌的菌丝融合反应

系统发育树显示，19 个菌株与 6 个 AG-3 融合群参考序列聚在同一分支(图 7-14)。因此，根据序列测定、菌丝融合反应和系统发育树，确定湖南烟区烟草靶斑病病原菌融合群属于 *R. solani* AG-3。

图 7-14　利用 NJ 法构建的 19 个待测菌株系统发育树

(五)病菌致病力强弱测定

19 株病原菌均能使活体烟草叶片发病，AD 值 5.94~20.49 mm。根据 AD 值分级进行致病类型的划分，强致病力菌株 1 株，中等致病力 11 株，弱致病力 7 株，以中等致病力菌株为主(表 7-3)。不同来源地的菌株间的致病力强弱存在差异，致病力最强的菌株为分离自湖南永顺县的 YS1(AD 值 20.49 mm)，致病力最弱的菌株为分离自桂阳县 GY(AD 值 5.94 mm)。

表 7-3　不同地区烟草靶斑病病原菌株致病力测定

菌株编号	AD 值/mm	致病力强弱
YS1	20.49 ± 0.57^{a}	+++++
YS2	9.42 ± 0.77^{efg}	++
YS3	10.63 ± 0.86^{defg}	+++
YS4	6.00 ± 0.78^{g}	++
YS5	10.37 ± 0.38^{defg}	+++
CL1-1	16.78 ± 1.97^{ab}	++++
CL1-2	15.82 ± 1.95^{bc}	++++
CL2-1	11.12 ± 2.12^{cdef}	+++
CL2-2	11.47 ± 0.62^{cdef}	+++
SM1	14.66 ± 0.70^{bcd}	+++
SM2	10.62 ± 2.22^{defg}	+++
SM3	9.46 ± 2.29^{efg}	++
LS1	9.56 ± 1.71^{efg}	++
LS2	8.99 ± 1.88^{efg}	++
ZJJ	13.74 ± 0.82^{bcde}	+++
YZ	15.78 ± 1.72^{bc}	++++
GY	5.94 ± 1.70^{g}	++
HY	11.94 ± 1.20^{bcde}	+++
SY	6.74 ± 1.76^{fg}	++

注：同一列不同字母表示差异显著($P \leqslant 0.05$)。

三、讨论

对湖南省湘西土家族苗族自治州、永州、郴州等烟区采集具有靶斑病典型症状的烟草病叶进行分离鉴定，经 rDNA-ITS 序列分析与 PCR 鉴定，湖南省烟草靶斑病病原菌为立枯丝核菌(*R. solani*)。

R. solani 作为一个复合种，不同菌株间在形态学、生理生化、病理学等方面存在较大差异。菌丝融合群在一定程度上反映了 *R. solani* 菌株间的亲缘关系及其遗传多样性，Schultz 首次提出了基于菌丝融合确定菌丝融合类群的方法，至今已报道 *R. solani* 有 14 个菌丝融合群（从 AG-1 到 AG-13、AG-BI）。我国 *R. solani* 菌株融合群有 AG-1、AG-2、AG-3、AG-4、AG-5、AG-6、AG-7 和 AG-10。美国、巴西等地报道烟草靶斑病的 *R. solani* 融合群主要为 AG-2、AG-3，我国辽宁、吉林、黑龙江报道的融合群为 AG-3，广西为 AG-2 和 AG-4 融合群。本节利用玻片对峙培养法将分离所得病原菌与 *R. solani* AG-3 的标准菌株反应，结果显示所有菌株都发生完全融合反应；19 个菌株与 6 个 AG-3 融合群参考序列聚在同一分支，湖南省烟草靶斑病病原菌为立枯丝核菌 AG-3 融合群。与国内东北地区、湖南省、湖北省、云南省、四川省 *R. solani* 融合群报道一致，目前尚未在湖南省发现 AG-2 与 AG-4 融合群。

关于不同菌株 *R. solani* 间致病力强弱与区域来源之间的关系存在不同的观点，易润华等认为水稻 *R. solani* AG-1 致病力强弱与地区来源及环境因素有关，不同地区来源的*R. solani* 致病力强弱不同，而王玲等认为水稻 *R. solani* AG-1 的致病力与来源地没有关系。赵艳琴等通过研究发现辽宁省烟草靶斑病菌存在明显的致病力分化现象，将 *R. solani* 分为致病力Ⅰ、Ⅱ、Ⅲ型，其中以致病类型Ⅱ为优势种群，且认为病菌致病类型的差异与地区来源无明显相关性。本节采用针刺接种法对来自湖南省的 19 个菌株的进行致病力测定，发现以中等致病力菌株为主，强致病力菌株 1 株，中等致病力 11 株，弱致病力 7 株，烟草靶斑病菌的致病类型与赵艳琴等研究结果一致。湖南省不同地区分离的烟草靶斑病菌致病力存在差异，来自湖南南部的菌株（GY、HY、SY）致病力比来源于湖南西部（YS1、CL1-1、CL1-2）的致病力弱。研究结果与前者观点大致相同，为探究菌株的融合群和菌株间的遗传分化，下一步将继续采集湖南各烟区烟草靶斑病样本进行分离鉴定。

四、结论

本节通过对湖南省烟草靶斑病样本进行分离鉴定，确定 19 株菌株均为立枯丝核菌，均属 *R. solani* AG-3 融合群，但遗传分化现象明显，不同菌株间存在致病力分化，且与地理来源存在相关性。为后续进行烟草靶斑病的防控技术研究和抗病育种工作提供了重要理论支撑。

第三节　防治烟草靶斑病复配增效配方筛选及田间防效

烟草靶斑病病原菌立枯丝核菌生长得非常快、其遗传多样性丰富、抗逆境能力强、寄主广泛，能够侵染 260 多种植物，引起作物烂种、猝倒等多种危害，从而减产造成经济损失，目前对立枯丝核菌的防治主要以化学防治为主，辅以生物防治和农业措施防治。本节选择 11 种化学药剂和 9 种生物药剂，室内测定各种药剂对菌丝生长的抑制作用，分别从中选出效果较优的 3 种化学药剂和生物药剂进行复配，并进行了田间试验，以期在防治烟草靶斑病的同时，减少化学农药对环境的污染问题。

一、材料与方法

（一）供试材料

供试菌株：供试菌株于 2020 年 3 月分离自湖南郴州烟区，选取其中一个菌株 HNCZBB1-7 作为目标菌株。

供试药剂：化学原药有 96%己唑醇原药（hexaconazole）、98.12%咯菌腈原药（fludioxonil）、96%戊唑醇原药（tebuconazole）、97%氟环唑原药（epoxiconazole）、97.17%多菌灵原药（carbendazim）、95%苯醚甲环唑原药（difenoconazole），武汉远成共创科技有限公司；97%吡唑醚菌酯原药（pyraclostrobin）、98%啶酰菌胺原药（boscalid），杭州宇龙化工有限公司；98%咪鲜胺原药（prohlorcaz）、97%萎锈灵原药（carboxin standard）、96.5%丙硫菌唑原药（prothioconazole），安道麦辉丰（江苏）有限公司。

生物药剂：10%井冈霉素粉剂（乳山韩威生物科技有限公司）、2.1%青枯立克水剂（潍坊奥丰作物病害防治有限公司）、16%多抗霉素颗粒剂（乳山韩威生物科技有限公司）、80%乙蒜素乳油（开封大地农化生物科技有限公司）、0.3%丁子香酚可溶性液剂（南通神雨绿色药业有限公司）、8%宁南霉素水剂（德强生物股份有限公司）、5%氨基寡糖素水剂［上海泸联生物药业（夏邑）股份有限公司］、4%春雷霉素水剂（陕西麦克罗生物科技有限公司）、5%香芹酚可溶性液剂（山西德威本草生物科技有限公司）、99%丁子香酚原药（上海麦克林生化科技有限公司）、99%香芹酚原药（上海阿拉丁生化科技股份有限公司）。

10%咯菌腈·丁子香酚悬浮剂自制：其中含咯菌腈 5%、丁子香酚 5%、溶剂丙酮 25%、农乳 1601 10%、乳化剂 YUS-D3020 4%、分散剂 SK-273 5%、增稠剂黄原胶 0.5%、去离子水补足至 100%。上述原料混合，在高剪切分散机中高速剪切乳化制得 10%自制咯菌腈·丁子香酚悬浮剂（10%咯·丁 SC）。

马铃薯培养基：1000 mL 体积中，马铃薯 200 g，经蒸煮、过滤去渣定容后加入葡萄糖 20 g，于 121℃下高压蒸汽灭菌 30 min，待冷却后贮存备用。

（二）实验方法

室内单剂生物活性测定：采用菌丝生长速率法。单药剂用有机溶剂配制成所需浓度 1 g/L 的母液，根据初筛浓度取母液进行稀释，后加入 50 mL 融化的 PDA 培养基中，制成含不同药剂的培养基，充分混匀后倒入直径 8 cm 的培养皿中，以加入等体积的稀释有机溶剂的 PDA 平板为对照。取从 PDA 培养 3 d 的菌落边缘的直径 7 mm 的菌丝块，菌丝面朝下置于含药 PDA 平板中央，每个处理 3 次重复，不同处理的带药平板均在 28℃恒温培养箱中培养 3 d，后用十字交叉法测量菌落直径，并计算不同药剂处理对菌丝生长的抑制率，分析比较不同药剂对菌丝生长的影响。

复配生物活性测定：根据上述结果分别选出最优 3 种化学试剂和生物试剂混配。为了在减少化学农药用量的情况下保持其有效的防治效果，设置化学原药和生物原药质量配比 1∶9、1∶7、1∶5、1∶3、1∶1 混合，得到不同质量比的化学药剂和生物药剂混配，测定其抑制率。

数据处理分析：菌丝生长抑制率公式是：

$$菌丝生长抑制率(\%)=\frac{(对照菌落直径-0.7)-(处理菌落直径-0.7)}{对照菌落直径-0.7}\times 100\%$$

采用 Microsoft Excel 2010 以及 IBM SPSS Staistics 26 软件进行数据处理，计算单剂及各配比混剂的抑制直线回归方程、抑制中浓度 EC_{50} 值及 95%置信区间，相关系数 R 等。

增效作用评价：在测定各单剂及各配比混剂对供试菌种的抑制效果基础上，根据张子易的方法计算出不同配比下的增效系数 SR。

田间药效试验：田间药效防治试验地设在湖南省郴州市桂阳县四里镇烟叶种植产区，该烟区土壤肥力中等、均匀，雨水充足，并于 2020 年发生烟草靶斑病，病害程度较严重。

试验设计采用随机区组，3 次重复，设置隔离和 0.5 m 的保护行，以尽量减少试验误差。该试验于 2021 年 6 月 10 日调查施药前基数，6 月 17 日、6 月 25 日和 6 月 30 日进行施药及药效调查。采取五点取样法调查，每点调查 5 株，计 25 株记录病级并根据 Shew 计算病情指数。

二、结果与分析

(一) 单剂毒力

1. 11 种化学杀菌剂对烟草靶斑病的杀菌活性测定

菌丝生长抑制法测定结果（表 7-4）表明，11 种不同化学杀菌剂对靶斑病菌抑制效果不同，其中咯菌腈、己唑醇、丙硫菌唑、戊唑醇、氟环唑对靶斑病菌抑制效果相对较好，EC_{50} 值分别为 0.057 mg/L、0.087 mg/L、0.192 mg/L、0.446 mg/L、0.546 mg/L；其次是吡唑嘧菌酯、萎锈灵、啶酰菌胺，EC_{50} 值分别为 1.140 mg/L、2.423 mg/L、5.857 mg/L；相较而言对咪鲜胺、苯醚甲环唑、多菌灵则不敏感，EC_{50} 值分别为 14.938 mg/L、20.169 mg/L、21.433 mg/L。

表 7-4　11 种化学杀菌剂单剂对烟草靶斑病的杀菌活性

药剂	回归方程	EC_{50} /(mg · L^{-1})	95%置信区间 /(mg · L^{-1})	相关系数(R)
98.12%咯菌腈	$y=3.442+2.771x$	0.057	0.037~0.092	0.975
96%己唑醇	$y=1.775+1.674x$	0.087	0.066~0.173	0.975
96.5%丙硫菌唑	$y=0.727+1.014x$	0.192	0.121~0.298	0.957
96%戊唑醇	$y=0.344+0.980x$	0.446	0.251~1.631	0.99
97%氟环唑	$y=0.382+1.456x$	0.546	0.389~0.930	0.986
97%吡唑醚菌酯	$y=-0.074+1.292x$	1.140	0.778~2.165	0.975
98%咪鲜胺	$y=-2.146+1.827x$	14.938	10.806~24.663	0.97
97.17%多菌灵	$y=-2.213+1.663x$	21.433	14.752~39.243	0.945
97%萎锈灵	$y=-0.33+0.858x$	2.423	1.260~13.502	0.938
98%啶酰菌胺	$y=-1.874+2.441x$	5.857	4.725~7.029	0.983
95%苯醚甲环唑	$y=-0.755+0.579x$	20.169	8.410~155.684	0.976

2.9 种生物杀菌剂对烟草靶斑病的杀菌活性测定

菌丝生长抑制法测定结果(表 7-5)表明，在 9 种常用生物杀菌剂中，0.3%丁子香酚可溶液剂对供试菌株菌丝生长的抑制效果最强，EC_{50} 值为 1.087 mg/L；其次分别为 5%香芹酚可溶液剂、80%乙蒜素乳油、2.1%青枯立克水剂、16%多抗霉素可溶性粒剂，EC_{50} 值分别为 16.801 mg/L、18.533 mg/L、19.715 mg/L、21.211 mg/L；相对而言 4%春雷霉素水剂、8%宁南霉素水剂对烟草靶斑病的抑制效果最弱，EC_{50} 值分别为 173.601 mg/L、444.426 mg/L。

表 7-5　9 种生物杀菌剂单剂对烟草靶斑病的杀菌活性

药剂	回归方程	EC_{50} /(mg·L^{-1})	95%置信区间 /(mg·L^{-1})	相关系数(*R*)
0.3%丁子香酚可溶液剂	$y=-0.216+0.719x$	1.087	0.333~1.922	0.965
5%香芹酚可溶液剂	$y=-2.103+1.716x$	16.801	2.717~21.698	0.976
80%乙蒜素乳油	$y=-2.732+2.155x$	18.533	14.726~25.008	0.969
2.1%青枯立克水剂	$y=-3.163+2.443x$	19.715	16.361~24.030	0.992
16%多抗霉素可溶性粒剂	$y=-1.245+0.938x$	21.211	13.560~37.996	0.980
40%大蒜油乳油	$y=-4.921+2.699x$	66.563	43.480~133.425	0.964
5%氨基寡糖素水剂	$y=-4.708+2.437x$	85.477	68.698~113.873	0.983
4%春雷霉素水剂	$y=-6.182+2.760x$	173.601	95.594~273.544	0.975
8%宁南霉素水剂	$y=-12.361+4.668x$	444.426	332.637~622.677	0.983

(二)药剂复配生物活性

将咯菌腈、己唑醇、丙硫菌唑分别于与丁子香酚、香芹酚、多抗霉素进行复配，并测定组合内不同比例对烟草靶斑病的抑制效果。结果表明(表 7-6)当咯菌腈+丁子香酚组合，两者比例为 1∶1 时，抑制效果组内最佳，增效系数为 3.06，具有增效作用，复配中增效最优；当己唑醇+丁子香酚按 1∶3 组合、己唑醇+多抗霉素按 1∶9 组合、咯菌腈+香芹酚按 1∶1 组合、咯菌腈+多抗霉素按 1∶9、1∶1 组合时皆具有增效作用。

表 7-6　不同杀菌剂组合对烟草靶斑病的毒力

复配组合	配比	回归方程	EC_{50}/(mg·L^{-1})	95%置信区间 /(mg·L^{-1})	相关系数(*R*)	增效系数(*R*)
己唑醇 + 香芹酚	0∶1	$y=-5.213+2.864x$	66.042	53.595~86.728	0.975	—
	1∶9	$y=-0.091+0.981x$	1.239	0.756~2.929	0.957	0.28
	1∶7	$y=-0.395+1.267x$	2.048	1.242~5.437	0.990	0.14
	1∶5	$y=-0.354+1.305x$	1.869	1.219~3.694	0.986	0.11
	1∶3	$y=0.650+1.635x$	0.400	0.303~0.575	0.975	0.35
	1∶1	$y=-0.208+2.470x$	1.214	0.871~2.015	0.970	0.06

续表7-6

复配组合	配比	回归方程	EC_{50}/($mg \cdot L^{-1}$)	95%置信区间/($mg \cdot L^{-1}$)	相关系数(*R*)	增效系数(*R*)
已唑醇＋丁子香酚	0∶1	$y=-1.879+0.942x$	98.525	33.998～1303.155	0.963	—
	1∶9	$y=0.191+0.849x$	0.596	0.378～1.190	0.922	1.08
	1∶7	$y=-0.121+0.703x$	1.486	0.750～7.099	0.961	0.35
	1∶5	$y=0.22+0.516x$	0.375	0.159～0.995	0.839	1.04
	1∶3	$y=0.373+0.416x$	0.127	0.028～0.436	0.979	2.04
	1∶1	$y=0.399+1.366x$	0.511	0.360～0.887	0.950	0.25
已唑醇＋多抗霉素	0∶1	$y=-7.402+2.4737x$	983.128	730.928～1550.190	0.969	—
	1∶9	$y=0.832+2.008x$	0.385	0.14～1.798	0.921	1.69
	1∶7	$y=-0.087+1.758x$	1.121	0.646～3.125	0.952	0.46
	1∶5	$y=0.143+1.018x$	1.000	0.610～2.713	0.952	0.39
	1∶3	$y=0.542+1.752x$	0.491	0.378～0.691	0.990	0.53
	1∶1	$y=0.590+0.920x$	0.228	0.134～0.371	0.962	0.57
咯菌腈＋香芹酚	1∶9	$y=-1.157+1.390x$	6.798	5.119～9.200	0.977	0.10
	1∶7	$y=-1.505+1.063x$	26.084	14.131～82.891	0.985	0.02
	1∶5	$y=-0.918+1.459x$	4.257	3.168～6.275	0.990	0.09
	1∶3	$y=0.863+2.003x$	0.371	0.297～0.478	0.981	0.72
	1∶1	$y=3.472+3.554x$	0.105	0.062～1.057	0.935	2.55
咯菌腈＋丁子香酚	1∶9	$y=-0.871+1.708x$	3.236	2.061～7.267	0.984	0.15
	1∶7	$y=-0.930+2.607x$	2.272	0.832～5.491	0.939	0.17
	1∶5	$y=0.196+1.08x$	0.659	0.212～1.126	0.946	0.45
	1∶3	$y=1.368+2.72x$	0.314	0.259～0.374	0.986	0.62
	1∶1	$y=4.810+3.222x$	0.032	0.027～0.041	0.983	3.06
咯菌腈＋多抗霉素	1∶9	$y=1.873+2.666x$	0.198	0.166～0.242	0.992	2.47
	1∶7	$y=1.677+3.246x$	0.304	0.181～0.924	0.997	1.29
	1∶5	$y=1.162+2.540x$	0.349	0.263～0.533	0.980	0.84
	1∶3	$y=2.338+2.985x$	0.165	0.137～0.207	0.992	0.19
	1∶1	$y=3.120+2.211x$	0.039	0.023～0.074	0.996	2.51
丙硫菌唑＋香芹酚	1∶9	$y=-0.786+1.760x$	2.796	2.085～4.288	0.998	0.42
	1∶7	$y=-1.207+1.757x$	4.867	3.324～9.194	0.974	0.19
	1∶5	$y=-0.232+1.265x$	1.526	1.093～2.263	0.979	0.46
	1∶3	$y=-0.336+2.789x$	1.320	0.993～2.049	0.979	0.36
	1∶1	$y=-1.074+1.998x$	3.447	2.493～5.711	0.977	0.07

续表7-6

复配组合	配比	回归方程	EC_{50}/(mg·L^{-1})	95%置信区间/(mg·L^{-1})	相关系数(R)	增效系数(R)
丙硫菌唑+丁子香酚	1∶9	$y=-0.977+1.094x$	7.808	4.746~21.306	0.956	0.15
	1∶7	$y=-1.098+1.414x$	5.975	4.161~10.706	0.995	0.16
	1∶5	$y=-0.883+0.895x$	9.702	3.531~234.579	0.970	0.07
	1∶3	$y=-0.162+1.902x$	1.217	0.850~2.183	0.99	0.39
	1∶1	$y=-0.510+1.136x$	2.813	1.507~11.242	0.968	0.08
丙硫菌唑+多抗霉素	1∶9	$y=-0.077+0.886x$	1.223	0.753~2.221	0.947	0.97
	1∶7	$y=-0.784+1.771x$	2.772	2.073~4.228	0.977	0.34
	1∶5	$y=-0.999+2.088x$	3.010	1.802~8.045	0.967	0.24
	1∶3	$y=-0.355+1.285x$	1.890	1.046~6.506	0.975	0.25
	1∶1	$y=-0.187+1.033x$	1.516	0.810~6.466	0.907	0.16

(三)田间药效试验

由表7-7可见，第一次施药7 d后病害调查发现丁子香酚效果最佳，相对防效达到74.40%，其次是10%咯·丁SC相对防效为64.50%。第二次施药后调查发现复配比丁子香酚对烟草靶斑病防效更优，相对防效分别是72.33%、64.66%。施药3次后，复配处理对烟草靶斑病的相对防效均优于咯菌腈和丁子香酚单剂，说明复配药剂的药效优于单一药剂，且随着施药次数的增加其防治效果稳定增加。

表7-7　不同处理对烟草靶斑病的防治作用

处理	施药前指数	第一次施药后7 d			第二次施药后7 d			第三次施药后7 d		
		病情指数	病情增长率/%	相对防效/%	病情指数	病情增长率/%	相对防效/%	病情指数	病情增长率/%	相对防效/%
对照	2.634	8.717	230.94	—	12.683	381.51	—	18.705	610.14	—
咯菌腈	1.86	3.533	89.95	61.05	6.617	255.75	32.96	6.69	259.68	57.44
丁子香酚	2.211	3.518	59.11	74.40	5.192	134.83	64.66	5.452	146.59	75.98
10咯·丁SC	2.000	4.097	104.85	64.50	4.111	105.55	72.33	4.753	137.65	77.44

三、结论与讨论

黄大野等研究结果显示诺沃霉素A对西瓜立枯病的病原菌立枯丝核菌具有强烈的抑菌活性。张唯伟等表明防治水稻纹枯病采用噻呋酰胺能够有效减少化学农药对环境的影响，具体表现在低风险的田间抗药性和对稻田天敌的高安全性。对于寄主烟草，王左斌和司洪阳分别发现6%嘧肽菌净水剂和1.8% 嘧肽·多抗水剂均对烟草靶斑病菌具有明显拮抗作用，其中1.8% 嘧肽·多抗水剂对烟草靶斑病菌的致病机制是通过影响菌丝形态、细胞膜透性及细胞膜脂质过氧化程度进而影响菌丝的正常生长及致病力。刘斯泓的田间药效防治试验表明，稀释800倍液的50%腐霉利·恶霉灵可相对控制烟草靶斑病病情的发展，其相对防效效果可达60.03%。王潮钟等筛选15种制剂发现30%苯甲·丙环唑乳油和20%噻氟酰胺悬浮剂均可对丹东地区的烟草靶斑病进行有效防治。

虽然立枯丝核菌对其他寄主的生物防治有许多报道，但对寄主是烟草的生物防治较少，徐传涛研究表明10%井冈霉素水剂防治效果能够达到77.08%，10亿CFU/g海洋芽孢杆菌可湿性粉剂和10亿CFU/g多粘·枯草芽孢杆菌可湿性粉剂均能对烟草靶斑病有防治效果。基于以上调查发现目前对于烟草靶斑病的防治大多依赖于化学农药，但长期大量使用会造成3R问题，减少化学农药的使用，合理利用生物产品能有效减少化学残留及抗药性等问题，因此，笔者利用化学药剂和生物药剂的复配能有效减少化学农药对环境的影响。

通过室内菌丝生长抑制法结果表明咯菌腈·丁子香酚增效作用最优，为最佳增效组合，最优增效配比为1：1，增效系数为3.06，田间试验表明该复配对烟草靶斑病防治达到77.44%高于咯菌腈防治效果57.44%和丁子香酚防治效果75.98%，表明咯菌腈与丁子香酚按1：1浓度复配对烟草靶斑病的防治具有较优的防治效果，但本试验不能具体分析这两种药剂复配后的抑制机制，需要进行后续试验。田间防治也可将己唑醇与丁子香酚复配、咯菌腈与香芹酚复配、咯菌腈与丁子香酚复配、咯菌腈与多抗霉素复配、己唑醇与多抗霉素复配，五组复配进行防治参考，科学合理使用，避免长期单一使用，防止病原菌产生抗药性。

参考文献

[1] 董鹏，朱三荣，蔡海林，等.湖南烟草病毒病种类检测与系统进化分析[J].中国烟草科学，2020，41(03)：58-64.

[2] 刘天波，周志成，彭曙光，等.基于全基因组编码区序列的烟草花叶病毒分子进化分析[J].植物保护，2017，43(05)：87-92+107.

[3] 龚玉娟，滕凯，肖志鹏，等.基于外壳蛋白基因的湖南烟草黄瓜花叶病毒遗传多样性分析[J].植物保护，2022，48(02)：78-84+93.

[4] 胡叠，唐前君，罗坤，等.姬松茸粗多糖防治烟草花叶病毒病[J].热带作物学报，2023，44(04)：790-798.

[5] 赵誉强，朱三荣，刘天波，等.抗烟草花叶病毒(TMV)生防菌的鉴定及其发酵条件优化[J].烟草科技，2022，55(02)：24-31.

[6] 刘蕾，肖志鹏，周向平，等.生防菌BZ3对烟草普通花叶病毒的生防效果及全基因组分析[J].中国烟草科学，2023，44(04)：33-40.

[7] 刘天波，蔡海林，滕凯，等.病毒诱导的基因沉默防控烟草马铃薯Y病毒病研究[J].中国烟草学报，2020，26(05)：82-89.

[8] 刘天波，蔡海林，曾维爱，等.抗马铃薯Y病毒病的VIGS生防剂发酵条件及施用方法优化[J].中国农业科技导报，2018，20(11)：29-35.

[9] 李宏光，钟权，张赛，等.8种农药防治烟草花叶病的田间药效试验[J].江西农业学报，2012，24(04)：100-101+104.

[10] 向世鹏，胡日生，周向平，等.烟草种质资源黑胫病抗性鉴定及亲缘关系SSR分析[J].华北农学报，2016，31(S1)：156-161.

[11] 周向平，杨全柳，王锡春，等.烟草品种(系)的烟草黑胫病抗性鉴定[J].作物研究，2013，27(06)：637-639.

[12] 肖艳松，曾维爱，曾广庆，等.防治烟草黑胫病的药效试验[J].烟草科技.2010(07)：62-64.

[13] 杨姣弟，陈武，王运生，等.烟草青枯菌特异性引物筛选及其应用[J].中国农学通报，2012，28(10)：254-258.

[14] 周向平，舒翠华，滕凯，等.内生解淀粉芽孢杆菌Xe01的鉴定及其发酵条件优化[J].中国烟草科学，2020，41(6)：58-67.

[15] 周向平，滕凯，肖启明，等.贝莱斯芽孢杆菌F10促生作用及对烟草青枯病的防治效果[J].烟草科技，2022，55(7)：9-16.

[16] 周向平，陈武，刘天波，等.*Brevibacillus brevis* B011次级代谢物中抗青枯菌活性物质的纯化鉴定及生物合成基因簇分析[J].核农学报，2023，37(5)：927-937.

[17] 周向平，郭军，徐辉，等.生防菌剂在烟草青枯病防治中的应用[J].湖南农业科学，2014(24)：38-39，43.

[18] 周向平，郭军，王敏，等.生防菌剂对烟草主要土传病害防治效果研究[J].作物研究，2016，30(2)：177-181.

[19] 曾维爱，龙世平，李宏光，等.苗期接种不同丛枝菌根真菌对烟草青枯病防治效果的影响[J].南方农业学报，2011，42(6)：612-615.

[20] 肖志鹏，李玲玲，母婷婷，等.烟草赤星病菌拮抗菌解淀粉芽孢杆菌 YW-2-6 鉴定及生防效果[J].中国生物防治学报，2022，38(06)：1598-1607.

[21] 刘天波，滕凯，周向平，等.拮抗菌群对烟草野火病的防治效果及叶际微生物群落多样性的影响[J].微生物学通报，2021，48(08)：2643-2652.

[22] 陈焘，周玮，李宏光，等.烟草野火病的发生及综合防治研究进展[J].基因组学与应用生物学，2018，37(01)：469-476.

[23] 蔡训辉，王如意，范彦君，等.烟草野火病菌的基因组学分析及其致病性分化研究进展[J].中国烟草学报，2018，24(06)：119-125.

[24] 肖艳松，钟权，吴文信，等. 湖南烟草靶斑病的病原鉴定及分子生物学检测[J]. 湖南农业大学学报(自然科学版)，2020，46(6)：711-715.

[25] 尹秀娟，肖艳松，李思军，等.防治烟草靶斑病复配增效配方筛选及田间防效[J].农药，2022，61(06)：453-457.